Tierfindlinge

AUFZUCHT • PFLEGE • AUSWILDERUNG

ABBILDUNGSNACHWEIS

Bildquellen Umschlag:
Österreich: Walter/WWF
Deutschland: Regina Kuhn, Stuttgart (Titelfoto); Thomas Wendt, Wilhelmshaven (kleines Foto)

Bildquellen Inhalt:
Alpenzoo Innsbruck/WWF: Abb. 98
Andresen/WWF: Abb. 61
Berger: Abb. 55
Erlinger: Abb. 27, 28, 56, 70, 76
Fettik: Abb. 29, 35, 47, 57
Franke/WWF: Abb. 23
Gebhard: Abb. 84, 85
Haider: Abb. 29
Kubka: Abb. 33
Limberger: Abb. 65, 73
Öllinger: Abb. 4
Perzinger: Abb. 20
Schamberger: Abb. 21, 60
Verein Eulen- und Greifvogelschutz: Abb. 107
Walter/WWF: Abb. 94

Alle anderen Abbildungen: Jürgen Plass

Den Text zur rechtlichen Situation in Deutschland verfasste Kristina Trahms, die an Deutschland angepasste Präparateliste der Fachtierarzt für Kleintiere Dr. Erich Ernst.

IMPRESSUM

Die Deutsche Bibliothek – CIP-Einheitsaufnahme
Ein Titelsatz für diese Publikation ist bei der Deutschen Bibliothek erhältlich.

Projektleitung: Irene Biricz, Österreichischer Agrarverlag
Grafische Gestaltung und Satz: armanda,geisler Wien
Druck: AV-Druck plus Ges. m. b. H., Wien
Printed in Austria

ISBN (Österreich): 3-7040-1924-0
ISBN (Deutschland): 3-8001-4179-5

Jürgen Plass

Tierfindlinge

AUFZUCHT • PFLEGE • AUSWILDERUNG

Verlag Eugen Ulmer
Österreichischer Agrarverlag

Inhalt

ALLGEMEINER TEIL

SPEZIELLER TEIL

Vögel

Säugetiere

Reptilien

ANHANG

Danksagung

Erst durch die Mithilfe zahlreicher Freunde und Idealisten auf dem Gebiet der Jungtieraufzucht, hervorzuheben ist hier Frau **ZISSER** aus Hintersdorf, die es in jahrzehntelanger, aufopfernder Tätigkeit in der Singvogelaufzucht zur Perfektion brachte und von ihrer großen Erfahrung diese Broschüre sicher profitiert, ist es gelungen, diese Publikation in einem solchen Umfang zusammenzustellen. Auch danke ich allen Personen, die mir kostenlos Bildmaterial zur Verfügung stellten.

Für die Tipps und Ratschläge zur Aufzucht der verschiedenen Säugetierarten bin ich folgenden Damen sehr zu Dank verpflichtet: Dr. Gabriele **SCHADEN**, Vet. med. Universität Wien, die mir unter anderem wertvolle Tipps für die Aufzucht von Mauerseglern gab und das Manuskript kritisch durchsah, Doris **PODOLSKY**, die sich vor allem mit Nagetieren befasst hat, Christa **GRABMAYER**, die ihre Erfahrungen bei der Aufzucht von Marderartigen einbrachte, Margareta **SMETANA** für ihre Ratschläge zur Igelpflege und Alexandra **ÖLLINGER**, die mich mit Daten über vet. med. Medikamente versorgt hat und selbst sehr gute Erfolge bei der Aufzucht von Feldhasen hat und diesbezüglich ebenfalls ihre Erfahrungen beisteuerte.
Herrn Dr. Jürgen **GEBHARD** vom Naturhistorischen Museum Basel danke ich für die freundliche Genehmigung, Ratschläge aus dem „Fledermausbrevier" übernehmen zu können und für die Zurverfügungstellung von Bildmaterial.

Mein besonderer Dank gilt Herrn Univ. Doz. Dr. Hans **FREY**, Wien, der mir die Anregung zu diesem Band und auch der Neuauflage gab, das Manuskript kritisch durchsah und mich seit Jahren mit Rat und Tat unterstützt. Meinem Tierarzt Dr. Roland **MUXENEDER**, Pregarten, der alle meine Pflegefälle kostenlos behandelte und Medikamente zur Verfügung stellte und natürlich meiner **Familie**, die alle Belastungen auf sich nahm, was sicher nicht immer leicht war.

Meiner Mutter, die mich immer
liebevoll unterstützt, gewidmet.

Vorwort

Von Dr. med. vet. Helmut PECHLANER, Direktor des Tiergartens Schönbrunn.

Bereits vor acht Jahren, ich war zu der Zeit noch Direktor im Alpenzoo Innsbruck, wurde ich gebeten, das Vorwort zur der ersten Auflage dieses Ratgebers zu schreiben. Damals habe ich mit gerunzelter Stirn das Manuskript von Jürgen Plass zu diesem heiklen Thema in die Hand genommen. Doch schon von den grundsätzlichen Bemerkungen war ich angenehm überrascht, die Gründlichkeit, mit der dieses Thema aufgearbeitet wurde, hat mich restlos begeistert. Die neue, überarbeitete Version hat der Autor um Kapitel erweitert, über die selbst Zoologen kaum Bescheid wissen – die Fledermauspflege (Dr. Jürgen Gebhard, Basel) und die Rettung aufgefundener Reptiliengelege. Solches Spezialwissen war bisher nur in einigen, wenig verbreiteten Publikationen zu finden.

Wir Menschen tragen bewusst oder unbewusst in unzähligen Fällen die Verantwortung für das Leiden von Tieren. Oft gibt es wohl klingende Ausreden, wenn es um unsere Gesundheit oder um die Wirtschaftlichkeit von Intensivtierhaltungen geht. Besonders unnötig quälen wir Tiere jedoch dann, wenn wir aus reiner Unkenntnis und falschem Mitleid junge Wildtiere in unsere Pflege nehmen und sie dann in aller Ahnungslosigkeit zu Tode pflegen. Abertausende von Anrufen und Vorsprachen in Zoologischen Gärten, die Gott sei Dank als Fach-Instanz anerkannt sind, beweisen es, dass zuerst gehandelt und probiert, dann aber erst gefragt wird.

Das vorliegende Buch hat in der bestehenden Fachliteratur absolut gefehlt, es gibt nichts Gleichwertiges. Alle, denen das Wohlbefinden der Tiere ein Anliegen ist, sollten in diesem Ratgeber schmökern und ihn bei Bedarf zur Hand nehmen.
Bei Tierärzten und Tierschutzvereinen sollte das Buch ebenso aufliegen, wie in Tiergärten, Wildparks und Tierheimen, damit Ratsuchende sofort die richtigen Hinweise finden.

Vor allem wünsche ich mir diesen Ratgeber auch in den Händen von jenen sogenannten Tierschützern, die ohne Vorbildung und Sachkenntnis sich in vielen Fragen der Tierhaltung Urteilsfähigkeit anmaßen. Allein durch das Studium dieser Veröffentlichung sollte diesen Menschen bewusst werden, dass erfolgreiche Obsorge für Tiere mindestens genauso viel Fachwissen und Geschicklichkeit braucht, wie alle so respektvoll akzeptierten technischen Berufe.

Dem Autor Jürgen Plass danke ich für seine großartige Arbeit, ich wünsche ihm und vor allem unseren einheimischen Wildtieren ganz herzlich, dass dieser Ratgeber eine möglichst große Verbreitung findet und dadurch viele pflegebedürftige Findlinge artgerecht versorgt und optimal auf ihr Leben in Freiheit vorbereitet werden.

Wien, im Frühjahr 2000

Dr. Helmut Pechlaner

Einleitung

Die Natur ist heute in unserer übertechnisierten Welt wieder „in". Täglich erreichen uns Meldungen über bedrohte Tierarten und zerstörte Naturlandschaften. Daher ist es verständlich, dass jeder der Natur in irgendeiner Weise helfen will.
Die biologischen Kenntnisse der meisten „Zieheltern" sind aber nur sehr mangelhaft und ein Großteil der Pfleglinge ist, bedingt durch Ernährungs- und Haltungsfehler, später in freier Natur nur beschränkt überlebensfähig.
Viele glauben mit der künstlichen Aufzucht eines „verwaisten" Jungtieres der Natur einen großen Dienst zu erweisen, man denke da z. B. an die „Igelaktionen". Diese Menschen fühlen sich dadurch als große „Tierretter" und besonders naturverbunden.

Diese Überlegungen sind aber grundfalsch

• **Erstens** benötigt der überwiegende Teil der gefundenen Jungtiere keine menschliche Hilfe, sondern ist draußen weit besser aufgehoben.
• **Zweitens** kann das Überleben einer Tierart in den meisten Fällen durch gezielten Biotopschutz (Lebensraum) wirkungsvoller ermöglicht werden als durch Rettung eines Jungtieres.
• **Drittens** ist die künstliche Aufzucht von Menschenhand nie der natürlichen gleichzusetzen.
Unzählige Faktoren spielen bei der Jugendentwicklung **(Ontogenese)**, besonders bei der Verhaltensentwicklung eine Rolle, von denen bisher nur einige wenige erkannt und näher untersucht sind.
Ein Jungtier, das in seiner Entwicklung umweltbedingt ständig lernen muss, kann durch mangelhafte Ernährung und falsche Unterbringung derart fehlgeprägt und verhaltensgestört sein, dass eine Freilassung nicht mehr in Frage kommt. Näheres dazu im Kapitel **Prägung**.
Bei der künstlichen Aufzucht geht es vor allem um eine ethische Frage, um das Individuum. Obwohl bei allen Tierarten die Jugendsterblichkeit im ersten Lebensjahr durchschnittliche 50–70 % beträgt, will natürlich niemand das verunglückte Junge töten. Mit dem Fund übernimmt man daher eine große Verantwortung.

ABB. 1 ***Amselästling*** *im Park. Besonders an solchen Örtlichkeiten sind Jungtiere ohne Scheu und daher leicht einzufangen.*

ABB. 2 *Durch Schlechtwetter und daraus resultierendem Nahrungsmangel umgekommener* ***Jungfasan****.*

WICHTIG

Seltene Tierarten bzw. solche, die spezielle Ansprüche an Ernährung und Unterbringung stellen, **gehören nicht in Laienhände**, sondern sollten unbedingt nur von Spezialisten, die auf diesem Gebiet große Erfahrung besitzen, auf die Freiheit vorbereitet werden.
Im Besonderen wären hier junge **Greifvögel** und **Eulen**, junge **Taucher**, **Schnepfenvögel**, **Raufußhühnerkücken**, **Ziegenmelker** und **Fledermäuse** zu nennen.
Adressen, an die Sie sich im Bedarfsfall wenden können, sind am Ende des Ratgebers angeführt.
Egoismus und Worte wie „Das schaffe ich auch alleine!" sind in diesem Zusammenhang fehl am Platz.

Sollten während der Aufzucht **gesundheitliche Probleme** auftreten, z. B. Durchfälle sind häufig, dann ist immer Ihr **Tierarzt erster Ansprechpartner**. Vertrauen Sie ihm, auch wenn er Ihnen andere Präparate verschreibt als die, die im Anhang angeführt sind.
Wer Jungtiere aufziehen und später auswildern will, braucht Platz. Eine Großstadtwohnung eignet sich höchstens für die Aufzucht eines Kleinvogels oder einer Stadttaube. Für alle übrigen Arten benötigt man zumindest einen Garten. Eine eigene Voliere, in der Schützlinge vorübergehend untergebracht werden können, ist oft von Vorteil.
Kaninchenställe und finstere Dachböden sind für die Unterbringung von Jungtieren gänzlich ungeeignet. Ist man jedenfalls nicht bereit optimale Haltungsbedingungen zu schaffen, wäre es sicher besser, das Jungtier den Spezialisten an einer der angeführten Adressen zu überlassen.
Obwohl dieses Buch alle Schritte, angefangen von der richtigen Ernährung über die Unterbringungsarten bis hin zur Technik der Freilassung, beinhaltet, sollte es trotzdem nur ein Ratgeber für die ersten Tage – vom Fund bis zur Übergabe in Spezialistenhände – sein. Denn besonders diese kurze Zeitspanne ist für das Überleben eines Jungtieres von großer Bedeutung. Falsche Ernährung tötet einen Nestling oft innerhalb kurzer Zeit, Unterbringungsfehler zeigen sich hingegen meist in Form von Gefiederschäden, die kurzfristig nicht wieder zu beheben sind.

Viele Tierarten fallen heute unter Jagd- und Naturschutzgesetze, die den Erwerb, die Haltung u. dgl. streng reglementieren. Im Anhang finden Sie für jedes Bundesland angeführt, welche Vogel- und Säugetierarten unter das Jagd- bzw. das Naturschutzgesetz fallen. Für die Schweiz und für Deutschland fehlen mir solche Angaben, sie müssten bei der zuständigen Behörde erfragt werden.

Das Ergreifen älterer Jungtiere und verletzter Tiere

Während sich kleine Nestlinge meist ohne Gegenwehr aufnehmen lassen, zeigen fast flugfähige Jungvögel und besonders verletzte Tiere ein entschlossenes Abwehrverhalten.
Folgende Tiergruppen können gefährlich werden: Reiher, Greifvögel, Eulen, Kernbeißer (knackt mit seinem Schnabel Kirschkerne) und von den Säugetieren größere Fledermäuse Eichhörnchen, Biber, Bilche und alle Raubsäuger.

TIPP

Viele Tiere beruhigen sich schneller, wenn man ihnen beim Fang eine Decke, eine Jacke, einen Mantel o. dgl. überwirft. Durch vorsichtiges Zurückziehen der Decke sind dann der Kopf oder die Beine leicht zu finden und zu fixieren.

Bei den meisten Arten muss man sich vor dem Gebiss bzw. dem Schnabel schützen, so sticht z. B. der Reiher mit seinem spitzen Schnabel blitzschnell zu.
Der Hakenschnabel der Greifvögel und Eulen sieht gefährlicher aus, als er ist. Zwicken sie damit, schmerzt es sicher, aber noch verhängnisvoller sind die krallenbewehrten Fänge. Haben sie die erst einmal in die Haut geschlagen, lässen sie so schnell nicht mehr los. Bei jeder Bewegung drücken sie nur noch fester zu. Das Aufbiegen der Zehen hat nur bei kleineren Arten Erfolg. Wer schon einmal versucht hat, die Zehen eines Habichts auseinander zu biegen, weiß, wovon ich schreibe. Das einzige Mittel ist den Vogel in einem Raum frei hinzulegen und die Hand nicht mehr zu bewegen. Sieht das Tier nun eine Fluchtmöglichkeit, wird es nach kurzer Zeit loslassen und versuchen zu flüchten. Beim Einfangen leistet ein Netz oder ein Kescher gute Dienste.
Liegt der Vogel unter dem Netz, muss man unbedingt beide Beine fest fassen und ihn erst dann unter dem Netz hervorziehen. Beim Reiher ist der Schnabel zu fassen.
Raubsäuger greift man besser nur mit Lederhandschuhen an, bei ihnen besteht auch die Gefahr einer Tollwutübertragung. Das Aufgreifen von Fledermäusen ist im gleich lautenden Kapitel angeführt.

Zusammenfassung

Die Aufzucht eines hilfsbedürftigen Jungtieres kann sehr beglückend sein und bringt persönlich tiefere Einblicke in seine Biologie und sein Verhalten. Um allen Ansprüchen gerecht zu werden, wäre es besser, das Tier in berufene Hände zu geben oder zumindest Rat einzuholen. Man muss sich auch die Freilassung überlegen, steht der Platz dafür nicht zur Verfügung, ist es besser, das Tier sofort außer Haus zu geben.
Bei gesundheitlichen Problemen ist immer der Tierarzt erster Ansprechpartner.
Die meisten Tierarten fallen heute unter Jagd- bzw. Naturschutzgesetze, die auch im Falle der künstlichen Aufzucht gültig sind. Vorsicht beim Fang wehrhafter Arten (Greifvögel, Eulen, Reiher, Raubsäuger)!

Pflegebedürftig?

Die Frage, ob das gefundene Jungtier wirklich nur in menschlicher Obhut überleben kann, ist allgemein nur sehr schwer zu beantworten und hängt von vielen Faktoren, wie der Tierart, dem Entwicklungsstand, der Witterung, dem Ernährungszustand und vielen anderen, ab.
Bei Tieren, die im Tierheim oder einer Pflegestation abgegeben werden, werden sich die genaueren Fundumstände oft nicht mehr klären lassen, auch sie sind auf menschliche Pflege angewiesen. Aber sonst gibt es, abgesehen von Verletzungen, die in diesem Buch nicht behandelt werden, nur zwei Situationen, die eine Handaufzucht rechtfertigen: Sturz aus dem Nest (bzw. Absturz des gesamten Nestes) oder nachweisliche Verwaisung.

1. Sturz aus dem Nest, bzw. Absturz des gesamten Nestes

Es kommt immer wieder vor, dass Jungvögel aus dem Nest bzw. mitsamt dem Nest abstürzen. Auch hier muss wieder zwischen **Nestling** (unzureichend befiedert) und **Ästling** (befiedert und flüchtet) differenziert werden.

Abgestürzte Nestlinge kommen bei den verschiedensten Vogelarten vor, so stürzen alljährlich junge Reiher, Störche, Greifvögel, Tauben, Eulen, Mauersegler, Schwalben und viele Singvögel ab. Die **Absturzursachen sind vielfältig**, beschädigte Horste und Nester zerfallen in der Aufzuchtzeit, stürmische Witterung tut ein Übriges.

Bei jungen Wespenbussarden entwickelt sich im Alter von etwa vier Wochen der Scharrtrieb (Ausscharren von Wespennestern). Derart von den Jungvögeln selbst beschädigte Horste stürzen oft ab, meistens kommt es aber erst im Winter durch die Schneelast zum Absturz.

Oft kommt es bei mehreren Jungen dazu, **wenn z. B. durch eine Schlechtwetterphase die Nahrung knapp wird**, dass das Kleinste in der Entwicklung zurückbleibt. Durch die daraus resultierende Schwächung der Abwehrkräfte kommt es zu vermehrtem Parasitenbefall (Zecken u. a.) und in der Folge zum Tod bzw. zum Absturz des Tieres.

Ein **Abwerfen der Jungen ist regelmäßig beim Weißstorch** zu beobachten. Mögliche Gründe dafür sind Nahrungsverknappung oder ein zu starker Befall der Jungstörche mit Endoparasiten (Trematoden). Entweder erkennt der Altvogel die Erkrankung oder der Jungvogel wird aus dem Horst geworfen, weil er durch zu starke Schwächung kein arttypisches Verhalten mehr zeigt. Meist versucht der Altstorch den oft noch lebenden Jungvogel zu schlucken, was bei älteren Jungtieren manchmal nicht gelingt und dabei fällt das Junge über den Horstrand. Dieses Verhalten wird als **Kronismus** (nach dem griechischen Gott Kronos) bezeichnet und bedeutet das Verschlingen eines Jungtieres durch ein Elterntier. Die Annahme, dass ein zu geringes Brutalter der Vögel, wodurch noch nicht alle Verhaltensweisen in Verbindung mit dem Brutablauf voll ausgebildet sind, für diese Verhalten verantwortlich ist, lässt sich statistisch nicht nachweisen. Generell haben Vögel und Säugetiere, die erstmals Junge aufziehen, dabei einen geringeren Erfolg. Es handelt sich jedenfalls um einen populationsstrategisch wichtigen Vorgang.

Beim Fund eines solchen Jungstorches ist auf jeden Fall eine Kotuntersuchung auf Parasitenbefall angezeigt. **WICHTIG**

Ebenso sind auch **viele scheinbar abgestürzte Singvogeljunge krank**. Auch hier erscheint es sehr wahrscheinlich, dass die Altvögel die Erkrankung aufgrund eines gestörten Verhaltens erkennen und die Jungen aus dem Nest werfen.

Wichtigstes Kriterium ist hier die Kontrolle der Analumgebung, ist sie verschmiert, dann leidet der Vogel unter Verdauungsstörungen, wie Durchfall oder Endoparasiten.

Die Behandlung erfolgt am besten mit Kamillentee und Wärme (von unten).

Die **meisten Vogelarten versorgen abgestürzte Nestlinge**, die auch nicht betteln, **am Boden nicht weiter**, sie sind in der Anfangsphase der Jungenaufzucht auf das Nest beschränkt. Ein sehr gutes Beispiel ist in diesem Zusammenhang der Brutparasitismus des Kuckucks. Bekanntlich wirft ja der junge Kuckuck, kurz nachdem er geschlüpft ist, alle sich im Nest befindlichen Eier und Jungvögel der Wirtseltern aus dem Nest. Befindet sich ein solcher Jungvogel erst einmal außerhalb des Nestes, wird er von den Altvögeln weder gehudert noch gefüttert, verklammt sehr rasch (kühlt aus) und stirbt innerhalb kurzer Zeit.

Jungreiher werden am Boden nicht weiterversorgt und auch **Mäusebussarde** kümmern sich um Abgestürzte, solange sich noch Jungvögel im Horst befinden, nicht.

Vom **Habicht** und vom **Roten Milan** ist mittlerweile bekannt, dass sie auch abgestürzte Jungvögel am Boden weiterversorgen.

Eine Überlebenschance besteht aber nur für solche Jungtiere, deren Federkleid bereits so weit entwickelt ist, dass Hudern nicht mehr notwendig ist.

Da aber die nähere Umgebung unter den Greifvogel- und Reiherhorsten regelmäßig von Raubwild, wie Füchsen und Mardern, auf Beutereste kontrolliert wird, sind abgestürzte Nestlinge erfahrungsgemäß durch diese Bodenfeinde gefährdet.
Eichhörnchen, die in der Aufzuchtzeit mehrmals den Kobel wechseln, verlieren dabei manchmal ein Jungtier, das nicht wieder aufgenommen wird. Auch solche Findlinge kommen für eine Handaufzucht in Frage. Vor einigen Jahren zogen wir selbst ein solches Jungtier auf.

Erste Hilfe

Ein abgestürzter Jungvogel wird, bei unzureichender Befiederung, auch wenn eher milde Witterung herrscht, sehr schnell auskühlen (verklammen). Ein solches Jungtier fühlt sich „eiskalt" an, bewegt sich praktisch nicht mehr und auch „Piepser" ist keiner mehr zu hören. Alles deutet darauf hin, dass das Tier bereits tot ist.
Zeigt sich aber vielleicht doch ein Lebenszeichen, ist der Jungvogel durch **rasche Wärmezufuhr** in vielen Fällen noch zu retten.

TIPP **Erste verfügbare Wärmequelle wird immer die hohle Hand sein. Eine sehr gute Erwärmung erreicht man auch dadurch, indem der Jungvogel an den Körper (Brust) gehalten wird.**

Zu Hause übernimmt dann eine **Tischlampe** oder ein **Taschenofen** diese Funktion. Sehr kalte Jungtiere können auch über einem Wasserbad erwärmt werden. Dazu legt man über den Topf, aus dem heißer Wasserdampf aufsteigt, ein feines Gitter oder Netz und setzt den Jungvogel darauf. Ist er wieder warm und die nackten Hautpartien zart rosa, wird das Tier von einer normalen Tischlampe (40–60 Watt) weitergewärmt.

VORSICHT **Rotlicht wird zu heiß, außer es wird ein entsprechend großer Abstand gewählt.**

Eine Wärmeflasche ist zuerst zu heiß, kühlt dann aber wieder sehr rasch ab. Auch Wärmekissen sind oft zu heiß. **Sehr gut bewährt hat sich auch eine Moorwärmeflasche**, die in der Mikrowelle erhitzt wird. Sie hält die Wärme sehr lange und ist so weich, dass man leicht eine Nestmulde formen kann.

Folgende Anordnung hat sich bisher sehr gut bewährt:
Auf eine umgedrehte Tischlampe (40–60 Watt) wird ein Metallgitter gelegt, darauf kommt ein kleiner Kochtopf aus Metall, der die Wärme gut leitet und in diesen Topf ein weiches, **unbedingt gesäumtes Tuch**. Gesäumt muss es deshalb sein, weil sich ein Faden unweigerlich um Hals und Zehen des Jungvogels wickeln würde, was oft tödlich endet.
Auf dieses Tuch wird schließlich das Jungtier gesetzt. Zur Kontrolle der Temperatur nimmt man ein Thermometer, das ungefähr 37° C anzeigen soll.
Diese spezielle Konstruktion hat den Vorteil, dass die Wärmezufuhr von unten erfolgt, was sich besonders auf die nackte Bauchseite (Verdauung) positiv auswirkt.
Es ist immer wieder erstaunlich in welch kurzer Zeit sich solche derart unterkühlten Jungtiere erholen. Mit Spätschäden ist nicht zu rechnen. Ein echtes Verhungern kleiner Nestlinge spielt daher eine eher untergeordnete Rolle.
Weitere Fragen zum Thema Wärme sind im **Kapitel Unterbringung** behandelt.

Ist der Jungvogel wieder auf Normaltemperatur gebracht, ist es sinnvoll, schwarzen Kaffee oder eine Traubenzuckerlösung (DEXTRO-PUR mit Wasser) zur Kreislaufstützung und als rasche Energiezufuhr zu verabreichen.
Dazu taucht man einen Finger in die Flüssigkeit ein und tupft dann den an der Fingerkuppe hängenden Tropfen auf die Schnabelspitze des Jungvogels. Von dort gelangt genug Flüssigkeit in den Schnabel, die vom Vogel geschluckt wird – mehrmals wiederholen.

NIEMALS

Niemals bei Kleinvögeln Flüssigkeiten direkt in den Schnabel tropfen. Diese würden unweigerlich in die Lunge gelangen, was meist den Tod der Tiere zur Folge hat.

Der Vollständigkeit halber sei noch erwähnt, dass beim **Mauersegler** bei Nahrungsmangel und kalter Witterung ein **sogenannter „Hungerschlaf"** zu beobachten ist. Er fällt dabei durch Herabsetzung der Körpertemperatur in eine Starre, in der ältere Nestlinge einige Tage ohne Nahrungszufuhr verharren können. Auch sie erholen sich in warmer Umgebung wieder sehr rasch.

Der Jungvogel ist jetzt wieder „aufgetaut" und munter, wie soll es nun weitergehen?
Sinnvollste Hilfe bei Abstürzen von Nestlingen bzw. ganzen Nestern ist es, zu versuchen, die Jungtiere wieder ins eigene Nest zu bringen oder – bei einem abgestürzten Nest – dieses, so gut es geht, am ursprünglichen Standort zu befestigen und die Jungvögel hineinzusetzen.
Auch **gefällte Bäume mit besetzten Spechthöhlen** lassen sich mit vereinten Kräften, wenn der Baum nicht zu stark ist, wieder aufrichten. Die Altvögel finden die Höhle durch die Bettelrufe der Jungen.
Die Angst, die Altvögel würden nicht mehr füttern, ist unbegründet. Der Fütterungstrieb erlischt erst nach einigen Tagen. Diese Zeitspanne hätte der heruntergefallene Jungvogel aber sicher nicht überlebt.
Mäusebussarde z. B. wurden noch zehn Tage nach dem Aushorsten der Jungbussarde beobachtet, wie sie rufend und suchend den Horst anflogen. Zu bemerken ist aber, dass sich die Suche in den meisten Fällen auf das Nest bzw. dessen nähere Umgebung beschränkt.

WICHTIG

Die nachfolgende Kontrolle muss aus Störungsgründen unbedingt aus größerer Entfernung erfolgen. Sollten die Altvögel nicht innerhalb von zwei Stunden wieder füttern, dann ist eine künstliche Aufzucht vertretbar.

Ist das Zurücksetzen des Jungvogels aus irgendeinem Grund nicht möglich, bietet sich als Alternative eine Adoption durch gleichartige Altvögel einer anderen Brut an. Die Erfolgsaussichten sind aber sehr unterschiedlich. Während bei Rebhühnern, Greifvögeln, Eulen und Spechten mit dieser Methode sehr gute Erfolge zu erzielen sind, erkennen z. B. Fasanhennen fremde Junge, die sie mit Schnabelhieben vertreiben.
Die Adoptionsmethode erfordert aber bereits einige Kenntnisse der Brutbiologie und auch Beobachtungsgabe. Sie lässt sich vom Laien nicht ohne weiteres durchführen.

2. Nachweisliche Verwaisung

Wenn ein Jungtier nachweislich verwaist ist, wenn die Elterntiere umgekommen sind, **steht einer Handaufzucht nichts mehr im Wege.**

Solche Situationen sind mannigfach, besonders der Straßenverkehr fordert immer mehr Opfer. Um diese oft nicht eindeutigen Situationen richtig deuten zu können, ist wieder einige Beobachtungsgabe nötig.

Beispiel
Vor Jahren habe ich eine junge Brieftaube, deren beide Elterntiere vom Habicht geschlagen worden waren, aufgezogen. Im Jahr 1989 waren zwei Jungiltisse Hausgenossen. Das Muttertier wurde in einem Hühnerstall gefangen und getötet. 1993 habe ich einen jungen Edelmarder aufgezogen, die Mutter und die Geschwister wurden getötet. Die Taube, die Iltisse und der Marder werden Ihnen noch öfter in diesem Ratgeber unterkommen.

Das Problem Katze

„Die Katze lässt das Mausen nicht", sagt ein altes Sprichwort. Leider bleibt es nicht beim Fangen von Mäusen. Alljährlich räumen die ach so lieben Katzen unzählige Singvogelnester aus und bringen die oft unversehrten Jungtiere ihren Besitzern.
Aber um es kurz zu machen: Diese Jungvögel sind fast nicht aufzuziehen. Anfangs sind sie noch munter, fressen auch normal und nach 10–15 Stunden beginnt dann der körperliche Verfall. Die meisten von ihnen überleben die ersten 24 Stunden nicht. Möglicherweise hängt das mit dem erhöhten Adrenalinspiegel zusammen.
Durchzubringen sind eigenartigerweise hauptsächlich jene Jungtiere, die die Katze beim Fang verletzt hat. Um die Ursache für dieses Phänomen zu ermitteln, wären aber genauere Untersuchungen notwendig. Eine künstliche Aufzucht kann auf jedem Fall versucht werden.

Zusammenfassung

Neben Verletzungen gibt es nur zwei Situationen, die eine Handaufzucht rechtfertigen:
1. Absturz vom Nest
2. Nachweisliche Verwaisung

Wirksamste Hilfe bei ausgekühlten Nestlingen ist eine rasche Wärmezufuhr (hohle Hand, Körperkontakt, Tischlampe).
Die Aufzucht von Jungvögeln, die von einer Katze gefangen wurden, ist außer bei verletzten Tieren fast aussichtslos.
Später ist zu versuchen, den Nestling wieder im eigenen Nest unterzubringen bzw. ein abgestürztes Nest am ursprünglichen Standort zu befestigen. Auch schwache Bäume lassen sich wieder aufrichten.
Die Angst, die Altvögel würden nicht mehr füttern, ist unbegründet. Eine Alternative, die Adoptionsmethode, ist für den Laien zu kompliziert und daher Spezialisten vorbehalten.

Ernährung

In diesem Kapitel behandle ich nur **einige grundsätzliche Betrachtungen zum Thema Ernährung**. Die Futtertiere sind in einem eigenen Kapitel behandelt, die speziellen Ansprüche finden Sie dann bei der jeweiligen Vogel- bzw. Säugergruppe.

1. Artgerechte Nahrung

Für den Jungvogel ist es später in der freien Wildbahn von großer Bedeutung, dass er Futter auch als solches erkennt. Ein Fasan z. B., der in der Aufzuchtzeit nur mit käuflichem Aufzuchtfutter gefüttert wurde, findet solche Nahrung später nicht und wird sich nur sehr schwer umstellen. In einem solchen Fall kann man nicht von vollwertigen Wildvögeln sprechen.
Füttern Sie daher, neben den angegebenen Futtermischungen, immer wieder auch artgerechte Nahrung (Insekten, Tubifex, Mäuse u. dgl.). Unterschiedlichste Futtertiere sind auch im Zoohandel erhältlich.

2. Abruptes Wechseln der Ernährung

WICHTIG

Eine zu rasche Umstellung, z. B. von Insekten- auf Körnernahrung (junge Körnerfresser) oder von Milch- auf Fleischkost (z. B. Marder) ist für alle Jungtiere sehr gefährlich. Ernährungsumstellungen sind daher nur langsam, im Verlauf einiger Tage, durchzuführen.

3. Das Problem Rindfleisch – Rinderherz

In verschiedenen Büchern ist immer wieder zu lesen, dass Jungtiere der verschiedensten Arten, in Ermangelung artgerechter Nahrung, auch mit Rindfleisch bzw. Rinderherz aufzuziehen sind. Dass die Jungtiere das weiche, rote, knochenlose Fleisch lieber fressen als alles andere, ist unbestritten. Was dabei fehlt, sind verschiedene Nährstoffe, Vitamine, Mineralstoffe und vor allem Kalk.
Kennt das Tier erst einmal reines Fleisch, verweigert es oft andere, besser geeignete Nahrung. Meistens wird dann aus Bequemlichkeit und weil, das Tier das reine Fleisch so brav frisst, mit Rindfleisch weiter gefüttert.
Es wäre für die Ernährung der Jungtiere aber sehr viel vorteilhafter, würde auf die Verwendung von Rindfleisch und Rinderherz von Anfang an verzichtet, außer bei der Zubereitung von Futtermischungen.

TIPP

Als Alternativen bieten sich an: faschierte Hühnerhälse und -rücken, Eintagsküken, Ratten, Mäuse und ganze Insekten. Wie Sie Wildinsekten am besten erbeuten, ist im Kapitel Futtertiere nachzulesen.

4. Vitamin- und Mineralstoffbeigaben

Sie sind als Ergänzung zu den verschiedenen Futtermischungen durchaus anzuraten.
Vitamin B ist bedenkenlos, Überschüsse werden wieder ausgeschieden. Vorsicht aber bei der Verabreichung der Vitamine A und D, bei denen sich eine grobe Überdosierung sehr schnell negativ auswirken kann. Befolgen Sie daher die im Beipacktext angegebenen Dosierungsrichtlinien genau. Geeignete Präparate finden Sie im Anhang.

5. Aufnehmen von Erde

Die genaue Ursache ist zwar noch unbekannt, aber Jungtiere aller Arten nehmen mit der Nahrung gerne etwas Erde auf.
Verabreicht wird sie am besten fein zerrieben und leicht feucht.

Dosierungsrichtlinie: Kleinvögel bekommen nicht mehr als eine Messerspitze pro Tag, Rehkitze bis zu einer Tasse.
Dass nur unbehandelte Erde in Frage kommt, keine Ackererde oder Erde aus der unmittelbaren Umgebung von Straßen, muss wohl nicht extra betont werden. Sehr gut eignet sich die Erde von Maulwurfhaufen, die ja meist verfügbar ist.

6. Entfernen von möglichen Krankheitserregern

Beim Verfüttern von Ratten, Mäusen, Tauben und Kücken sollten immer die Eingeweide und ein eventuell vorhandener Kropf (Tauben) entfernt werden. Krankheiten, die von dort ihren Ausgang nehmen, übertragen sich sonst sehr leicht auf das Jungtier, was meistens den Tod zur Folge hat.

7. Kontrolle der täglichen Gewichtszunahme

Durch tägliches Abwiegen des noch kleinen Jungtieres können leicht Abweichungen im Wachstum erkannt werden. Gewichtsabnahmen in den ersten Tagen der Aufzucht und bei Nahrungsumstellungen sind aber normal. Angaben über die grafische Kurve der Gewichtszunahme sind nur schwer zu machen, bei den Jugendentwicklungen sind verschiedene Beispiele angeführt, die auf Durchschnittswerten beruhen. Beim Turmfalken und beim Kiebitz sind auch individuelle Gewichtsentwicklungen dargestellt. Sie können immer nur als Anhaltspunkt dienen und hängen im Freiland unter anderem von der Jungenzahl und damit von der verfügbaren Nahrung ab. Bei der Amsel z. B., die mit etwa 14 Tagen das Nest verlässt, steigt das Gewicht bis zum 10. Tag täglich um durchschnittlich etwa 5,7 g.
Etwa 20 % der Vogelarten zeigen in ihrer Gewichtsentwicklung ein Überschießen (bis über 20 %) über den Wert der Erwachsenen **(Maximalgewicht)**, mit anschließender Gewichtsabnahme. Als Beispiele wären Schwalben und Segler zu nennen.
Tauben und Drosseln widerrum werden mit einem Gewicht flügge, das unter jenem der Altvögel liegt. Der Rest der Arten erreicht beim Verlassen des Nestes mehr oder weniger das Gewicht der Altvögel wie das z. B. bei den Staren, Grasmücken, Greifvögeln und Rohrsängern der Fall ist. Aber es gibt hier zahlreiche Ausnahmen und Zwischenformen, so dass es keine allgemein gültige Regel gibt.
Man braucht sich daher nicht zu wundern, wenn bei der Aufzucht eines Mauerseglers das Gewicht bei einem Lebensalter des Vogels von 24–28 Tagen wieder abnimmt.

WICHTIG Die **Gewichtsentwicklung** genügt für eine genaue Altersbestimmung nicht, hier müssten auch andere Messwerte wie die Federlänge von Flügel und Stoß herangezogen werden. Aber in diesem Ratgeber sollte sie auch nur einen **ungefähren Anhaltspunkt** bieten.
Kann man bei bereits älteren Jungtieren (vor allem Nestflüchtern) erkennen, dass das Abwiegen eine große Stressbelastung bedeutet, sollte darauf verzichtet werden.

Zusammenfassung

Es ist für artgerechte Nahrung zu sorgen.
Abrupte Ernährungsumstellung ist für das Jungtier sehr gefährlich. Die Umstellung ist daher im Laufe einiger Tage durchzuführen.

Rindfleisch und Rinderherz eignen sich nicht für die Jungenaufzucht. Vitamin- und Mineralstoffbeigaben wirken sich positiv aus – Dosierungsanleitungen sind aber genau einzuhalten. Die Jungen vieler Tierarten nehmen mit der Nahrung gerne etwas Erde auf.
Beim Verfüttern von Kleinsäugern, Tauben und Kücken sind zur Krankheitsvorsorge immer die Eingeweide und ein eventuell vorhandener Kropf zu entfernen.
Durch täglich Kontrolle der Gewichtszunahme lassen sich leicht Abweichungen bedingt durch Krankheit, Parasitenbefall oder Fütterungsfehler erkennen.
Gewichtsverlust während der ersten Tage der Pflege und bei Nahrungsumstellungen sind normal. Weiters kann das Gewicht bei einigen Vogelarten (Nesthockertypus), nach Erreichen eines Maximalgewichtes, wenige Tage vor dem Ausfliegen wieder abnehmen. Bei bereits älteren Jungtieren kann das Abwiegen auch unterbleiben.

Fütterungstechnik

Hier nur einige allgemeine Betrachtungen zum Thema Fütterungstechnik, die speziellen Bedürfnisse sind bei den einzelnen Tierarten unter **Fütterung** angeführt.

Vögel

Bei der Ernährung spielt neben dem **artgerechten Futter** auch die der **Tierart eigene Fütterungstechnik** eine große Rolle.
Es wäre z. B. für einen jungen Nestflüchter gefährlich und mit einer großen Stressbelastung verbunden, würde man ihm, wie einem jungen Nesthocker, das Futter in den Schnabel stopfen.

• Bei den Vögeln lassen sich grundsätzlich folgende Verhaltensweisen unterscheiden: Bei **Tauchern, Reihern, Störchen, Greifvögeln, Rallen, Trappen, Möwen, Seeschwalben** und **Eulen** wird die Nahrung vorerst in kleinen Bissen vor den Schnabel des Jungvogels gehalten, bis der danach schnappt.
• Bei den **Tauben** steckt der Jungvogel seinen Schnabel in den Rachen des Altvogels, der daraufhin den Nahrungsbrei heraufwürgt.
Junge **Ziegenmelker** und **Mauersegler** umfassen mit ihrem Schnabel den des Altvogels, woraufhin dieser (wie die Tauben) den Futterballen, der aus Insekten besteht, übergibt.
• Bei **Spechten** berührt der Altvogel den sehr großen Schnabelwulst des Jungvogels, der diesen aufgrund des Reizes öffnet. Daraufhin stopft ihm der Altvogel den Futterbrocken in den Rachen.
• **Singvögeln**, dem **Kuckuck** und den **Rackenvögeln** ist das Sperren eigen, d. h. sie reagieren bei Erschütterung des Nestes oder bei Verdunkelung des Einflugloches mit Öffnen und Entgegenstrecken des Schnabels, woraufhin der Altvogel das Futter meist in den nächstgelegenen Rachen stopft.

WICHTIG

Ältere Jungvögel, die hungrig sind, machen sich auch durch Bettelrufe bemerkbar.

• Junge **Watvögel, Raufuß-** und **Feldhühner** nehmen von Anfang an die Nahrung selbstständig auf. Der führende Altvogel zeigt ihnen nur die Nahrung durch Hinpicken in Verbindung mit verschiedenen Lauten.

Säugetiere

Obwohl ein Großteil der Ratschläge auch bei den einzelnen Tierarten behandelt wird, nachstehend noch einmal die wichtigsten Grundlagen im Überblick.
Allen jungen Säugetieren ist die spezielle Aufzuchtmilch mittels einer **geeigneten Saugflasche** (käuflicher Welpenflasche, Puppenflasche oder ähnlichem), einer dickwandigen **Pipette** (Bruchgefahr), einer **Injektions-** oder **Insulinspritze** (ohne Nadel) zu verabreichen.

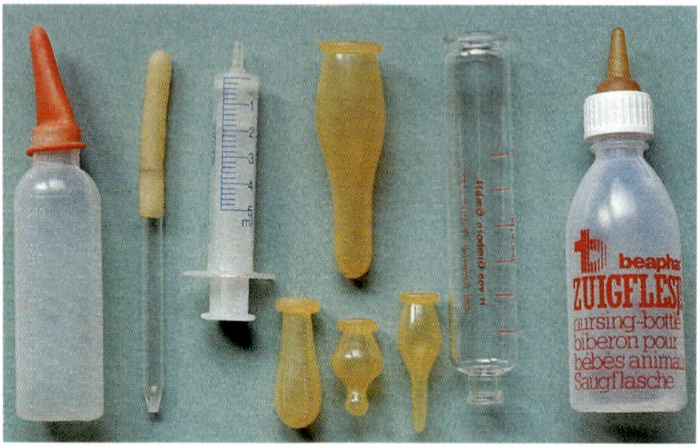

TIPP Insulinspritzen sind besonders bei sehr kleinen Jungtieren, die nur wenig Milch aufnehmen, geeignet. Der Vorteil besteht vor allem darin, dass sie eine sehr feine Skalierung aufweisen, durch die man die aufgenommene Milchmenge besser beurteilen kann; außerdem ist der Gummikolben leichtgängiger.

ABB. 3 *Verschiedene Möglichkeiten die* ***Milch*** *zu verabreichen: Puppenmilchflasche, Pipette, Injektionsspritze, Milchflasche mit verschiedenen Aufsätzen, Welpenmilchflasche.*

TIPP **Um Verschmutzungen** und Verkleben des Felles um die Schnauze und auf der **Brust zu vermeiden**, kann man das Jungtier, vor allem am Beginn der Aufzucht, in Küchenrolle einwickeln, die danebenrinnende Milch aufnimmt.

Die **Temperatur** sollte etwa 40° C betragen. Um die Milch in den Fütterungspausen nicht zu sehr auskühlen zu lassen, empfiehlt es sich, die Spritze, Flasche usw. in der Zwischenzeit in ein Gefäß mit heißem Wasser zu stellen (Öffnung nach oben).

Die **Stellung**, in der das Jungtier am natürlichsten trinkt, ist jeweils bei den einzelnen Tierarten angeführt, so trinken z. B. junge Igel in Rückenlage bzw. etwas aufrechter Stellung, Rehkitze dagegen im Stehen.

VORSICHT Bei zu hastiger Fütterung bzw. wenn zu viel Zwang ausgeübt wird, besteht die **Gefahr**, dass das Jungtier sich verschluckt, die austretende Milchmenge nicht so schnell abschlucken kann und daher aspiriert, d.h. **Flüssigkeit gelangt in die Lunge.** Eine Lungenentzündung, die oft tödlich endet, kann die Folge sein, also Vorsicht.

Die Öffnung am Gummisauger nicht zu groß ausschneiden, besonders bei der Aufzucht von Marderartigen. Bei zu großen Öffnungen wird auch vermehrt Luft geschluckt. Junghasen sind auch in der Lage Milch aus einer flachen Schale zu trinken. Zur Gewöhnung stellt man die flache Schale vor den Hasen und wenn er daran schnuppert, wird ganz kurz das Maul eingetaucht oder man benetzt ihm die Schnauze mit Hilfe einer Injektionsspritze. Danach wird er sich mit der Zunge säubern und so auf den Geschmack kommen.

ABB. 4 *Fütterung eines jungen* ***Feldhasen****. Das Tier sitzt dabei ganz entspannt in der Hand und braucht nicht festgehalten werden.*

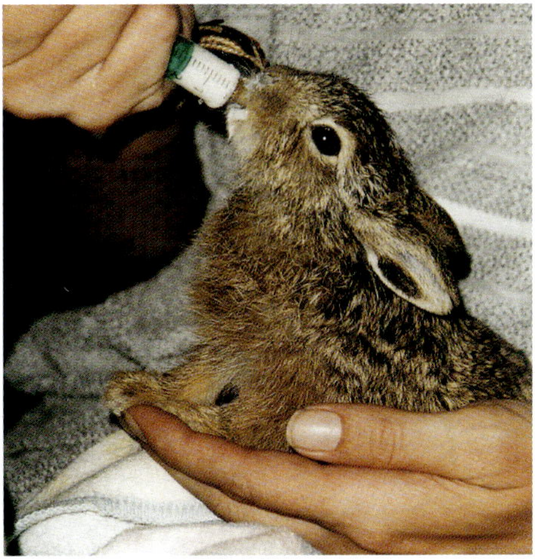

TIPP

Um Blähungen vorzubeugen, empfiehlt es sich, die Aufzuchtmilch statt mit Wasser mit **Fenchel-, Kamillen-** oder mit **Kümmeltee** anzurühren. Ebenso kann der Tee auch pur verabreicht werden, wenn das Tier bereits unter Blähungen und Verdauungsstörungen leidet. Weiters gibt es geeignete Medikamente, siehe Anhang.

Größeren Jungtieren kann man artgerechte Nahrung, nach langsamer Umstellung, in Gefäßen und ähnlichem anbieten.

Über die **Fütterungsintervalle** sind nur sehr schwer nähere Angaben zu machen, siehe bei den einzelnen Tierarten. Ist das Junge hungrig, wird es meist unruhig und sucht nach einer Futterquelle. Auch eine zu hohe oder zu niedrige Umgebungstemperatur ruft ähnliches Verhalten hervor. **Saugen an einem Finger ist immer ein Zeichen für Hunger.**

Nach der Fütterung wird meist sofort wieder geschlafen, besonders ausgeprägt ist das bei ganz kleinen, noch blinden Jungtieren zu beobachten.

WICHTIG

Analmassage: Besonders bei noch kleinen Säugetierjungen (Nesthocker, blind) ist es wichtig, nach der Fütterung die Abgabe von Kot und Harn anzuregen, sonst treten Verdauungsstörungen auf.

Dabei sind **Bauch und Analumgebung leicht zu massieren.** Am besten eignet sich dazu ein halbes, zusammengefaltetes angefeuchtetes Papiertaschentuch, ein dementsprechend großer, feuchter Pinsel oder, bei Rehkitzen, Zeige- und Mittelfinger bzw. ein feuchtes Tuch. Bei sehr zarten Jungtieren benetzt man das Tuch mit Keimöl, um Wundreiben zu vermeiden. Bei Rehkitzen führt das Muttertier eine solche Massage, die bei allen Säugetierarten mit der Zunge ausgeführt wird, besonders in den ersten 2–3 Wochen durch, solange das Kitz noch nicht wiederkäut (Grünfutter) und der Kot dadurch noch weich und breiig ist.

Bei jungen Feldhasen beschränkt sich der Kontakt zum Muttertier auf wenige Minuten des Säugens und kurzes Belecken. Bei ihnen ist die Massage der Analumgebung nicht so wichtig. Abgesetzter Kot und Harn werden dann vorsichtig entfernt bzw. abgetupft.

Zusammenfassung

Bei der Fütterung spielen neben der Versorgung mit artgerechtem Futter auch Kenntnisse über die spezifischen Fütterungstechniken eine große Rolle.

Die meisten Kücken vom Nestflüchtertypus nehmen die Nahrung von Anfang an selbstständig auf. Allen anderen Vogelarten muss das Futter vorgehalten oder in den Rachen gestopft werden.

Allen beschriebenen Säugetierjungen ist, abhängig von der Tierart, anfangs eine geeignete Aufzuchtmilch mit einer Saugflasche, Pipette, Injektions- oder Insulinspritze zu verabreichen. Vorsicht, dass keine Flüssigkeit in die Lunge gelangt, dies kann eine Pneumonie hervorrufen. Fenchel-, Kamillen- und Kümmeltee wirken vorbeugend gegen Blähungen und Verdauungsstörungen.
Nach jeder Fütterung muss bei noch sehr jungen Tieren durch Massieren von Bauch und Analregion die Abgabe von Harn und Kot angeregt werden.

Futtertiere

Dieses Kapitel soll Ihnen die wichtigsten Futtertiere, ihre Beschaffung und Eigenheiten näher bringen. Spezielle Literatur zum Thema **Futtertierzucht** ist im Literaturverzeichnis im Anhang angeführt.

Fische

Bei der Aufzucht von Fischfressern, wie Haubentauchern, Fischreihern, Eisvögeln, Seeschwalben oder Fischottern wird man sich kleine Weißfische, z. B. Rotaugen, besorgen müssen. Fachgeschäfte für Angelsport haben meist einen Vorrat an sogenannten Köderfischen. Kleinere Fische für die Aufzucht von Eisvögeln, Gänsesägern oder Haubentauchern, die eher selten in menschliche Pflege gelangen, muss man sich über einen Fischereiberechtigten oder in einer Fischzuchtanstalt besorgen.

Eintagsküken

Je nachdem, ob sich eine Brüterei auf Hennen oder Hähne spezialisiert hat, werden jeweils Tiere des anderen Geschlechtes aussortiert und kurz darauf, meist mit Gas, getötet.
Ein großer Vorteil ist die Lagerfähigkeit (Tiefkühltruhe). Jeder, der sich mit der Aufzucht von Jungtieren beschäftigt, sollte einen kleinen Vorrat lagernd haben.
Bezugsquelle sind diverse Brütereien, kleinere Mengen wird man aber in jedem Tiergarten oder Zoo erhalten.
Diese Kücken zeichnen sich durch einen hohen Vitamin- und Mineralstoffgehalt aus, der Nährstoffgehalt ist aber eher gering.
Untersuchungen an Turmfalken haben gezeigt, dass Jungtiere, die ausschließlich mit Eintagsküken gefüttert wurden, später Verhaltensstörungen im Brutverhalten zeigten, daher immer Mäuse u. dgl. zufüttern.

VORSICHT Kücken,die sich nicht selbst aus der Schale befreien konnten, sind meist hochgradig mit Salmonellen verseucht und deshalb auszuscheiden.

Laborratten und -mäuse

Eine eigene Zucht dieser Futtertiere empfiehlt sich besonders, wenn häufiger Greifvögel, Eulen, Reiher, Störche und Jungtiere von diversen Raubsäugern (Fuchs, Marderartige) zu betreuen sind. Braune wildfarbene Tiere sind wegen der späteren Beuteerkennung vorzuziehen.

ABB. 5 ***Futterratte.*** *Das Gewicht erwachsener Tiere erreicht etwa 500 g. Sie sind mit 5–9 Wochen geschlechtsreif. Die Tragzeit dauert drei Wochen, geboren werden 9–12 Junge, die vier Wochen gesäugt werden.*

Die **Unterbringung** erfolgt am besten in sogenannten **Laborbehältern**, die **Ernährung** durch **Futterpellets**. Bezugsquellen für Behälter und Pellets sind im Anhang angeführt.

Würmer

Die verschiedensten Arten von Würmern sind im Fischerei- und Zoohandel erhältlich.

VORSICHT

Ein Wort zum Verfüttern freilebender **Regenwürmer**: Dort, wo Hühner frei herumlaufen, sind die Würmer normalerweise so hochgradig mit **Parasiten** (Haarwürmern) **verseucht**, dass bereits das Verfüttern eines Wurmes den ganzen Vogelbestand anstecken kann. Aus diesem Grund sollte man auf freilebende Würmer gänzlich verzichten.

Stärkerer Parasitenbefall kann, vor allem bei Jungvögeln, zu Abmagerung und Anämien (Blutarmut) führen. Der Kot wird dünnbreiig, schleimig, oft auch wässrig. Massiver Befall mit Haarwürmern kann auch zum Tod führen. Bei gesicherter Diagnose ist eine gezielte Behandlung möglich.

Insekten

Mehlwürmer

Die Larven des Mehlkäfers, fälschlich als „Mehlwürmer" bezeichnet, sind in der Tierhaltung weitverbreitet. Sie zeichnen sich durch einen hohen Eiweiß- und Fettanteil (etwa 13 %) aus. Verfüttert werden sollten nach Möglichkeit die weißen frischgehäuteten Larven. Das Chitin der braunen Tiere kann nämlich bei übermäßigem Genuss eine Ballenentzündung hervorrufen. Doch auch beim Kauf einer größeren Menge Mehlwürmer wird man nicht nur weiße Larven verfüttern können.

Mehlwürmer tötet man entweder durch Zerdrücken oder Abreißen des Kopfes.

VORSICHT Achtung vor Mehlwürmern, die sich zu Mehlkäfern entwickelt haben! Nach Erfahrungen der Familie Zisser machen sich die Käfer auch über Textilien her.

ABB. 6 ***Mehlwürmer***.
Nach 9–12 Häutungen, die im Laufe von 6–7 Wochen erfolgen, erreichen die Larven 25–28 mm Länge und 2,5–3,5 mm Dicke. Die Fütterung erfolgt mit Mehl, Haferflocken, Kleie, Äpfel und ähnlichem.

Hausgrillen

Sie werden auch als „Heimchen" bezeichnet, weil sie früher hinter jedem Herd vorkamen und sind als Futtertiere weit verbreitet. Näher sind sie im Abschnitt **Mauersegler** und **Schwalben** beschrieben.

Fliegenmaden

Fliegenmaden, die in Fischereifachgeschäften zu bekommen sind, haben eine sehr zähe Außenhaut, die von den Magensäften manchmal nicht zu durchdringen ist. Beim Verfüttern ganzer Maden kann es nun dazu kommen, dass die Made den Verdauungstrakt unbeschädigt passiert und wieder vollständig im Kot zum Vorschein kommt. Das wäre der günstigere Fall, den ich schon bei einem jungen Mauersegler beobachten konnte. Blockiert die Made aber den Magen-Darm-Trakt an irgendeiner Stelle, dann kommt es innerhalb kurzer Zeit zum Tod.

TIPP **Deswegen muss man aber nicht auf Fliegenmaden als Eiweißlieferanten verzichten, sondern schneidet jede Made mit einer Rasierklinge an mehreren Stellen ein, wo die Magensäfte einwirken können. Um die Made zu töten, wird der Kopf entweder zerdrückt oder abgeschnitten.**

Mückenlarven

Sie lassen sich am einfachsten mit einem großen, feinen Sieb fangen, das bei ruhiger Wasseroberfläche, wenn sich die Larven oben befinden, schnell durch das Wasser gezogen wird. Stehendes bzw. Regentonnenwasser ist oft ein lohnender Fangplatz.

Wiesenplankton

Als Wiesenplankton wird die Masse in einer Wiese lebender Insekten bezeichnet und wird mittels eines Keschers, der über das Gras gezogen wird, abgesammelt. Besonders insektenreich sind unbehandelte (Blumen-) Wiesen und feuchte bis sumpfige Stellen.
Sehr zahlreich sind Insekten **auch auf Fichtenzweigen** zu finden. Dabei genügt es unter tiefhängende Zweige ein helles Tuch zu halten und von oben auf den Zweig zu klopfen.
Auch der Einsatz einer Insekten-Lichtfalle kann sehr lohnend sein. Die einfachste Form besteht aus einer Kiste, die an der Oberseite ein Loch enthält, in der Mitte durch ein Gazenetz abgeteilt ist und im unteren Teil eine normale Glühbirne (noch besser wäre Blaulicht) aufnimmt. Durch das Licht werden in der Nacht Insekten angelockt, die in die Kiste fliegen und später nur noch vom Netz abgelesen werden müssen.

ABB. 7
Eigenbau-Lichtfalle
für Insekten.

1 *Einflugspalt*
2 *Fangraum*
3 *Gazetrennwand*
4 *Entnahmeklappe*
5 *Lichtquelle*
6 *Öffnung für Lampenwechsel*

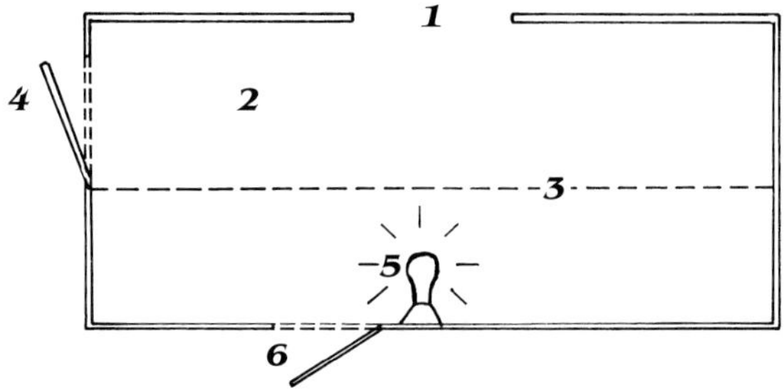

WICHTIG

Ein **großes Problem** beim Einsatz einer Insekten-Lichtfalle besteht aber darin, dass sich auch seltene bzw. naturgeschützte Arten, wie Schwärmer und Eulen, anlocken lassen. Besorgen Sie sich daher bitte vorher geeignete Unterlagen über die geschützten Arten und lassen Sie diese wieder frei.

TIPP

Wenn Ihnen die Arbeit, eine solche Lichtfalle zu basteln, zu mühsam ist, geht es auch noch einfacher – spannen Sie einfach ein großes, weißes Tuch auf und stellen sie eine Tischlampe darunter.

Ameisenpuppen

Auch Ameisenpuppen von der **Roten Waldameise** sind ein sehr hochwertiges Futter und sind noch in einigen wenigen Zoohandlungen erhältlich. Besonders bei der Aufzucht von jungen Spechten und Raufußhühnern wird man sie verwenden müssen. Ansonsten plädiere ich, angesichts des steten Rückganges in der Natur, für einen Verzicht. Selbstsammeln kommt in Österreich durch die Gesetzeslage (geschützt) ohnehin nicht in Frage. Die Puppen, die in Zoohandlungen erhältlich sind, kommen aus dem ehemaligen Jugoslawien.
Als Lebendfutter, besonders in den ersten Tagen, haben sich auch die Puppen der Rasenameise, die stellenweise sehr zahlreich vorkommt, bewährt. Ein ideales Anfangsfutter für alle Feld- und Waldhühnerkücken.

Weiters sind im Zoohandel noch verschiedene andere Futtertiere, wie Wachsmotten und ähnliches, erhältlich. Nachfragen lohnt sich auf jeden Fall.

TIPP

Insekten lassen sich auch sehr gut einfrieren. Damit kann man kalte Tage, an denen nichts zu fangen ist, überbrücken.

ZUSAMMENFASSUNG

Zur Aufzucht von fischfressenden Tierarten muss man sich kleine Fische besorgen. Eintagskücken eignen sich für die Aufzucht sehr gut, sind aber, bedingt durch den geringen Nährstoffgehalt und die dadurch bedingten Verhaltensstörungen, kein Alleinfutter. Bei häufiger Aufzucht von Großvögeln empfiehlt sich die Anlage einer eigenen Ratten- und Mäusezucht.

Mehlwürmer möglichst als frischgehäutete weiße Tiere verfüttern, Fliegenmaden zuvor einschneiden.
Keine Würmer aus Örtlichkeiten verfüttern, wo Hühner frei laufen – Parasitenbefall.
Insekten lassen sich leicht fangen. Für kühle, insektenlose Tage kann man zur Überbrückung einen Vorrat einfrieren.
Ameisenpuppen, außer die der Rasenameise, sollten aus Gründen des Artenschutzes nicht mehr zu Futterzwecken verwendet werden.

Unterbringung

In diesem Kapitel werden wieder nur einige **grundsätzliche Betrachtungen zum Thema Unterbringung** angeführt, die speziellen Ansprüche sind bei den einzelnen Vogel- und Säugetierarten beschrieben.

Folgende Anforderungen sind an eine richtige Unterbringung zu stellen:

1. Sie muss dem Entwicklungsstand des Jungtieres angepasst sein.
2. Die Unterbringung sollte möglichst natürlichen Verhältnissen entsprechen.
3. Ein Entkommen darf, bevor nicht eine gewisse Selbstständigkeit erreicht ist, nicht möglich sein.
4. Bis das Jungtier in der Lage ist, seine Körpertemperatur selbst aufrecht zu erhalten, benötigt es eine externe Wärmequelle.

Zu 1. Anpassung an den Entwicklungsstand

Ein noch unbefiederter Kleinvogel oder ein junges, noch blindes Eichhörnchen braucht anfangs viel weniger Platz als ein Gesperre Jungfasane, das bereits ab dem ersten Lebenstag ständig in Bewegung ist.

ABB. 8
Junge Nestflüchter *sind ständig in Bewegung, hier junge Stockenten. Besonders junge Enten und Fasane verteilen sich dabei auf einem großen Gebiet, Rebhuhnkücken bleiben eher beisammen.*

Ist die Unterbringung nicht dem jeweiligen Entwicklungsstand angepasst, kann es, besonders bei zu kleinem Platzangebot, zu **stereotypen Bewegungen**, mangelhaftem Training und zu schwacher Ausbildung der Muskulatur kommen. Inwieweit sich solche Faktoren später auf die

Überlebensfähigkeit in der freien Natur auswirken, kann noch nicht mit Sicherheit gesagt werden. Negative Auswirkungen sind aber sehr wahrscheinlich.
Beobachten Sie Ihre Schützlinge öfter und bei genauer Beobachtung werden Sie erkennen, ob die Jungtiere genügend Bewegungsfreiheit haben oder sich eingeengt fühlen.

Beispiel
Das Ganze sei kurz am Beispiel einer jungen Feldwachtel, die ich vom Ei weg aufzog, erläutert. Bis zum Alter von etwa drei Tagen genügte ein Auslauf von 15 x 25 cm. In den darauffolgenden 4–6 Tagen wurde die Fläche auf 25 x 45 cm vergrößert. Danach sollte der Käfig, bis zur Freilassung mit etwa vier Wochen, mindestens eine Grundfläche von 40 x 70 cm (Meerschweinchenkäfig) haben.

Zu 2. Die möglichst natürliche Umgebung
Wie später bei der **Prägung** beschrieben, muss ein Jungtier in seiner Entwicklung umweltbedingt ständig lernen. Dazu gehört auch der Lebensraum. Wächst der Jungvogel oder der kleine Feldhase in einer Umgebung auf, die er auch später in der Freiheit vorfindet, wird die Umstellung nicht besonders schwer fallen und fließend vor sich gehen.
Kennt das Jungtier aber vorerst nur das Innere einer Schachtel oder einen normalen Kanarienkäfig, dann bedeutet die Freilassung eine große Stressbelastung (Schock).
Inwieweit sich eine solche reizarme Unterbringung während der Aufzuchtzeit, in der das Tier sehr sensibel ist, auf die spätere Entwicklung, z. B. im Fortpflanzungsverhalten, negativ auswirken wird, ist noch zu ungenau bekannt und durch die Komplexität der Faktoren nur sehr schwer zu beurteilen.

WICHTIG

Gestalten Sie daher prophylaktisch (vorbeugend) die nähere Umgebung Ihres Pfleglings möglichst natürlich mit Erde, Moos, Zweigen, Kletterästen und ähnlichem. Auch mit Versteckmöglichkeiten, z. B. dichte Vegetation, lassen sich sehr oft die natürlichen Verhältnisse imitieren.

ABB. 9
Nachgestellter Lebensraum *(40 x 70 cm) für eine junge Feldwachtel.*
Im Hintergrund ist die Wärmelampe zu erkennen.

(Siehe dazu auch Punkt 1: Anpassung an den Entwicklungsstand).

Zu 3. Entkommen
Auch dem möglichen Entkommen kommt bei der Wahl der richtigen Unterbringung besondere Bedeutung zu.

In der Natur inspizieren Jungtiere aller Arten, bereits bevor sie eine gewisse Selbstständigkeit erreicht haben, ein mehr oder weniger großes Gebiet, wobei sie aber mit Geschwistern und Elterntieren durch spezielle Bettel- und Stimmfühlungslaute (Kontaktrufe) in ständigem Kontakt sind.
Sie als Tierpfleger sind aber nicht in der Lage z. B. ein Gesperre Jungfasane wieder zusammenzulocken. Die Fasanküken werden zwar nach kurzer Zeit klägliche Kontaktrufe („Weinen") ausstoßen, aber nicht zu Ihnen zurücklaufen. Bei menschlicher Annäherung flüchten sie in den überwiegenden Fällen. Solche versprengten Tiere sterben meist innerhalb kurzer Zeit.

Beispiel
Eine derartige Geschichte ist mir selbst mit einem jungen Fasan passiert. Obwohl eine Zwerghenne die Jungfasane geführt hatte, verlief sich ein Kücken über 50 Meter weit in ein Getreidefeld und war verloren. Beim Fang der Henne und der übrigen Kücken hätte ich noch größere Verluste riskiert. Aber so war die Distanz zu groß und das versprengte Kücken nicht aus dem Feld zu treiben.

TIPP **Verhindern Sie daher, dass Jungtiere zu früh in die Freiheit entkommen und ersparen Sie sich damit viel Kummer.**

Zu 4. Die externe Wärmequelle
Nesthocker (Vögel und Säugetiere) werden, wie Sie ja bereits wissen, blind und zum Großteil nackt geboren. Aber auch Jungvögel vom **Nestflüchter**typus benötigen **zur Aufrechterhaltung ihrer Körpertemperatur Wärme von außen**. Ab welchen Zeitpunkt ein Jungtier in der Lage ist, seine Körpertemperatur in etwa selbst aufrecht zu erhalten, ist in den Jugendentwicklungen der einzelnen Arten angegeben. Entenkücken sind bereits kurze Zeit nach dem Schlüpfen in der Lage, auch bei längerer Kältebelastung ihre Körpertemperatur konstant zu halten, während z. T. frischgeschlüpfte Tauben nach 10 Minuten bei +10° C ihre Körpertemperatur auf unter 22° C abgesenkt haben, also wie ein wechselwarmer Organismus reagiert.
Bei der Aufzucht von Vögeln verwende ich meist eine Rotlicht- oder eine normale Tischlampe. Näheres dazu ist bei den **Kleinvögeln** nachzulesen.

ABB. 10
Feldwachtelkücken *im Wärmebereich. Einige zusammengebundene Federn simulieren das Bauchgefieder des Altvogels und der Jungvogel verschwindet immer wieder für kurze Zeit darunter. Damit das Kücken nicht durch die weiten Gitterstäbe gelangen kann, wurden diese mit Karton abgedeckt.*

TIPP Bei Säugetieren habe ich bei kleineren Arten mit diversen Taschenöfen, die in jedem Sport- und Jagdgeschäft erhältlich sind, die besten Erfahrungen gemacht.

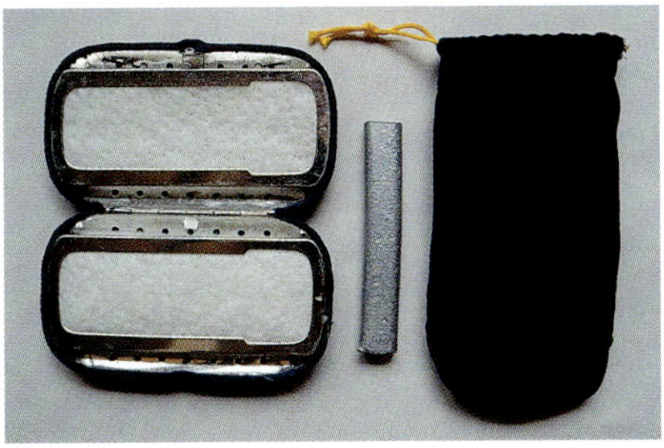

ABB. 11 ***Taschenofen.*** *Je nachdem, ob das Kohlestück (Mitte) nur an einem oder an beiden Enden entzündet wird, hält die Wärme sieben bzw. etwa vier Stunden lang an.*

ABB. 12 *Junge* ***Iltisse****, Alter etwa sechs Wochen, vor dem Eingang zu ihrer Versteckmöglichkeit. Am Ende der Korkröhre befindet sich eine größere Schachtel.*

Die Wärme entsteht dabei durch Abbrennen eines speziellen Kohlestückes in der Mitte des Ofens. Je nachdem, ob beide bzw. nur ein Ende entzündet wird, hält die Wärmeabstrahlung 4–7 Stunden an. Durch lockeres Einschlagen in ein weiches Tuch ist auch die Temperatur leicht zu regulieren.

Für **größere Arten** wie **Fuchs** und **Dachs** ist ein normaler Taschenofen zu klein, in diesem Fall eignet sich ein **Wärmekissen**, eine **Wärmeflasche** oder eine **Wärmeplatte** besser. Es gibt auch spezielle Unterlagsmatten für Aquarien in zwei Größen, die über einen normalen Elektroanschluss beheizt werden. Eine meiner Bekannten hat auch sehr gute Erfahrungen mit einer **Moorwärmeflasche** gemacht. Diese wird in der Mikrowelle erwärmt und hält die Wärme sehr gut. Sie ist so weich, dass man sogar Nestmulden formen kann. Erhältlich ist sie in Reformhäusern u. dgl.

Solange die Jungtiere noch blind sind, je nach Tierart etwa die **ersten 2–4 Wochen**, genügt als **Unterkunft** eine dementsprechend **große Schachtel** oder ein **Korb**, ausgelegt mit weichen Tüchern oder ähnlichem.

TIPP

Um Unfälle und Verluste von vornherein zu vermeiden, ist es am besten, bereits auch kleine Jungtiere mitsamt der Schachtel in einen größeren Käfig zu stellen. Dieser Käfig, mit Kletterästen und Versteckmöglichkeiten ausgestattet, genügt dann auch in der ersten Zeit nach dem Öffnen der Augen, in der die Jungtiere noch sehr tollpatschig herumklettern.

Wird diese Behausung zu klein, erfüllt nur eine entsprechend eingerichtete Voliere artgerechte Ansprüche.

Säugetiere – Platzhocker

Junge Platzhocker, wie Junghasen und Rehkitze, brauchen unbedingt von Anfang an eine möglichst natürliche Umgebung. Optimal wäre in diesem Zusammenhang ein umzäuntes Wiesenstück, das aus verschiedenen Vegetationszonen (Dickicht, Altgras, frischem Grün) besteht und von wo aus die Tiere später die Möglichkeit haben, direkt in Feld und Wald zu gelangen.

ABB. 13 ***Rehkitzauslauf*** *mit kurzem Gras und Himbeerdickicht: Länge 15 m, Breite 4 m.*

Junge Platzhocker benötigen, **außer bei tieferen Außentemperaturen, keine besondere Wärmequelle**, ihr Fell isoliert bereits von Geburt an ausreichend. Als Schutz vor der Witterung genügt in der Regel eine vor Wind und Regen geschützte Ecke.

Mehr ist zur Unterbringung solcher Jungtiere nicht zu sagen, weiteres Vorgehen ist im Kapitel **Auswilderung** beschrieben.

ZUSAMMENFASSUNG

Der richtigen Unterbringung kommt in Hinblick auf die gesunde Verhaltensentwicklung besondere Bedeutung zu.

Folgende Anforderungen müssen erfüllt sein:
1. Anpassung an den Entwicklungsstand
2. Möglichst natürliche Umgebung, um Fehlprägungen zu minimieren
3. Ein vorzeitiges Entkommen darf nicht möglich sein.
4. Bis das Haarkleid ausreichend isoliert, braucht das Jungtier eine von der Größe abhängige externe Wärmequelle, wie einen Taschenofen, eine Wärmeflasche oder einen Infrarotstrahler.

Zur Unterbringung von noch blinden Nesthockern eignet sich ein Korb oder eine Schachtel, die man, um Unfälle von vornherein zu vermeiden, in einen größeren Käfig stellt.
Sind die Jungtiere älter und damit beweglicher, dann erfüllt nur eine artgerecht eingerichtete Voliere alle Ansprüche.
Junge Platzhocker brauchen von Anfang an eine möglichst natürliche Umgebung, wie es ein umzäuntes Wiesenstück darstellt. Sie benötigen, außer bei sehr tiefen Außentemperaturen, keine Wärmezufuhr, ihr Fell isoliert bereits ausreichend.

Prägung

Ein sehr großes Problem bei der Handaufzucht besteht bei einigen Tierarten in einer möglichen Prägung auf den (fütternden) Menschen.

Was versteht man nun eigentlich unter dem Begriff „Prägung"?

Einfach ausgedrückt sind das **verschiedene Lernprozesse**, die in einer sensiblen Phase der Ontogenese (Jugendentwicklung) sehr schnell ablaufen, vom späteren Verhalten vorprogrammiert sind und die keinen ausgedehnten Übungsphasen bedürfen. So prägen sich in kurzer Zeit z. B. die Artgenossen, der spätere Geschlechtspartner, die Nahrung, Gesänge, Orte usw. fürs ganze Leben ein. Viele Prägungen werden erst in einem späteren Lebensabschnitt am Verhalten oder am Gesang sicht- bzw. hörbar.

Ein sehr gutes Beispiel für eine Prägung beim Menschen ist das Erlernen der Muttersprache. Andere Prägungen wiederum erfolgen erst auf bestimmte Umweltfaktoren. Appetenzen und Aversionen (Abneigungen) gehören hierher. Diese Prägungen sind objektfixiert und irreversibel.

WICHTIG

Auswirkungen hat eine Fehlprägung, z. B. durch falsche Unterbringung in der Aufzuchtzeit, auf die Wahl des späteren Brutplatzes. Genau studiert wurde dieses Verhalten bei Schleiereulen, die, nach Erreichen der Geschlechtsreife große Schwierigkeiten bzw. Fehlverhalten in der Brutplatzwahl zeigten. Bei einigen Vogelarten ist die Wahl des Brutplatzes aber genetisch fixiert.

Das Problem der Fehlprägung

Grundsätzlich handelt es sich dabei, im Bezug auf den Menschen, um zwei Formen:

1. Prägung zum Artgenossen
2. Sexuelle Prägung (P. zum Sexualpartner)

Welche Art der Fehlprägung sich nun manifestiert, hängt sehr stark vom Alter, ob Einzel- oder Geschwisteraufzucht und – nicht zuletzt – von der Tierart selbst, die aufgezogen wird, ab.

Zu 1. Prägung zum Artgenossen
Das Tier erkennt dann später den Menschen nicht mehr als Feind, vor dem es zu flüchten gilt, sondern akzeptiert ihn als seinesgleichen, erkennbar an der großen Vertrautheit.

Beispiel
Mein erstes handaufgezogenes Jungtier, eine männliche Brieftaube, war derart auf mich geprägt, dass der Tauber, nachdem er ausgewachsen war, mich ständig als Reviereindringling behandelte und mich mit Schnabelhieben und Beißereien abzudrängen versuchte.
Auch bei der Aufzucht der Jungtauben zeigte er schwere Verhaltensausfälle, so huderte er neben dem Jungvogel.

ABB. 14 *Der Verfasser im Alter von 15 Jahren mit flügger* ***Brieftaube****.*

ABB. 15 *Revierverteidigung von erwachsenem, handaufgezogenem* ***Tauber****. Zuerst wird Imponierverhalten gezeigt, bei Annäherung dann mit Schnabel und Schwingen „gekämpft".*

Zu 2. Prägung zum Sexualpartner

Die sexuelle Prägung auf den Menschen geht so weit, dass das geschlechtsreife Tier später nur mehr den Menschen (Einzelperson) als Sexualpartner akzeptiert und auch mit ihm zu kopulieren versucht. Solche Fehlprägungen lassen sich experimentell bei Enten nur mit männlichen Tieren erzielen. Die Weibchen reagieren durch angeborene Verhaltensweisen auf das Prachtkleid des Männchen.

Besonders gefährdet sind in diesem Zusammenhang Einzelaufzuchten, sehr oft sind Junguhus davon betroffen. Dass solchermaßen fehlgeprägte Tiere selbst für Zuchtzwecke, außer bei künstlicher Befruchtung, unbrauchbar sind, ist klar.

Wie wirkt sich eine solche Fehlprägung nun auf das Überleben in freier Natur aus?

Bei **wehrhaften Tierarten** taucht immer wieder das Problem der Revierverteidigung auf.

VORSICHT Außer bei Greifvogel- und Eulenarten, Krähenvögeln und Wildschweinen, um nur einige zu nennen, ist dieses Verhalten besonders beim handaufgezogenen **Rehbock** zu beobachten, der mit seinem Geweih blutige Wunden zufügen kann. Meistens kommt es erst ab einem Alter von zwei Jahren zu ernst gemeinten Angriffen. Je älter so ein Tier wird, desto gefährlicher wird eine solche Attacke bzw. desto ausgeprägter ist sein Revierverhalten. In der Jagdpresse wird immer wieder von solchen Fällen berichtet. So scheu wilde Rehe sind, so gefährlich kann ein fehlgeprägter Rehbock werden. Besonders gefährdet sind in diesem Fall Kinder.

Solche Tiere gehören bestenfalls in ein Wildgatter, sehr oft führt ein derartiger Angriff aber zum Abschuss des Tieres.

TIPP Es ist daher sinnvoller, ein Bockkitz bis zum Alter von etwa drei Monaten kastrieren zu lassen. Bei einer späteren Kastration kommt es zur Ausbildung eines Perückengeweihes. Möglich ist auch eine medikamentöse Ruhigstellung für eine Dauer von etwa vier Wochen.

Bei Tierarten, die **bejagt** werden, verhält es sich ähnlich. Man denke da z. B. an einen Jungfuchs, junge Wildenten u. dgl. Auch die bereits oben genannten Tierarten sind hier betroffen.

ABB. 16 *Zahmes **Rehkitz**. Bei der Aufzucht von Rehwild lässt sich eine gewisse Zahmheit, bedingt durch die Fütterungen, praktisch nicht vermeiden. Auch die fehlende Scheu vor Hunden kann später zu Problemen führen.*

ABB. 17 *Flügge **Singdrossel**, die aber bereits nach kurzer Zeit verwilderte. Das Tier kam erst im Alter von etwa zwei Wochen infolge einer Schlechtwetterperiode (Nahrungsverknappung) in menschliche Pflege.*

Kaum ein Jungtier überlebt, wenn es nicht ständig auf der Hut ist und gewisse Fluchtdistanzen einhält. Jäger reagieren auf Tiere, die eine auffallende Zahmheit erkennen lassen, meist sehr rasch mit Abschuss.

Kein Problem in Bezug auf Verfolgung ist die Fehlprägung bei **Kleinvögeln** und **Stadttauben**. Inwieweit sich Prägungen später jedoch auf das Fortpflanzungsverhalten auswirken, kann noch nicht mit Sicherheit beurteilt werden, gewisse Störungen und Ausfälle sind aber anzunehmen.

Verhaltensregeln bei der Aufzucht

1. Übermäßigen Kontakt vermeiden

Obwohl die Jungtiere durch das Kindchenschema (Proportionen, großer runder Kopf, große Augen) hübsch und niedlich anzusehen sind, fördert jede Beschäftigung mit ihnen, die über das Notwendigste hinausgeht, eine mögliche Fehlprägung. Bei jungen Säugetieren ist es aber unumgänglich, dass man sich näher mit ihnen beschäftigt.

2. Aufzucht von mehreren Jungtieren einer Art

Anzustreben ist immer die Aufzucht von mehreren Jungtieren einer Art, was das Risiko von Fehlprägungen stark reduziert. Besonders beim Igel wird es nicht schwer sein, über das Tierheim Pflegeeltern zu finden.

3. Möglichst bald in die Hände von Spezialisten

Wie bereits im **Kapitel Einleitung** beschrieben, gehören Jungtiere prinzipiell nicht in die Obhut von Laien. Bei richtiger Pflege über das Wochenende tritt sicher noch keine Fehlprägung ein. In den verschiedenen Instituten (Adressen im Anhang) wird dann versucht das Jungtier von einem Ammenpaar großziehen zu lassen oder zumindest Jungtiergruppen zusammenzustellen. Besonders bei Greifvögeln und Eulen wird das angestrebt.

Zusammenfassung

Die Fehlprägungen sind bei der künstlichen Aufzucht ein nicht zu unterschätzendes Problem. Sie können vorerst nicht erkannt werden, spätere Verhaltensausfälle sind aber sehr wahrscheinlich. Bei fast allen Tierarten sind fehlgeprägte Individuen in freier Wildbahn benachteiligt. Rehböcke, die ihr Revier gegenüber dem Menschen verteidigen, können dabei mit ihrem Geweih blutige Wunden zufügen und stellen dadurch, vor allem für Kinder, eine große Gefahr dar.
Einer möglichen Fehlprägung kann man dadurch entgegenwirken, dass
1. übermäßiger Kontakt vermieden wird,
2. das Tier in einer Gruppe aufwächst und
3. das Jungtier möglichst bald in fachkundige Hände kommt.

Auswilderung

Das letzte Kapitel der künstlichen Aufzucht bildet nun die Freilassung bzw. die langsame Auswilderung. Wurden bisher alle Schritte befolgt, dann müsste das Jungtier in bester körperlicher Verfassung und das Federkleid bzw. das Fell in tadellosem Zustand sein. Es ist an allem interessiert und mit der Ersatzmutter nicht zu vertraut.
Die Freilassungsmethode ist nun an und für sich sehr einfach und lässt sich bei den meisten Vogel- und Säugetierarten gleichermaßen anwenden. Probleme, die selbst für Spezialisten nicht leicht zu lösen sind, ergeben sich vor allem bei Fledermäusen.

Wie vollzieht sich das Selbstständigwerden in der Natur?

Haben junge Vögel das Nest verlassen bzw. Säugetierjunge einen gewissen Entwicklungsstand erreicht, dann erkunden sie zuerst die nähere, später auch die weitere Umgebung ihres Aufzuchtortes, oft unter der Aufsicht der Alttiere. Mit der Zeit durchstreifen die Jungtiere ein immer größeres Gebiet, dabei werden verschiedene Verhaltensweisen entwickelt und zuerst spielerisch trainiert, wie z. B. der Beutefang, und schließlich perfektioniert. Bezugspunkt für Schutz, Wärme und Nahrung ist aber immer noch der weitere Nestbereich oder der Wurfbau, wo sie mit den Elterntieren durch Geruchskontakt, Stimmfühlungslauten und Bettelrufen in Kontakt stehen und von diesen mit Nahrung versorgt werden.
Je älter die Jungtiere sind, desto perfekter werden Beutefang und andere Verhaltensweisen, wie etwa die Feinderkennung und das Fluchtverhalten, die zum Überleben in freier Natur wichtig sind. Die Dauer dieser Phase, bei Greifvögeln als **„Bettelflugperiode"** bezeichnet, ist von Tierart zu Tierart verschieden. Bei Eisvögeln z. B. dauert sie nur einige Stunden bis wenige Tage nach dem Verlassen der Brutröhre, sie benötigen für das Erlernen des Fischfanges nur kurze Zeit. Das Beutefangverhalten ist ja eigentlich angeboren und muss nicht erlernt werden, allerdings muss die Ontogenese (Jugendentwicklung) weit genug fortgeschritten sein.

Junge Sperber haben in freier Wildbahn eine ungefähre Bettelflugdauer von drei Wochen, bei Handaufzucht verstreichen die Männchen aber bereits nach 4–5 Tagen, die Weibchen einige Tage später. Sie beherrschen die Vogeljagd bereits nach kurzer Eingewöhnungszeit.
Ein von mir Ende August ausgewildeter Wespenbussard kehrte hingegen noch drei Wochen zum Futterplatz zurück, wobei er gegen Ende zu nur mehr kurz erschien.

ABB. 18
Juveniler (im Jugendkleid) ***Wespenbussard*** *am Futterbrett.*

Diese **Bettelflugperiode endet dann mit dem Verstreichen** (Vögel) **bzw. dem Abwandern** (Säuger) der Jungtiere. Nun in der Lage selbst Beute zu schlagen und nicht mehr auf die Versorgung durch die Alttiere angewiesen, begeben sie sich auf die Suche nach einem eigenen Revier. Über die Entfernungen, die dabei zurückgelegt werden und die Dauer dieser Wanderperiode sind erst bei einigen Tierarten schlüssige Aussagen zu machen. Ein wichtiges Hilfsmittel ist in diesem Zusammenhang die Beringung.
Grundsätzlich ist aber zu erkennen, dass die Dauer der „Bettelflugperiode" bei künstlicher Aufzucht kürzer ist als bei der Betreuung durch die Alttiere. Männchen sind in der Regel früher selbstständig (einige Tage) als Weibchen. Auch die Zahmheit und eine mögliche Fehlprägung wirken sich auf die Dauer dieser Periode aus. Sehr zahme Tiere bleiben länger am Freilassungsort. Diese sogenannten juvenilen, später subadulten Tiere besetzen dann nach Erreichen der Geschlechtsreife freie Reviere bzw. ersetzen sie umgekommene Alttiere.

Die Technik der Freilassung
Bei der **langsamen Auswilderung** vollzieht sich das Selbstständigwerden der Jungtiere wie in freier Wildbahn, mit dem Unterschied, dass die Versorgung mit Nahrung nicht durch die Alt- oder Muttertiere erfolgt, sondern vom Menschen übernommen wird. Der Beuteerwerb und verschiedene andere Verhaltensweisen sind genetisch fixiert und bedürfen nur eines gewissen Trainings bzw. muss die Ontogenese bereits weit genug fortgeschritten sein. Daneben wird auch die Muskulatur ausgebildet und gekräftigt.
Der **Zeitpunkt** muss so gewählt werden, dass die Jungtiere voll entwickelt (gerade flügge) bzw. in der Lage sind Feinde zu erkennen und auch dementsprechendes Verhalten zeigen. Bei einiger Beobachtungsgabe werden Sie sicher den richtigen Entwicklungsstand erkennen.

Beispiel
Den richtigen Zeitpunkt möchte ich Ihnen an einem Beispiel näher bringen. Zwei kleine Iltisse wurden mir im Alter von etwa vier Wochen gebracht. Nach kurzer Unterbringung in einem Korb mit Wärmequelle, später in einem Kaninchenkäfig (mit Versteckmöglichkeit) kamen die beiden Jungtiere dann in eine Kleinvoliere (Maße 2,5 x 2,5 x 2 m).
Im Alter von zehn Wochen, die Jungen waren bereits sehr gewandte Kletterer, öffneten wir die Voliere an mehreren Stellen. Der Unterschlupf sagte ihnen aber offenbar nicht sehr zu und so übersiedelten sie kurzerhand in einen großen, der Voliere angrenzenden Reisighaufen. Fast jeden Abend, sechs Wochen lang, holten sich die beiden Jungiltisse ihre Eintagsküken, Mäuse und Ratten.

In Freiheit waren sie sofort um vieles scheuer und unnahbar. Beim Versuch, mit der Hand zu füttern, wurde das Kücken blitzschnell aus der Hand gerissen und in die sichere Deckung des Reisighaufens geschleppt. Der tägliche Futterbedarf pro Jungtier betrug etwa eine Ratte oder 4–5 Eintagskücken. In der näheren Umgebung waren außer Laufgängen in der Wiese überhaupt keine Anzeichen einer Anwesenheit der Iltisse zu bemerken, obwohl sich das Ganze unmittelbar neben dem Haus abspielte. Im Alter von etwa sechzehn Wochen verschwanden dann beide innerhalb weniger Tage, sie wanderten, nun selbstständig geworden, aus dem „elterlichen" Revier ab.

An diesem Beispiel sieht man, wie durch richtige Aufzucht und Auswilderung vollwertige Wildtiere erzielt werden. Kein Problem war auch eine mögliche Fehlprägung, mir wurde nie berichtet, dass irgendwo in der Umgebung ein zahmer („tollwütiger") Iltis aufgetaucht wäre.
Diese langsame allmähliche Auswilderungsart lässt sich bei allen beschriebenen Vogel- und Säugetierarten gleichermaßen anwenden.
Ein Problem kann in der Form auftreten, dass kein geeignetes Auswilderungsgebiet zur Verfügung steht. Aber eine kleine Voliere lässt sich schnell bei Bekannten oder einem Bauern aufstellen, wenige Tage nach der Freilassung beschränkt sich der Kontakt ohnehin nur mehr auf regelmäßige Fütterungen. Einige Tage vor der eigentlichen Freilassung sollte sich das Jungtier in der Voliere noch eingewöhnen.

Die **Auswilderung von Eichhörnchen** ist weiter hinten bei der Aufzucht beschrieben.
Ästlinge von **Greifvögel, Eulen, Reihern, Störchen, Tauben** und **Rabenvögel** stellt man zu diesem Zweck als noch nicht flugfähige Jungvögel mit dem Kunsthorst einfach in die Voliere und öffnet, sobald sie einigermaßen fliegen können, die Tür. Auch der Nistkasten, in dem junge Spechte oder Rackenvögel aufwachsen, wird dann in die Voliere gehängt.
Steht ein sicherer Garten zur Verfügung, kann der Kunsthorst auch im Freien aufgestellt werden. Der **spätere Futterplatz** sollte dann in unmittelbarer Umgebung der Voliere liegen und gut sichtbar sein. Durch die Bettelrufe wird man den Jungvogel immer wieder finden bzw. wird er, wenn Sie mit Futter kommen, von selbst auftauchen und bereits in der Nähe des Futterplatzes warten.

ABB. 19 ***Jungiltis***, *15 Wochen alt, holt sich ein Eintagskücken, das sofort in den Unterschlupf gebracht wird.*

ABB. 20 ***Waldohreulenästling*** *im Kirschbaum.*

Singvogeljungen wird einfach der Käfig, der die letzten Tage bereits im Freien stand (geschützte Ecke), geöffnet. Von dort ausgehend wird der Jungvogel nun ganz normal die Umgebung erkunden und immer wieder zum Futter zurückkehren.
Mauersegler: Junge Segler fliegen nomalerweise im Alter von 6–7 Wochen aus. In einem Alter von etwa vier Wochen haben sie damit begonnen, ihre Flugmuskulatur zu trainieren.
Das verlässlichste Zeichen, dass der Vogel ausgewachsen und zur Freilassung geeignet ist, ist die volle Ausbildung der äußeren Handschwingen, d. h. sie dürfen nicht mehr in Blutkielen stecken.

WICHTIG

Das Gewicht soll, damit der Vogel über ausreichende Fettreserven verfügt, nicht unter 40 g liegen.

Flugtraining: Nun muss man vorsichtig beginnen Flugübungen mit ihnen zu machen: zunächst nur über dem Bett fallen lassen, am ersten Tag nur einige Male, später 3–4mal täglich einige Versuche. Die ersten beiden Flugtage sind grauenhaft, die Jungvögel fliegen überall an und haben von Kurventechnik noch keine Ahnung. Sehr gut eignet sich hier ein längerer Gang oder ein größeres Zimmer, an dessen Ende jeweils eine Decke oder ein Vorhang hängt, an dem sich der Segler halten kann. Aufpassen muss man auf Spalten hinter Wandverbauten und Kästen, die vorher mit Brettern, Polstern u. dgl. abgedeckt werden müssen. Dann wird der Segler in die Hand genommen und von einer Wand zur anderen geworfen, worauf er nach kurzem Flug auf dem Vorhang landet. Das wird in den folgenden Tagen immer wieder geübt, bis er in der Lage ist, mehrere Runden im Zimmer zu drehen. Manche Vögel sind bereits nach 2–3 Tagen flugtauglich. Kann er auch vom Boden auffliegen, dann ist er für die Freilassung geeignet und stark genug für den Zug in die Überwinterungsgebiete.

Weiters zeigt Ihnen **folgendes Verhalten**, dass der **Zeitpunkt der Freilassung** gekommen ist:
• Der Vogel verhält sich sehr unruhig und trainiert besonders angestrengt seine Flugmuskulatur, er ist richtig fluggierig.
• Er verweigert die Nahrungsaufnahme schließlich ganz. Er ist nicht krank, wie in diesem Fall oft vermutet wird.
• Er putzt sich fieberhaft und zieht immer wieder die langen (äußeren) Handschwingen durch den Schnabel.

Die Freilassung kann, außer bei einbrechender Dunkelheit, zu jeder Tageszeit erfolgen. Stark windiges Wetter würde ich eher meiden, da der Segler sonst bei seinen ersten Flügen zu sehr ermüdet. Das Gelände sollte eben, frei und übersichtlich sein.

Wie erfolgt das Freilassen?

Dabei stellt man sich gegen den Wind auf, nimmt den Segler **in die flache Hand** und hebt ihn hoch über den Kopf. Nun haben Sie Geduld, da es für den Vogel der erste Flug ist, bedarf es doch einiger Überwindung. Besonders wenn sich wilde Artgenossen am Himmel fliegend und rufend bemerkbar machen, animiert das zum Absprung. Wenn er in der Hand aber ängstlich rückwärts krabbelt, dann probieren sie es lieber 1–2 Tage später noch einmal.
Sobald junge Mauersegler fliegen, beherrschen sie auch den Insektenfang und sind ab diesem Zeitpunkt selbstständig. Entgegen der landläufigen Meinung, sind Mauersegler durchaus in der Lage, auch vom Boden aus aufzufliegen.
Da wilde Segler **in Mitteleuropa in der zweiten Septemberhälfte** in die Winterquartiere **aufbrechen**, können aufgezogene Tiere bis zu diesem Zeitpunkt freigelassen werden. Also

vorher beobachten, ob die Segler noch im Gebiet sind. In Mattersburg im Burgenland waren die Tiere 1999 am 20. September in Aufbruchstimmung, was sich durch ihre extreme Lautstärke und die Fluggier bemerkbar machte, am 21. September waren sie dann abgezogen.
Wird ein Jungvogel erst **später flügge bzw. ein Pflegling erst später wieder flugfähig**, dann muss man versuchen, dass eine Fluglinie ihn bei einem Flug in die Mittelmeerländer, wie **Griechenland** oder **Zypern**, mitnimmt und dort freilässt. Besonders der Welttierschutztag eignet sich da sehr. Eine **Überwinterung in der Wohnung ist unmöglich**, die Vögel brechen sich spätestens im März alle Stoßfedern ab und sind somit für eine Freilassung nicht mehr geeignet.

Schwalben kann man wie die Segler nicht direkt in die Freiheit entlassen, auch diese Tiere müssen vorher noch ihre **Flugmuskulatur** und die **Insektenjagd trainieren**. Dazu eignet sich ein größerer, vor allem längerer Raum besonders gut. Schwalben fliegen meist selbstständig im Zimmer herum. Ihnen sollte man lebende Fliegen anbieten. Gekaufte Fliegenmaden aus einem Fischereigeschäft verpuppen sich in warmer Umgebung innerhalb kurzer Zeit und entwickeln sich rasch zu Fliegen.

TIPP Allerdings muss man die **Maden rechtzeitig**, bereits 2–3 Wochen vor dem Ausfliegen der Schwalben **kaufen**, damit dann auch fertige Fliegen zur Verfügung stehen.

Nach 2–3 Wochen müssten sie die Fliegenjagd beherrschen und sind durch das Öffnen des Fensters freizulassen.
Einen schöneren Beweis für die Wirksamkeit dieser Methode als erfolgreiches Brüten handaufgezogener Schwalben (beringt) im nächsten Jahr gibt es wohl nicht.

ABB. 21 *Junge* ***Rauchschwalben*** *auf ihrem Schlafplatz. Die Vögel fliegen bereits sehr ausdauernd im Zimmer (4,5 x 3,5 m) umher.*

VORSICHT Bei Schwalben muss man auch aufpassen, dass sie nach ihren Flügen nirgends hineinfallen und verhungern. Räumen Sie daher alle Vasen, Regenschirme u. dgl. weg! Decken Sie Spalten hinter Einbauwänden und Schränken besonders sorgfältig mit Brettern, Polstern u. dgl. ab, sonst kann es leicht passieren, dass Sie so ein Ungetüm zerlegen müssen.

Nachteil der Bettelflugmethode

Bei der Auswilderung über die Bettelflugmethode kann sich die fehlende Betreuung durch die Alttiere in Bezug auf die Feinderkennung negativ auswirken. Im Zuge von Wanderfalkenauswilderungen in Deutschland wurden an einem Freilassungsort, einem Steinbruch, zwei Jungfalken vom Habicht geschlagen. Unter natürlichen Verhältnissen hätten die Altfalken den Habicht angegriffen oder zumindest gewarnt. Auch bei jungen Auerhühnern soll dadurch eine höhere Jugendsterblichkeit zu beobachten sein. Jungenverluste können aber auch trotz der Alttiere auftreten.

Ansonsten ist das die **einzige Methode**, noch unselbstständige Jungtiere langsam an die Freiheit zu gewöhnen. Solchermaßen ausgewilderte Tiere haben auch in freier Wildbahn größte Überlebenschancen.

Mögliche Fehler

In verschiedenen Literaturstellen ist zu lesen, dass man Jungtiere, sobald sie selbstständig sind, einfach in einem geeigneten Biotop (Lebensraum) freilassen soll. Weitab von menschlicher Besiedelung, zu der sie sonst unweigerlich zurückkehren würden (fehlgeprägt).
Diese Methode ist aber für das Jungtier sehr brutal und die ganze Mühe der künstlichen Aufzucht wird in den meisten Fällen umsonst gewesen sein. Den Stress, bedingt durch die ungewohnte Umgebung, die plötzliche Ernährungsumstellung und den Feinddruck, werden nur die stärksten Jungtiere längere Zeit überleben.
Jene Menschen aber, die das Tier freilassen, fühlen sich nun als große Tierretter, den weiteren Leidensweg kann man ja nicht mitverfolgen.
In Verbindung mit dem Gedanken, dass ein Großteil der Pfleglinge ja überhaupt keiner menschlichen Hilfe bedurft hätte, ist das ein trauriger Ausblick.
Auf der anderen Seite gibt es naturverbundene Menschen, die zwar große Erfahrung bei der Aufzucht von Jungtieren besitzen, diese Tiere aber später nicht mehr freilassen, sondern in Volieren und Käfigen sammeln – mit der Begründung, es könnte ihnen in der Freiheit ja etwas zustoßen. Solche sammlerischen Tendenzen haben aber mit Naturschutz nichts gemeinsam.

WICHTIG

Grundgedanke bei der künstlichen Aufzucht muss immer sein, Jungtiere möglichst optimal auf die Freiheit vorzubereiten und sie nicht länger als unbedingt notwendig in Gefangenschaft zu halten.

Alle beschriebenen Vogel- und Säugerarten haben Jungenverluste im ersten Lebensjahr zwischen 50 und 70 %, aber je besser wir die Tiere auf die Freiheit vorbereiten, desto größer werden auch deren Überlebenschancen sein. Scheuen Sie sich daher nicht, bei Befolgung aller Ratschläge voll entwickelte Jungtiere in die Freiheit zu entlassen.
Ein weiterer Fehler, der auch sehr oft zu beobachten ist, ist der, dass die **Jungtiere zu lange in Gefangenschaft** gehalten werden. Die Freilassung erfolgt dann erst zu einem Zeitpunkt, zu dem die Bindung an den Freilassungsort („Bettelflugperiode") bereits erloschen ist. Solche Jungtiere halten sich nicht sehr lange im Freilassungsgebiet auf und verstreichen bzw. wandern binnen kurzer Zeit ab.
Dadurch sind sie aber gezwungen, sofort selbstständig Beute zu machen und der feindlichen Umwelt zu trotzen. Solche Tiere sind zwar auch überlebensfähig, was Beobachtungen bei Wanderfalkenauswilderungen bewiesen haben, aber die Chancen sind sicher geringer als bei der langsamen Auswilderung.

Wann sind Jungtiere selbstständig?

Die letzte Frage, die uns im Zusammenhang mit der künstlichen Aufzucht noch interessiert, ist die, mit welchem Alter die Jungtiere nun in etwa selbstständig sind.
Das ist aber nur sehr schwer zu beantworten, denn, wie bereits erwähnt, ist die Dauer der „Bettelflugperiode" unter künstlichen Bedingungen meist kürzer als in freier Wildbahn. Sie hängt von verschiedenen Faktoren, wie den Nahrungsverhältnissen, der Anzahl der Jungtiere u. ä. ab.

Nachstehend einige Daten über das Alter von Jungtieren verschiedener Tierarten, ab dem in freier Wildbahn eine gewisse Selbstständigkeit erreicht ist.

Reiher: Flugfähig mit 45–56 Tagen, bald darauf selbstständig.
GREIFVÖGEL: **Habicht:** Verstreicht im Alter von 70–80 Tagen. **Sperber:** Im Alter von 50–60 Tagen löst sich der Familienverband auf. **Mäusebussard:** Nach dem Ausfliegen noch 9–11 Wochen im Familienverband. **Turmfalke:** Noch mindestens vier Wochen nach dem Ausfliegen im Familienverband. **Rohrweihe:** Bettelflugdauer mindestens drei Wochen.
WALDHÜHNER: **Auerhuhn:** Die Henne sondert sich von den jungen Hähnen bis zum 85., die jungen Hennen bis zum 110. Lebenstag vom Altvogel ab.
FELDHÜHNER: **Fasan:** 70–80 Tage auf die Henne angewiesen, manche Hennen sondern sich aber auch schon früher ab. **Rebhuhn:** Etwa mit 5 Wochen zur unabhängigen Lebensführung fähig, bleiben aber bis in den Winter im Familienverband. Geschwisterverbände können mit 7–8 Wochen ausgewildert werden, was aber meist verlustreich ist. **Feldwachtel:** Oft bereits mit 2–3 Wochen auf sich selbst gestellt.
Blässhuhn: Selbstständig mit 4–5 Wochen.
Kiebitz: Führungsdauer 35–40 Tage.
SCHNEPFENVÖGEL: **Bekassine:** 19–20 Tage. **Waldschnepfe:** 15–20 Tage.
Großer Brachvogel: Führungszeit 32–38 Tage.
TAUBEN: Junge **Ringeltauben** können im Alter von 19–24 Tagen erstmals selbst Nahrung auflesen. Die letzte Fütterung erfolgt gewöhnlich zwischen dem 26. und dem 40. Tag.
Hohltaube: Verlässt im Alter von etwa 25 Tagen die Bruthöhle und ist um den 40. Lebenstag selbstständig. **Türkentaube:** Selbstständig mit 34–44 Tagen.
EULEN: **Waldkauz:** Selbstständig mit (2,5–)3 Monaten, bleibt auch bei künstlicher Aufzucht bis zum Alter von 130–140 Tagen am Freilassungsort. **Waldohreule:** Mit etwa 2,5 Monaten selbstständig.
SINGVÖGEL: **Kleinvögel:** Wenige Tage nach dem Ausfliegen bereits selbstständige Nahrungssuche. **Rauchschwalbe:** Etwa zwei Wochen nach dem Ausfliegen, **Mehlschwalben** oft noch 6 Wochen im Familienverband.
RABENVÖGEL: **Elster:** Etwa 6–8 Wochen nach dem Ausfliegen selbstständig. **Dohle:** Nach etwa 3–6 Wochen selbstständig. **Rabenkrähe:** selbstständig mit etwa 9 Wochen (4 Wochen nach dem Ausfliegen).
Igel: Mit spätestens sechs Wochen ist das Jungtier entwöhnt und damit selbstständig.
Ziesel: Darüber habe ich leider keine Daten. Ich würde das Tier, sobald es selbstständig einen Bau im Garten gräbt, in einem Zieselgebiet freilassen.
Siebenschläfer: Nach etwa 35–40 Tagen sind sie auf Grünfutter umgestellt.
Feldhamster: Nach etwa 3–4 Wochen sind die jungen Hamster entwöhnt, mit 6–8 Wochen werden die Jungtiere vom Weibchen abgebissen.
Bisamratte: Säugezeit dauert etwa 20 Tage. **Wanderratte:** Nach etwa 40 Tagen selbstständig.
Mäuse: Nach 25–30 Tagen selbstständig.
Eichhörnchen: Selbstständig mit etwa 8 Wochen.
Feldhase: Säugezeit von etwa fünf Wochen, danach kein Kontakt mehr zum Muttertier.
Rotfuchs: Mit etwa drei Monaten die ersten Jagdausflüge mit der Mutter. Familienauflösung im Spätsommer/Herbst. Es wurden schon Jungfüchse beobachtet, die sich im Alter von 2–3 Monaten selbst durchbrachten.
MARDERARTIGE: **Mauswiesel** mit 8–10 Wochen, **Hermeline** mit 10–12 Wochen, **Iltisse** (Handaufzucht) mit etwa sechzehn Wochen selbstständig.

Stein- und **Baummarder**: Ernähren sich mit etwa 16 Wochen selbstständig, die Familie löst sich Ende August/Anfang September auf. **Dachs:** Selbstständige Nahrungssuche mit etwa 5 Monaten.
Fischotter: Der Familienverband löst sich nach 9–14 Monaten auf.
Reh: Säugezeit etwa ein halbes Jahr. Bindung an das Muttertier über die Jahreswende.

Zusammenfassung

Die langsame Auswilderung über die „Bettelflugmethode" ist geeignet, vollwertige Wildtiere zu erzielen. Die Jungtiere haben dabei Zeit, verschiedene Verhaltensweisen zu perfektionieren und zu trainieren.
Fehler treten meist in der Form auf, dass die Jungtiere zu lange in Gefangenschaft gehalten werden.
Segler und Schwalben müssen vor der Freilassung noch ihre Flugmuskulatur trainieren.
Die Bettelflugdauer ist unter künstlichen Bedingungen meist kürzer als in freier Wildbahn.

Vögel

Einteilung der Jungtiere

Je nach dem Entwicklungsstand zum Zeitpunkt des Schlupfes kann man drei große Gruppen von Jungvögeln unterscheiden:

1. Nesthocker

Die Jungvögel dieser Gruppe sind, bis auf wenige Ausnahmen, anfangs fast **nackt** (Dunen), **blind, hilflos** und **ans Nest gebunden**. Die Gehörgänge sind vorerst noch verschlossen. Die Tiere sind anfangs auf eine ständige Wärmezufuhr von außen (Altvogel hudert) angewiesen. Ihr Dottervorrat ist eher gering. Das Futter wird ihnen in den meisten Fällen von Schnabel zu Schnabel gereicht. Der überwiegende Teil der Jugendentwicklung findet an einem Platz – dem Nest – statt, das in den meisten Fällen erst kurz vor Erreichen der Flugfähigkeit verlassen wird.

Typische Vertreter dieses Nesthockertypus sind die Jungen von **Reihern, Störchen, Greifvögeln, Tauben, Kuckucke, Eulen, Seglern, Rackenvögeln** (Eisvogel, Bienenfresser, Blauracke, Wiedehopf), **Spechten** und allen **Singvogelarten**, wozu auch die Rabenvögel zu zählen sind.

ABB. 22
*Typischer **Nesthocker** (Blaumeise). Die Blutkiele der Armschwingen sind bereits aufgeplatzt, die Schwingen hängen durch das Gewicht der Blutkiele nach unten. Stehen ist noch nicht möglich.*

2. Nestflüchter

Junge Nestflüchter sind, im Gegensatz zu den Nesthockern, beim Schlupf bereits am **ganzen Körper bedunt (befiedert)**. Ihre **Sinnesorgane** (Augen, Ohren) sind bereits **voll entwickelt**. Alle Jungen schlüpfen innerhalb kurzer Zeit bzw. fast gleichzeitig. Nach 1–2 Tagen Trocknungs- und Erholungszeit, in der vom Eidottervorrat gezehrt wird, verlassen sämtliche Jungvögel unter der Führung eines oder beider Altvögel das Nest, das nicht wieder aufgesucht wird. Sie besitzen alle ein mehr oder weniger ausgeprägtes Tarnkleid. Auch sie werden in der ersten Zeit vom Altvogel gehudert, bei fortschreitender Befiederung verlängern sich dann die Aktivitätszeiten. Gehudert wird dann nur mehr bei bedecktem Himmel und nachts.

Bei den meisten Arten nehmen die Jungtiere sofort selbstständig Nahrung auf, die aus Insekten, Würmern und Pflanzenteilen besteht, oder werden gefüttert, wie das z. B. bei den Tauchern der Fall ist. Junge Nestflüchter können sofort laufen/tauchen/klettern.

Zu dieser Gruppe sind die Jungen folgender Vogelarten zu zählen: Lappentaucher (Zwerg-, Haubentaucher u. a.), alle Schwäne-, Gänse- und Entenarten, Raufußhühner (Auer-, Birkwild u. a.), Feldhühner (Fasan, Rebhuhn u. a.), Rallen (Bläss-, Teichhuhn u. a.), Kraniche, Trappen, aus der Ordnung der Watvögel die Regenpfeifer (Kiebitz u. a.), Schnepfenvögel (Waldschnepfe, Großer Brachvogel u. a.) und die verschiedenen Wasserläuferarten.

3. Platzhocker

Junge Platzhocker sind dadurch gekennzeichnet, dass sie voll befiedert und sehend schlüpfen, ungleich beweglicher als junge Nesthocker sind, sich aber auch später im Nest bzw. in dessen näheren Umgebung aufhalten und dort von den Altvögeln mit Nahrung versorgt und gehudert werden. Die Tiere erlangen ihre Flug- und Temperaturregulationsfähigkeit erst spät. Auch sie haben ein perfektes Tarnkleid.

Die Jungen der Möwen, Seeschwalben, Alken (z. B. Papageientaucher) und der Nachtschwalben (Ziegenmelker) sind zu diesem Entwicklungstypus zu zählen.

UM WELCHEN VOGEL HANDELT ES SICH?

Die genaue Bestimmung des Jungvogels ist manchmal auch für Experten sehr schwierig und vorerst bis auf eine grobe Bestimmung auch gar nicht notwendig.

In der Regel genügt es, wenn das gefundene Jungtier erst einmal grob in Nesthocker oder Nestflüchter unterschieden wird und man dann versucht anhand der speziellen Merkmale, die in der Auflistung angeführt sind, den Jungvogel einer bestimmten Vogelordnung zuzuordnen. Auf den folgenden Seiten sind weiters die wichtigsten Vetreter der einzelnen Vogelordnungen mit Bildern angeführt.

Eine Artbestimmung ist also nicht notwendig, die Bedürfnisse hinsichtlich Ernährung und Unterbringung sind bei den einzelnen Tiergruppen gleich bzw. lassen sich bei der künstlichen Aufzucht bis zu einem gewissen Grade standardisieren.

TIPP **Besteht Interesse an einer exakten Bestimmung der Tierart, dann sei auf spezielle Literatur, die im Anhang angeführt ist, verwiesen. Geeignete Bücher sind in größeren Buchhandlungen meist vorrätig.**

Ein **wichtiger Anhaltspunkt** für die Artbestimmung sind auch die **Fundumstände** bzw. der **Fundort**. Ist an einem Flussufer ein Abschnitt abgerutscht, dann kann es sich bei gefunden Jungvögeln durchaus um Uferschwalben oder Eisvögel handeln. Jungreiher wird man kaum

ABB. 23
*Durch die charakteristische Rachenzeichnung sind diese Jungvögel vom Nesthockertypus eindeutig als **Bartmeisen** zu bestimmen.*

außerhalb der Kolonien finden. Bei einer jungen Eule, die in einem städtischen Park gefunden wird, handelt es sich meist um Waldkauz oder Waldohreule.

Die Unterscheidungsmerkmale in der nachstehenden Tabelle beziehen sich auf noch kleine Nestlinge bzw. auf Dunenjunge. Viele dieser Zeichen sind aber auch noch bei bereits älteren Tieren vorhanden.
Platzhocker spielen nur eine untergeordnete Rolle und wurden daher, mit Ausnahme der Möwe, in der Auflistung nicht berücksichtigt.

Nesthocker
Reiher: Schlanker Kopf, schmaler Schnabel, Scheiteldunen aufrecht, Dunenkleid des Graureihers überwiegend bräunlich.
Störche: Dunenkleid, sowohl beim Weiß- als auch beim Schwarzstorch weiß, schmaler Schnabel, ähnlich Reiher.
Greifvögel: Charakteristischer Hakenschnabel, Zehen unbefiedert, bei vielen Arten gelbe, kräftige Füße.
Tauben: großer, überdimensionierter Schnabel mit auffallenden Nasenöffnungen (Höcker), Dunenkleid gelblich, grob und strähnig, durchschimmernde Haut.
Eulen: Charakteristischer Hakenschnabel, im Gegensatz zu den Greifvögeln bei den meisten Eulenarten bis zu den Krallen befiederte Läufe, Wendezehe (2 vorne, 2 hinten).
Segler: Nackte Nestlinge vorerst nur an den kurzen Klammerfüßen erkennbar, später breite Schnabelbasis, lange, spitze Schwingen.
Spechte: Auffallend große Schnabelwülste, scheinbar vorstehender Unterschnabel.
Singvögel: Geringe Größe, frisch geschlüpft oft nackt oder nur wenig bedunt, breite Schnabelbasis, meist gelbe Schnabelwülste, oft intensiv gefärbter Rachenraum (gelb-rot). Junge Krähenvögel entsprechend größer, Schnabel klobiger.

Nestflüchter
Lappentaucher: Zwerg- und Haubentaucher: auffallende Rückenstreifen, Schwimmlappen zwischen den Zehen.
Schwäne, Gänse und Enten: Durch die charakteristische Schnabelform (breit, flach, vorne rund; Ausnahme: Gänsesäger) und den Schwimmhäuten zwischen den Zehen nicht zu verwechseln.
Raufußhühner: Kurzer, kräftiger Schnabel, Füße zur Gänze bedunt (Ausnahme Haselhuhn: halbbedunt).

Feldhühner: Schnabel wie die Raufußhühner, jedoch unbefiederte Lauffüße.
Rallen: Dunenjunge aller Rallenarten schwarz oder dunkelbraun, kräftige Füße mit langen Zehen (Blässhuhn: angedeutete Schwimmlappen, roter Kopf).
Trappen: Hohe, kräftige Füße, Dunenkleid bei Trappen unregelmäßiges Fleckenmuster.
Schnepfenvögel: Hochbeinig, langer, schlanker Schnabel.
Möwen: Großer, kräftiger Schnabel, Schwimmhäute zwischen den Zehen.

Nestling – Ästling

Für die Entscheidung, ob der gefundene Jungvogel für eine künstliche Aufzucht in Frage kommt, ist der Entwicklungsstand ein wichtiges Kriterium.

In der Jugendentwicklung der **Nesthocker** unterscheidet man bis zum Flüggewerden zwei Entwicklungsstadien:

1. Nestlingsstadium
Jungvögel, von denen die meisten blind und unbefiedert schlüpfen, bezeichnet man, solange sie noch auf das Nest angewiesen sind und noch nicht sicher stehen, hüpfen oder klettern können, als **Nestlinge**.
Da die Federn noch nicht ausreichend isolieren, sind sie auf Wärme von außen (Altvogel, Geschwister) angewiesen. Sitzt der Altvogel wärmend auf den Nestlingen, bezeichnet man das als **Hudern**. Das Futter wird ihnen zugetragen. Der Fluchtreflex (siehe **Verhaltensregeln**) ist noch nicht entwickelt und sie sind noch nicht in der Lage zu flüchten.

2. Ästlingsstadium
Die Jungen vieler Vogelarten verlassen **bereits einige Tage vor Erreichen der Flugfähigkeit das Nest** und halten sich dann im weiteren Nestbereich auf. Die Geschwister sind zu diesem Zeitpunkt bereits mehr oder weniger verstreut, stehen aber durch Kontaktrufe mit den Eltern in Verbindung und werden von ihnen mit Nahrung versorgt.
Der Schwanz beginnt erst ab diesem Zeitpunkt zu wachsen.

TIPP Als Faustregel gilt: Je kürzer der Schwanz, desto näher ist das Nest.

Diese Zeitspanne vom Verlassen des Nestes bis zum ersten Flug nennt man **Ästlingszeit**. Der Ausdruck wird von jungen Greifvögeln abgeleitet, die diese Zeit tagsüber auf den Ästen neben dem Horst verbringen, der aber noch immer als Kröpf- und Schlafplatz genutzt wird.

Besonders junge Eulen, mit Ausnahme der Höhlenbrüter (Sperlings- und Raufußkauz), verlassen den Horst relativ bald und gelangen dabei oft auf den Boden, sie klettern aber sehr gewandt auf kleine Bäume oder Sträucher in Deckung.
In diesem Ästlingsstadium werden die meisten Singvogel- und Eulenjungen gefunden.

WICHTIG **Sie sind keineswegs „verlassen", sondern stehen vielmehr mittels Bettel- und Stimmfühlungsrufen in engem Kontakt mit den Altvögeln, die ihnen Nahrung zutragen und bei Gefahr warnen bzw. Feinde abwehren.**

ABB. 24 ***Amselnestling***: *etwa 6–7 Tage alt. Zu beachten sind auch die begrenzten „Federfluren" (dunkle Hautpartien). Auf den nackten Hautpartien wachsen auch später keine Federn.*

ABB. 25 ***Amselästling***.

ABB. 26 *Junge* ***Singdrossel***, *14 Tage alt, kurz nach Verlassen des Nestes; zu beachten ist der kurze Schwanz. Typisch sind auch die Flaumreste, vor allem am Kopf.*

ABB. 27 ***Rohrweihenästling***, *neben dem Horst. Alter etwa 5 Wochen, erste Flugversuche mit 40 Tagen.*

Hudern (Wärmen) ist zu diesem Zeitpunkt nicht mehr notwendig, das Federkleid isoliert bereits ausreichend.

WICHTIG

Wie verhält man sich nun richtig, wenn ein fast flügger Jungvogel entdeckt wird?

Verhaltensregeln

1. Den jungen Vogel **nicht einfangen**, durch den Fangversuch zerstreut man die Geschwister nur unnütz in der Gegend und erschwert damit den Altvögeln die Versorgung. Ausnahme siehe **Sondersituation Stadtbereich.**
2. Es hat auch **überhaupt keinen Sinn**, vollbefiederte Jungvögel einzufangen, um sie **wieder ins Nest** zu **setzen.** Ein Fluchtreflex bewirkt vielmehr,dass die Jungen abermals in alle Himmelsrichtungen davonflattern. Dieses Verhalten hat den Zweck, dass Feinden (Marderartigen, Katzen) maximal ein Jungvogel zum Opfer fällt. Die Überlebenden werden in der Folge am Boden weiterversorgt.

Voraussetzung ist ein gewisser Entwicklungsstand, sie müssen bereits voll befiedert sein und sicher stehen und hüpfen können. Ist dieses Stadium noch nicht erreicht, fällt meist die gesamte Brut dem Fressfeind zum Opfer.

Sondersituation Stadtbereich

Ein **großes Problem, das in Städten** alljährlich **auftritt**, sind **noch nicht voll flugfähige Turmfalken, Waldkäuze** und **Waldohreulen**. Turmfalken prallen bei ihren ersten Flugversuchen oft an gegenüberliegende Hauswände, von wo sie schließlich flügelschlagend am Gehsteig landen. In der freien Natur ist das kein Problem, überall gibt es dort leicht erreichbare erhöhte Punkte, wo neue Kräfte gesammelt werden können.

In einer Großstadt ist das anders. Die Hauswände sind glatt und steil, durch die hohe Bevölkerungsdichte bleibt kaum ein Absturz unbeobachtet. Solcherart verunglückte Vögel werden dann oft gefangen und zur Rettung einem Tierheim o. dgl. übergeben.

In einem solchen Fall wäre es aber sehr viel besser, den Jungfalken zwar einzufangen, aber ihn dann auf einen erhöhten, sicheren Platz in der Nähe des Fundortes zu setzen. Bäume, Balkone und besonders Flachdächer bieten sich hier an. Dort ist der Falke vor weiteren Zugriffen sicher und meist ist er schon am nächsten Tag in der Lage, mit den Altvögeln zu fliegen. Die Altfalken stehen mit solchen verunglückten Jungtieren in ständigem Kontakt und versorgen sie auch weiterhin mit Nahrung.

Auch die oben genannten **Eulenarten** siedeln immer häufiger auch in städtischen Parks. Da die jungen Eulen das Nest bereits verlassen, bevor sie flugfähig sind, werden sie immer wieder von Passanten am Boden sitzend gefunden. Auch bei ihnen wäre es am besten, den Jungvogel in einen Strauch oder auf einen Baum zu setzen.

Zusammenfassung

Ein Jungvogel, egal ob Singvogel, Jungeule oder Greifvogel, der bereits am ganzen Körper befiedert ist und sicher hüpfen, stehen und klettern kann, ist nicht „verwaist". Er steht in Kontakt mit Geschwistern und Altvögeln und darf keinesfalls zur Handaufzucht mitgenommen werden. Bei einer eventuellen Gefährdung durch den Straßenverkehr kann der Jungvogel in einen nahen Garten bzw. auf einen Baum oder Strauch gesetzt werden. Durch die Bettelrufe wird er auf jeden Fall wieder von den Eltern gefunden. Bei jungen Turmfalken eignet sich dazu eine erhöhte offene Stelle, bei jungen Eulen ein dichter Strauch oder Baum.

Vögel

VÖGEL – NESTHOCKER

Dommeln, Reiher und Störche

Dommeln, Reiher, Störche und **Löffler** gehören zur Ordnung **Ciconiiformes** Schreitvögel. Aus der Familie *Ardeidae* Reiher und Dommeln kommen in Österreich, zum Teil nur sehr lokal, die **Rohrdommel** *Botaurus stellaris* und die **Zwergdommel** *Ixobrychus minutus*, der **Nachtreiher** *Nycticorax nycticorax*, der **Silberreiher** *Egretta alba*, der **Purpurreiher** *Ardea purpurea* und am häufigsten der **Graureiher** *Ardea cinerea* vor.
Aus der Familie *Ciconiidae* Störche der **Weißstorch** *Ciconia ciconia* und der **Schwarzstorch** *Ciconia nigra*, wobei letzterer im Gegensatz zum Weißstorch viel seltener vorkommt, ein verborgenes Leben führt und meist in älteren Wäldern auf Bäumen oder Felsen brütet.
Der einzige Vertreter der Familie *Threskiornithidae* Ibisse und Löffler ist der am Neusiedler See heimische **Löffler** *Platalea leucorodia*, der mit seinem spezialisierten Schnabel kleine Fische und Insekten aus dem Wasser filtert.

Ich behandle in diesem Abschnitt nur den Graureiher und den Weißstorch als zwei typische Vertreter der beiden Familien. Der Löffler, der praktisch nicht in menschliche Pflege gelangt, gehört nur in die Hände von Spezialisten.
Bei den Jugendentwicklungen beschränke ich mich auf zwei typische, häufige Vertreter der beiden Vogelfamilien, den Graureiher und den Weißstorch. Meist ist die Art durch die Fundumstände, unter einer Reiherkolonie oder in der Nähe des bekannten Storchenhorstes, leicht zu bestimmen. Alle anderen Arten kommen nur sehr selten in menschliche Pflege.

ABB. 28 ***Zwergdommel*** *in typischer Tarnstellung. Brütet im Schilf oder niedrig auf Büschen. In Österreich nur sehr lokal verbreitet. Jungtiere verlassen das Nest bereits mit 7–9 Tagen und sind mit etwa 30 Tagen flugfähig.*

ABB. 29
Graureihernestling.

Bei jungen Weißstörchen tritt weiters ein Problem auf, das möglicherweise mit der intensiven modernen Tierhaltung in Zusammenhang steht. Als Ursache wird vor allem die Umwandlung von Grün- in Ackerland diskutiert. Dabei kommt es durch längere und kürzere Fasern, Erde und Kot, die der Altvogel von der Nahrungssuche in den Horst trägt und unverdauten Nahrungsresten zu Klumpen, die in der Rinne des Unterschnabels festsitzen. Mit zunehmendem Volumen behindern sie die Nahrungsaufnahme der Jungstörche immer stärker, die schließlich unmöglich wird, der Schnabel deformiert sich. Die Jungstörche magern ab und sind schließlich total entkräftet. Wird ein derart behinderter Jungstorch gefunden, muss der betroffene Schnabelteil lange in Wasser gebadet und vorsichtig ausgewaschen werden, bis sich der übelriechende Klumpen löst. Bei guter Pflege und Futter erholen sich die Vögel wieder rasch.

Jugendentwicklung Graureiher

Das **Schlüpfgewicht** beträgt etwa 42–45 g. Das **Dunenkleid** ist lang, oberseits bräunlich grau mit weißen Spitzen, unterseits weißlich. Die Dunen am Kopf sind besonders lang, in haarförmigen unverzweigten Spitzen endend und einen silbergrauen Schopf bildend. Der Schnabel ist schwärzlich hornfarben, die Füße vorerst grünlich, später graubraun. Die Iris ist bei pulli weißlich, später schwefelgelb, dann zitronengelb. Die nackte Augenumrandung ist grünlich.

Bereits in den **ersten Tagen** ist Koten über den Nestrand möglich. In den **ersten 10 Tagen** wird ständig gehudert, ab einem Alter von **14–18 Tagen** werden die Jungvögel bereits zeitweise allein gelassen.

Im Alter von **10 Tagen** beginnen die Jungen loses Nistmaterial zu befestigen.

Erste unsichere Stehversuche probieren sie mit **14 Tagen**.

Vom **17. Tag** an veranlassen sie den Altvogel durch Umfassen des Schnabels Futter hervorzuwürgen.

Ab dem **18. Tag** geht das „Sich bei Gefahr drücken" in ein Abwehr- und Verteidigungsverhalten über.

Ab der **sechsten Woche** nimmt das Trainieren der Flügel und Flugmuskulatur immer mehr Zeit in Anspruch. Nach den ersten Ausflügen bleibt das Nest tagsüber immer öfter und länger leer, wird aber noch zum Übernachten aufgesucht.

Etwa **45 Tage bis 2 Monate** nach dem Schlupf sind Jungreiher voll flugfähig und verlassen mit den Altvögeln die Kolonie. Eben ausgeflogene Jungreiher werden kaum noch von den Eltern versorgt, sie beherrschen den Fischfang nach kurzer Zeit.

Jugendentwicklung Weissstorch

Das **Gewicht frischgeschlüpfter** Störche beträgt durchschnittlich 70–75 g, die Augen öffnen sich bereits nach wenigen Stunden.

Das **1. Dunenkleid** ist grauweiß, locker und kurz. Das **2. Dunenkleid**, das das 1. Dunenkleid bereits gegen Ende der ersten Woche überwächst, ist weiß, länger und dichter. Das spätere Jugendkleid gleicht dem erwachsener Tiere.

Bereits bei **wenige Stunden alten Weißstörchen** beschreibt HEINROTH dasselbe Begrüßungszeremoniell, wie es auch bei den Altvögeln üblich ist (Kopfzurücklegen, Klappern). Durch die noch zu weichen Hornscheiden des Schnabels ist aber nichts zu hören, das Ganze sieht eher aus, als ob das Jungtier Krämpfe hätte.

Nach **vier Tagen** hat sich das Anfangsgewicht verdoppelt und nach **zwei Wochen** bereits verzehnfacht.

Bis zum Sprießen des **2. Dunenkleides** gegen Ende der **2. Lebenswoche** liegen die Jungen in der Nestmulde. Erst nach etwa **15 Tagen** sind sie im Stande, auf den gelblich grauen bis schwärzlichen, vedickten Fersen und dem Steiß zu hocken, im Alter von **22–28 Tagen** gelingt es einem Jungstorch erstmals zu stehen.
Das Maximalgewicht wird gegen Ende der **7. Lebenswoche** erreicht, danach erfolgt wieder ein leichter Rückgang, das Gefieder ist nahezu fertig entwickelt.
Die ersten Ausflüge finden um den **54.–68. Tag** statt, dann folgen die Jungstörche den Altvögeln noch etwa zwei Wochen in die Nahrungsgebiete. Gefüttert und übernachtet wird aber meist noch im Nest. Mit etwa **drei Monaten** sind junge Störche völlig selbstständig.

AUFZUCHT

ERNÄHRUNG

Als erste Nahrung werden in der Natur Regenwürmer und Insekten verfüttert (Weißstorch).

Folgendes Futter ist für die Aufzucht geeignet:
Kleine Fische, frischtote Mäuse, Eintagsküken und daneben noch möglichst viele frischtote Insekten und Wirbellose (Würmer). Über die Beschaffung von Würmern und Insekten siehe Kapitel **Futtertiere**.

TIPP

Kleinen Nestlingen häutet man am besten Mäuse und Eintagsküken, entfernt die Gedärme, zerschneidet sie in mundgerechte Portionen und zerdrückt die größeren Knochen mit dem Messerrücken. Ein kurzes Eintauchen der Nahrungsbrocken in Wasser erhöht die Gleitfähigkeit.

Bei einer künstlichen Aufzucht im Zoo von Magdeburg (1974) wurden junge Weißstörche die ersten beiden Tage mit kleingeschnittenen Eingeweiden (Ratten) ernährt. Später erhielten sie zerteilte Karauschen und nestjunge Mäuse und Ratten, ab dem 8. Tag etwa 8 cm lange Karauschen und junge Ratten, ab dem 15. Tag zusätzlich Rindfleisch. Ab einem Alter von 25 Tagen erhielten sie adulte (erwachsene) Ratten und Kücken sowie zusätzliche Gaben von Mineralstoffen und Vitaminen.

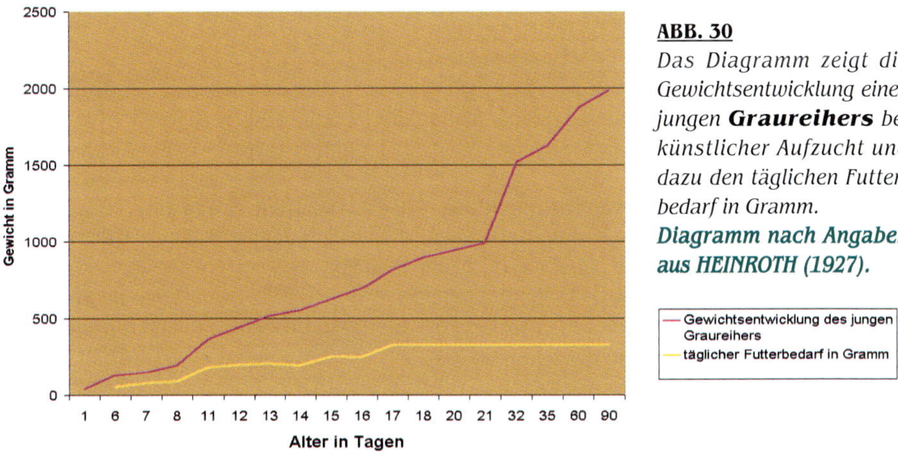

ABB. 30
Das Diagramm zeigt die Gewichtsentwicklung eines jungen ***Graureihers*** *bei künstlicher Aufzucht und dazu den täglichen Futterbedarf in Gramm.*
Diagramm nach Angaben aus HEINROTH (1927).

Der **tägliche Futterbedarf** junger Weißstörche wird wie folgt angegeben: Vom 3.–5. Lebenstag täglich 366 g, vom 21.–23. Tag 833 g und vom 51.–53 Tag 1581 g, wobei die Menge natürlich auch vom Energiegehalt der Nahrung abhängt. Regenwürmer z. B. sind nicht so energiereich wie Mäuse.

Junge Störche haben einen sehr hohen Flüssigkeitsbedarf. Bei ihnen muss das Futter immer sehr gut angefeuchtet sein. Weiters kann den Jungstörchen Wasser auch mit einer Injektionsspritze (ohne Nadel) direkt auf den Schnabel gespritzt werden. Diese Form der Wasserversorgung ist auch in freier Natur zu beobachten.

NIEMALS **Niemals Flüssigkeit direkt in den Schnabel verabreichen, eine Lungenentzündung, die oft tödlich endet, kann die Folge sein!**

Ältere Jungtiere sind auch schon in der Lage selbstständig aus Gefäßen zu trinken.

FÜTTERUNG

Die Altvögel der Reiher und Störche bringen das Futter in der sehr dehnbaren Speiseröhre zum Horst und würgen es dort vor den Jungen wieder aus. Die Jungvögel nehmen die Nahrung dann vom Horstboden auf. Für die Jungen zu große Brocken fressen die Altvögel abermals.
Bei frisch geschlüpften Jungtieren berührt man mit der Nahrung leicht den Schnabelwinkel, auch in freier Wildbahn wird ihnen in den ersten Tagen das Futter vorgehalten bzw. in den Schnabel gesteckt, besonders beim Reiher ist das der Fall.
Bei älteren Jungtieren genügt es, einige kleine Fische o. dgl. vor den Jungvogel zu legen. Wilde Paare füttern in 24 Stunden, auch nachts, bis zu 12-mal. Bei eigenen Beobachtungen an verschiedenen Horsten des Schwarzstorches kam ich auf einen vierstündigen Fütterungsrhythmus.

Bei **künstlichen Aufzuchten** in verschiedenen **zoologischen Gärten** füttert man von 7–19 Uhr alle eineinhalb Stunden.
Ist das Jungtier satt, ist das am vollen Kropf gut zu sehen. Hungrige Jungtiere erkennt man daran, dass leise Bettelrufe zu hören sind. Der Kopf und die Schwingen werden dabei auf und ab bewegt. Auch wird der Horstboden verstärkt nach übrig gebliebener Nahrung abgesucht.

UNTERBRINGUNG

Die Unterbringung von Reihern und Störchen erfolgt grundsätzlich wie bei den **Greifvögeln** beschrieben. Kleine Junge werden in einem Raum auf einen Kunsthorst (siehe Greifvögel) gesetzt und durch eine Wärmelampe gewärmt.

Ich würde, sobald die Jungtiere nicht mehr auf eine Wärmezufuhr angewiesen sind (dies ist frühestens im Alter von etwa 10 Tagen der Fall), in einer geschützen Ecke im Garten einen größeren Kunsthorst aufstellen, der auch nach dem Ausfliegen als Futterplatz dient. Vor allem der An- und Abflug sollte ohne Behinderung möglich sein.

AUSWILDERUNG

Die **Auswilderung** funktioniert grundsätzlich, wie bei den meisten Tierarten, über die „Bettelflugmethode", siehe Kapitel **Auswilderung**.

Greifvögel

Bei den Greifvögel unterscheidet man in Europa zwei Ordnungen: die **Accipitriformes** Greifvögel mit der Unterordnung *Accipitres* Greifvögel (Familie *Accipitridae* Habichtartige) und **Falconiformes** Falkenvögel mit der Familie *Falconidae* Falken. Daneben gibt es noch die Neuweltgeier.
Die häufigsten Greifvögel in Mitteleuropa sind **Turmfalke** *Falco tinnunculus*, **Sperber** *Accipiter nisus* und **Mäusebussard** *Buteo buteo*, wobei ersterer sehr oft in menschliche Pflege kommt, auch dadurch bedingt, dass Turmfalken sehr häufig in Städten brüten. **Habicht** *Accipiter gentilis*, **Wespenbussard** *Pernis apivorus* und **Baumfalke** *Falco subbuteo* sind verbreitet. **Steinadler** *Aquila chrysaetos* und **Wanderfalke** *Falco peregrinus* besiedeln den Alpenbogen, die verschiedenen **Weihenarten** und der **Rotfußfalke** *Falco vespertinus* vor allem den östlichen Teil Österreichs. **Seeadler** *Haliaeetus albicilla*, **Würgfalke** *Falco cherrug* und **Schwarzer Milan** *Milvus milvus* sind selten anzutreffen, Nordische Seeadler, Raufußbussarde und Merline nur als Wintergäste.

Bei den Jugendentwicklungen nehme ich aus dieser großen Zahl nur vier Vertreter heraus: Sperber, Turmfalke, Wespenbussard und Rohrweihe.

Jugendentwicklung Sperber

Sperber wiegen bei der **Geburt** etwa 14,5–15 g. Das **1. Dunenkleid** ist am Kopf sehr kurz, schneeweiß mit dunkel bedunten Augenlidern, das **2. Dunenkleid**, das sich im Alter von **8 Tagen** entwickelt, ist länger, gröber und wolliger, weiß mit schwachem beigen oder bräunlich grauem Anflug auf Rücken und Flügeln. Der Schnabel ist blaugrau mit gelblich horngrauer Basis und schwärzlicher Spitze.
Ab dem **4. Tag** ist Koten über den Nestrand zu beobachten.
Mit **10 Tagen** wird erstmals eine Abwehrstellung eingenommen.

ABB. 31 ***Sperbernestlinge***, *6 Tage alt. Sie tragen noch das 1. Nestlingskleid.*

ABB. 32 ***Sperbernestlinge***, *10–12 Tage alt. Die Blutkiele brechen auf, Wärmezufuhr von außen ist nur mehr bei kalter Witterung notwendig.*

Die ersten **13 Tage** wird Nahrung von Schnabel zu Schnabel übergeben.
Nach einer Nestlingszeit von **24–30 Tagen** verlassen die Jungsperber den Horst und stehen untertags auf den Seitenästen. Die Horstplattform wird aber noch etwa 6 Tage als Kröpf- und Schlafplatz genutzt. Mit etwa **35 Tagen** sind junge Sperber flügge und es beginnt die Bettelflugperiode. Bereits wenige Tage nach dem Ausfliegen wird erfolgreich selbst Beute geschlagen.
Im **Jugendkleid** sind Sperber oberseits dunkelbraun mit hellrostbraunen Säumen. Brust, Bauch und Körperseiten sind schmutzig rostbraun bis rostig dunkelgraubraun gebändert.
Vor allem am Kopf halten sich Flaumreste.

TIPP **Eine gute Möglichkeit, Jungvögel von Sperber und Turmfalke zu unterscheiden, ist anhand der Füße:**
Sperber haben als Anpassung an die Vogeljagd lange Füße und Zehen, Turmfalken hingegen als Mäusejäger ein kurzes und kompaktes Greiforgan.

Jugendentwicklung Turmfalke

Beim **Schlupf** wiegen junge Turmfalken etwa 14 g.
Das **1. Dunenkleid** ist dünn, weiß, die Haut schimmert rosa durch. Die Wachshaut, Schnabelwinkel und Augenwinkel zunächst grünlich, später grünlich gelb.
Das **2. Dunenkleid**, das nach etwa **8 Tagen** zu wachsen beginnt, ist hellgrau, lang- und dichtwollig, unterseits heller.
Im Alter von **14 Tagen** ist das Ende der Huderphase erreicht, die Jungen bleiben dauernd unbedeckt. Erste Versuche zu stehen und Beute selbst zu zerkleinern, erstes Abwehrverhalten.
Die Blutkiele brechen mit **15 Tagen** auf, die Federn sind mit **17 Tagen** 1–2 cm lang.
Vom **20. Tag** an kann eine Maus selbstständig zerrissen werden.
Mit **25 Tagen** ist der Jungvogel voll befiedert.

ABB. 33
Turmfalkenästlinge *im Alter von etwa 25 Tagen. Flügge sind sie mit etwa 35 Tagen.*

Beim Ausfliegen mit etwa **35 Tagen** sind die Schwingen und Steuerfedern noch nicht voll entwickelt.
Erstes selbstständiges Beutemachen (Maus) wurde bei einem Jungvogel im Alter von **50–52 Tagen** beobachtet.

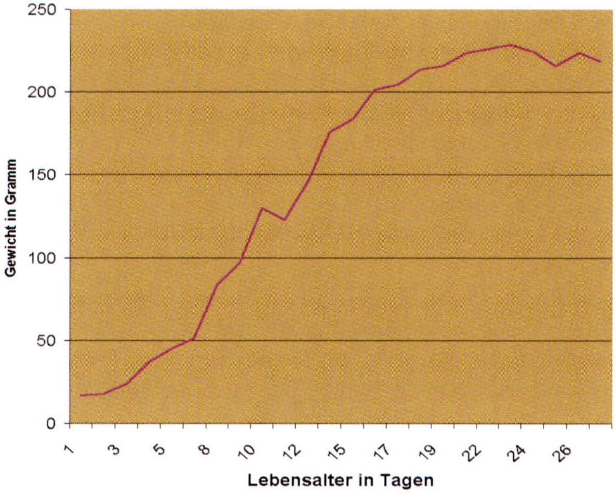

ABB. 34
Individuelle Gewichtsentwicklung eines jungen ***Turmfalken*** *im Freiland. Die Schwankungen sind abhängig: 1. von der Nahrungsversorgung und 2. vom Zeitpunkt der Messung (Tageszeit). Dieser Jungvogel war innerhalb der Brut der kräftigste, seine drei Geschwister lagen vom Gewicht her immer darunter. Ab dem 20. Tag nimmt das Gewicht nicht weiter zu und schwankt um einen Mittelwert. Diagramm nach Daten aus KOSTRZEWA (1987).*

Jugendentwicklung Wespenbussard

Ich habe deswegen den Wespenbussard und nicht den Mäusebussard, der ja insgesamt häufiger ist, ausgewählt, weil auch von dieser Art alljährlich Jungvögel abstürzen und in menschliche Pflege kommen.

Das **Schlüpfgewicht** beträgt etwa 28 g. Das **1. Dunenkleid** ist weiß, der Oberkopf vielfach etwas gelblich und Zügel etwas dunkler; auffallend lange Dunenstrahlen, vor allem am Kopf. Die Füße sind vorerst chromgelb, später bräunlich gelb. Die Iris ist bei frischgeschlüpften pulli hellblau, verdunkelt sich rasch zu graubraun. Die Wachshaut ist hellgelb. Das **2. Dunenkleid** ist fast weiß.
Im Alter von **14 Tagen** beginnt ein Jungvogel selbst Larven aus den zugetragenen Wespenwaben zu ziehen.
Im Alter von **15 Tagen** beginnen die Schwingen und Steuerfedern zu sprießen, mit **18–19 Tagen** auch das Kleingefieder.
Mit **16–20 Tagen** beginnen sie, sicher zu stehen, im Horst herumzugehen und mit den Flügeln zu schlagen.
Mit **28 Tagen** erwacht der nur für die Wespenbussarde bekannte Trieb und sie beginnen, Löcher in den Nestboden zu scharren (Scharrtrieb), wodurch mancher Horst noch in der Aufzuchtzeit abstürzt.
Mit **28 Tagen** ist nur mehr der Kopf weiß, mit **37 Tagen** ist der Jungvogel vollständig befiedert. Im **Jugendkleid** sind die Oberkopffedern braun mit breiten helleren Säumen, der Rücken wie bei erwachsenen Tieren.

Aufzucht

ERNÄHRUNG

Der richtigen Ernährung nestjunger Greifvögel kommt, sowohl in quantitativer als auch in qualitativer Hinsicht, besondere Bedeutung zu. Bei quantitativem Mangel können diverse Mangelerscheinungen, wie Unterernährung und Hungermale (Gefiederschäden), auftreten.

VORSICHT Ein qualitativer Mangel (z. B. einseitige Ernährung mit Eintagsküken), das haben Untersuchungen an Turmfalken bewiesen, bewirkt sehr oft schwere Verhaltensstörungen. So brüten z. B. solche Weibchen sehr schlecht und fressen oft ihre Jungen. Diese Verhaltensausfälle sind nicht reversibel und die Vögel daher für die Arterhaltung in freier Natur wenig brauchbar.
Im Phänotyp, d. h. im äußeren Erscheinungsbild (Federkleid), unterscheiden sie sich nicht von gesunden Tieren.

Aufzuchtfutter

Dazu eigen sich frischtote Mäuse, Ratten, Spatzen, Tauben und Eintagsküken. Diese Küken haben einen besonders hohen Vitamin- und Mineralstoffgehalt, sind aber wegen ihres niedrigen Nährstoffgehaltes kein alleiniges Aufzuchtfutter. Sehr gut eignet sich zur Aufzucht auch ein Fleischbrei (faschiert) aus Hühnerhälsen, -rücken, Kleinsäugern und Insekten. Er beinhaltet alle lebenswichtigen Aufbaustoffe. Die Verarbeitung und Portionierung der Futtertiere erfolgt in gleicher Weise, wie sie bereits bei den **Dommeln, Reihern** und **Störchen** beschrieben ist.
Je nach Vogelart, Alter und Entwicklungsstand werden **täglich 3–6 Fütterungen** notwendig sein.

Nahrungsspezialist Wespenbussard

Der Wespenbussard, der nur etwa 4–5 Monate in Europa verbringt, ernährt seine Jungen hauptsächlich mit Wespen- und Hummellarven, die er mit seinen Fängen aus der Erde scharrt.
Junge Wespenbussarde kommen relativ oft, bedingt durch Abstürze, in Menschenhand, wo sie aber in den überwiegenden Fällen als Mäusebussarde bestimmt werden.
Unterscheidungsmerkmal: beim **Mäusebussard** ist die **Nasenöffnung rund**, beim **Wespenbussard länglich** (siehe Zeichnung auf nächster Seite).

WICHTIG Diese Jungvögel gehören **unbedingt in Spezialistenhände**, bei vorübergehender Pflege eignen sich zur Ernährung Topfen, in Milch eingeweichte Semmeln, Bananen bzw. Früchte und Fliegenmaden.

Da der Wespenbussard in freier Natur zwar selten – aber doch – auch Vögel und Kleinsäuger schlägt, schadet ihm solches Fleisch (Mäuse, Küken) als Zusatz- bzw. Übergangsfutter sicher nicht.

GEWÖLLE

Sind die ersten Federn der Schwingen und des Stoßes aus den Blutkielen geplatzt, wird damit begonnen, auch gewöllbildende Stoffe mit der Nahrung zu verfüttern. **Gewölle** sind die unverdaulichen Teile der Nahrung, die nach einigen Stunden wieder durch den Schnabel ausgewürgt werden (Haare, Federn, teilweise Knochen, Chitinteile u. a.).

VORSICHT Man muss aber unbedingt darauf achten, ob der Jungvogel vor der nächsten Fütterung das Gewölle auch schon ausgewürgt hat. Kann er, bedingt durch oftmalige Nahrungsaufnahme, das Gewölle nicht richtig bilden, kann es zu schweren Verdauungsstörungen, die meist tödlich enden, kommen.

Es ist besser, zweimal pro Woche abends ein größeres Stück Fell, in kleine Stücke zerteilt oder kleingeschnittene Federn mitzuverfüttern, sodass am nächsten Morgen ein Gewölle geworfen

ABB. 35 *Unterscheidung* ***Mäusebusard – Wespenbussard****: zu beachten sind die Nasenöffnungen.*

ABB. 36 ***Gewölle****, bestehend aus Haaren und mitgefressenem Sand. Größe je nach Vogelart 20–150 mm. Knochen werden in der Wachstumsphase großteils mitverdaut (Skelettaufbau). Greifvogelgewölle enthalten auch später, im Gegensatz zu Eulengewöllen, wenig Knochen. Auch Rabenvögel und Möwen würgen Gewölle aus.*

ABB. 37 *Fütterung eines* ***Sperbernestlings****. Alter 12 Tage.*

(ausgewürgt) ist, als den Jungvogel bei jeder Fütterung damit zu belasten. Liegt das fertige Gewölle noch im Magen, dann bringt der Anblick von Futter (rot) den jungen Greifvogel dazu, das Gewölle meist unverzüglich auszuwürgen.

> **TIPP** Oft frisst ein Jungvogel gewöllbildende Stoffe nur, wenn sie im Futterbrocken eingearbeitet sind.

FÜTTERUNG

In den ersten Tagen der Aufzucht verhält es sich in freier Wildbahn meist folgendermaßen: Das Männchen bringt die bereits gerupfte Beute in die nähere Umgebung des Horstes. Sie wird vom Weibchen übernommen und zum Horst getragen. Dort reißt sie kleine Stücke aus dem Beutetier und hält sie jenem Jungvogel, der ihr am nächsten sitzt, vor.

Junge **Greifvögel** orientieren sich hauptsächlich visuell, d. h. mit den Augen. Sie schnappen nach allen roten Gegenständen, die vor ihren Augen pendelnd hin und her bewegt werden. Besonders die Bewegung erregt ihre Aufmerksamkeit. Ältere Jungvögel machen auch durch ihre (lauten) Bettelrufe auf sich aufmerksam.

Gesättigte Jungtiere wenden den Kopf ab, die Bettelrufe verstummen. Der vollgefüllte Kropf müsste nun deutlich hervortreten.

Das Abwenden des Kopfes hat in der freien Natur folgende Ursache:
Am Kopf des Jungvogels sitzen sogenannte Kontrastmarken (Augen, Schnabel). Wird dem Altvogel, in Verbindung mit Bettelrufen, das Gesicht zugewandt, wird dieser dadurch angeregt, zu füttern bzw. Beute an den Horst zu bringen. Wendet der Jungvogel jedoch den Kopf ab und es verstummen auch die Bettelrufe, dann erlischt beim Altvogel der Fütterungstrieb, er wird den Jungvögeln nun keine Fleischstücke mehr vorhalten.

Futterverweigerung

Sollte der Jungvogel anfangs das Futter verweigern, kann das primär zwei Ursachen haben:
1. Er ist vom Absturz, Fang oder Transport noch so geschockt.
2. Er ist bereits in der Lage sein Futter selbstständig zu zerteilen.

- **Zu 1.** In einem solchen Fall ist es am besten, bei einem jungen **Greifvogel** eine **gehäutete Maus** und bei einer jungen **Eule** eine **ungehäutete Maus** (Eulen kennen normalerweise kein blankes Fleisch) vor den Jungvogel zu legen und ihn einige Stunden wirklich in Ruhe zu lassen, auch keine vorsichtigen Kontrollen!
Verweigert er nach dieser Frist das Futter noch immer bzw. nimmt er die angebotenen Fleischstücke auch nicht von der Pinzette, dann muss er zwangsgefüttert werden. Eine genaue Anleitung dazu finden Sie weiter unten.
- **Zu 2.** Sobald der junge Greifvogel oder die Jungeule erst einmal sicher stehen kann, ist er meist auch in der Lage, selbstständig zu fressen bzw. die Futtertiere zu zerteilen. Das ist für eine gesunde Entwicklung und für die Ausbildung der Muskulatur sehr wichtig. Legen Sie daher in der Aufzuchtzeit immer wieder eine halbe Maus zu dem Jungvogel auf den Kunsthorst und beobachten Sie ihn. Ist er nun in der Lage, selbstständig zu kröpfen (zerteilen und fressen), dann überlassen Sie ihm die Futtertiere allmählich im Ganzen, entfernen Sie nur die Gedärme.

Zwangsfütterung

VORSICHT **Die Zwangsfütterung setzt einige Sachkenntnis voraus und sollte nur von einem erfahrenen Tierpfleger oder anfangs unter sachkundiger Anleitung durchgeführt werden. Die Assistenz einer zweiten Person erleichtert oft die Arbeit.**
Die Gefahr der Zwangsfütterung besteht vor allem in einer möglichen Verletzung des Rachenraumes oder der Jungvogel erstickt, weil ihm ein zu großer Brocken die Luftröhre abdrückt.

Durchführung: Größere Arten: Dazu setzt man den Jungvogel auf ein Tuch und legt dieses mit dem Vogel auf seinen linken Oberschenkel.
Mit einer Pinzette oder bei kleineren Tieren mit einem Zahnstocher wird dann vorsichtig der Schnabel geöffnet, unterstützt durch den Gegendruck des linken Zeigefingers, der den Schnabel dann leicht geöffnet hält.
Mit der Pinzette schiebt man nun ein kleines Stück Futter, je nach Vogelart, tief in den Schlund. Fleisch muss zur besseren Gleitfähigkeit angefeuchtet sein. Wie bereits eingangs erwähnt, besteht die Gefahr einer Beschädigung des Rachenraumes und der Speiseröhre, die

Pinzette darf daher nicht zu spitz sein, eventuelle Knochen müssen bereits bei den Vorbereitungen mit dem Messerrücken zerdrückt werden.
Danach wird dem Jungvogel die Gelegenheit gegeben abzuschlucken. Wirft er den Futterbrocken mit schleudernden Bewegungen wieder heraus, muss er tiefer in den Schlund geschoben werden. Schluckt der Vogel nicht richtig, dann hilft eine vorsichtige Massage Richtung Magen. Aber vor allem muss das Jungtier Zeit haben, in Ruhe zu schlucken. Auch die nicht unbeträchtliche Stressbelastung einer solchen Zwangsfütterung darf man nicht unterschätzen.
Ist der Vogel nicht mehr in der Lage zu schlucken, dann steht meistens der Tod unmittelbar bevor.

ABB. 38, 39, 40
Zwangsfütterung
– Öffnen des Schnabels.
– Offenhalten des Schnabels.
– Verabreichung des Fleischstückes.

Beispiel
Im Sommer 1999 hatte ich eines Abends einen Anruf auf meinem Telefonanrufbeantworter, dass ein Nachbar einen jungen Turmfalken im Garten gefunden habe. Aufgrund der späten Stunde fuhr ich erst am nächsten Morgen zu ihm. Der Vogel, ein etwa drei Wochen alter Turmfalke, hatte bereits die Augen, die von Zecken umringt waren, geschlossen. Er lag in einer Transportbox für Katzen, einziges Lebenszeichen waren noch kontinuierliche „Piepser". Ich fuhr sofort mit dem Tier nach Hause und fütterte ihm mit der oben beschriebenen Methode einige Stücke eines Buntspechtes, den ich vorher auf der Autobahn aufgelesen hatte. Dazu gab ich ein wenig Honig, der für rasch verfügbare Energie sorgen sollte. Das Tier verstarb aber nach einer halben Stunde. Auch ein geschwächter Junguhu, den ich aus einem Horst barg, in dem ursprünglich drei Junguhus waren, starb nach wenigen Stunden.
Das abgebildete Habichtweibchen, das ich nach einem Autounfall stark abgemagert bekam, erholte sich hingegen rasch wieder.

UNTERBRINGUNG

Die Nestlinge von Reihern, Störchen, Greifvögeln, Tauben, Eulen und Krähenvögeln behandelt man im Großen und Ganzen wie Kleinvogelnestlinge.

Auch die Jungvögel dieser Vogelgruppen benötigen, bis sich ihr Federkleid schließt, eine externe Wärmequelle, siehe **Kleinvögel**. Die ungefähre Dauer der Huderphase ist auch meist bei der Jugendentwicklung angegeben.

ABB. 41 *Einfacher* ***Kunsthorst****. Durchmesser 33 cm. Geeignet zur Unterbringung von kleineren Greifvogel- und Eulenarten, Krähenvögeln und Tauben. Bei größeren Arten, bzw. bei mehreren Jungvögeln dementsprechend größer dimensionieren.*

ABB. 42
Sperbernestlinge *im Kunsthorst (Kleinvoliere), 12 Tage alt.*

Bis zu dem Zeitpunkt, ab dem ein Jungvogel einigermaßen befiedert ist, somit keine Wärme von außen mehr benötigt und seine Nahrung selbst zerlegen kann, genügt ein Korb mit Reisig, der in einen größeren Käfig oder in eine Kleinvoliere gestellt wird.
Durch eine zu glatte Nestunterlage rutscht der Jungvogel immer wieder aus, was zu „Spreizbeinen" führt, ebenso löst auch eine zu weiche Nesteinlage Knochenfehlstellungen aus.

WICHTIG Die **Umgebung** sollte **möglichst ruhig** gehalten werden (Hunde, Kinder).

Die **Höhe des Horstrandes** spielt vor allem bei Arten, die über den Horst koten, eine Rolle. Als Beispiele sind hier Reiher, Störche, Habichte, Sperber und Mäusebussarde zu nennen.
Der Jungvogel steigt dabei rückwärts Richtung Horstrand. Liegt nun die Hinterzehe ein gewisses Niveau über der Vorderzehe, dann kotet das Jungtier.
Sonnenbestrahlung ist für die gesunde Entwicklung sehr wichtig, muss aber wohl dosiert sein. Ein Zuviel an Sonne kann schnell tödlich enden. In der Natur schirmt der Altvogel die Jungtiere gegen eine zu starke Sonnenbestrahlung mit den Schwingen ab. Sehr gut eignet sich ein Aufstellungsplatz im Halbschatten.

Die Bedeutung des Kunsthorstes

WICHTIG Da eine gewisse Brutplatzprägung und daraus resultierend eine gewisse Präferenz (Bevorzugung) besteht, ist die Wahl des richtigen Kunsthorstes sehr wichtig. Wie auch im Kapitel **Prägung** beschrieben, geben die Jungtiere mancher Arten (z. B. Schleiereule) später jenem Brutplatz den Vorzug, der ihrem Aufzuchthorst am ähnlichsten ist.

Bei der Auswilderung von Jungvögeln über einen Kunsthorst sollte dieser möglichst genau einem natürlichen Horstplatz entsprechen. Die jungen Bartgeier aus der Zuchtstation Haringsee (Dr.Frey), die in den Hohen Tauern freigelassen werden, sitzen bis zur Erlangung ihrer Flugfähigkeit in einer Felsnische, die einem natürlichen Horst völlig entspricht. Solche später vollwertige Wildvögel benützen dann auch in freier Wildbahn artgerechte Horste.

Anzustreben ist in diesem Zusammenhang, dass besonders Greifvögel und Eulen nicht aus Obstkisten und Kaninchenställen ausgewildert werden, sondern der Kunsthorst möglichst natürlich hergerichtet wird.
Die genauen Horstgewohnheiten der einzelnen Arten sind in fast jedem Bestimmungsbuch angeführt.

Auswilderung

Die **Auswilderung** ist im gleich lautenden Kapitel behandelt.

Tauben

Die Familie *Columbidae* in der Ordnung **Columbiformes** Taubenvögel ist in Österreich durch folgende Arten vertreten: **Türkentaube** *Streptopelia decaocto*, **Turteltaube** *Streptopelia turtur*, **Felsentaube** (Straßentaube) *Columba livia*, **Hohltaube** *Columba oenas* und **Ringeltaube** *Columba palumbus*.

Am häufigsten kommen Straßentauben gefolgt von Ringeltauben in menschliche Pflege. Hohltauben, die in großen Spechthöhlen brüten, wurden bisher kaum gefunden.
Bei der Beschreibung der Jugendentwicklungen beschränke ich mich auf die der Ringeltaube, wobei die Entwicklung der Straßentaube ähnlich und die der Türkentaube etwas schneller verläuft.

Jugendentwicklung Ringeltaube

Ringeltauben wiegen beim **Schlupf** etwa 14–21 g. Das **Dunenkleid** ist strohfarben, die Dunen selbst sind haarartig.

Die Augen öffnen sich am **5. Tag**, die Kiele der Schwungfedern sind am **4.** oder **5. Tag** bereits deutlich sichtbar und öffnen sich etwa am **9. Tag**. In der **zweiten Woche** werden die Jungtauben oft nur mehr nachts bedeckt, die Huderphase endet mit dem **14./15. Tag**.

ABB. 43
Haustaube *im Alter von einem Tag. Man beachte den großen Schnabel.*
Die Jungen der verschiedenen Taubenarten unterscheiden sich beim Schlupf nur wenig voneinander.

ABB. 44 ***Haustaube*** *im Alter von zehn Tagen. Auf den dunklen Bereichen (Federfluren) beginnen die Federn zu sprießen.*

ABB. 45 ***Haustaube****, bereits voll befiedert. Man beachte die noch vorhandenen Flaumfedern am Kopf.*

Mit **10 Tagen** ist ein Gewicht von 144–225 g erreicht. Der Eizahn verschwindet um den **11./12. Tag**, selbstständige Gefiederpflege setzt ein.
Ab dem **12./13. Tag** betteln die Jungen intensiv mit heftigem Flügelzittern und leisem Piepsen.
Mit **2 Wochen** unternehmen sie flatternde Flugübungen, zwischen dem **16.** und **26. Tag** beginnen sie, in den Zweigen herumzuturnen, kehren aber zur Fütterung und zum Schlafen in das Nest zurück.
Jungtiere können im Alter von **19–24 Tagen** erstmals selbst Nahrung auflesen.
Die Nestlingsdauer beträgt durchschnittlich **28–29 Tage**, ausnahmsweise **33** oder **34 Tage**.
Voll flugfähig sind die Tiere mit etwa **35 Tagen**.
Die letzte Fütterung erfolgt gewöhnlich um den **40. Tag**, danach selbstständig.

Aufzucht

ERNÄHRUNG

Die Kropfmilch, ein Sekret der Kropfschleimhaut der Altvögel, ernährt die Jungtaube bis zum 4./5. Tag ausschließlich (Straßentaube). Der Nährstoffgehalt und die Zusammensetzung ähneln Säugetiermilch. In der dritten Woche beträgt der Anteil der Erwachsenennahrung (Körner) bereits 80 %.
Magensteinchen (Sand), die für die richtige Verdauung lebensnotwendig sind, benötigt das Jungtier ab dem 6. Lebenstag.
• Als Aufzuchtfutter eignet sich ein Brei aus Weißbrot, Haferflocken, gequollenen feinen Sämereien (Hirse, Raps, Weizenspitzen), gebrochenem Weizen und Mais, gekochtem Eigelb und einigen Insekten oder gehackten Mehlwürmern, das Ganze mit warmem Wasser vermengt.
Eine Vitamin- und Mineralstoffbeigabe ergänzt den Futterbrei.

TIPP • **Sehr gut sind Jungtauben auch mit Milupa HN 25 (Drogeriemarkt) großzuziehen.**

• Im Gegensatz zu sehr jungen Tauben sind bereits ältere Jungtauben leicht aufzuziehen und gedeihen auch bei der Versorgung mit einem Brei aus geschrotetem Getreide (Weizen) und warmem Wasser sehr gut.

• Auch ein handelsüblicher Kückenstarter, der vorher in Wasser quellen muss, erfüllt alle Anforderungen.
• Eine Wiener Firma, Adresse im Anhang, bietet sogar ein eigenes Taubenkückenfutter an, das mittels einer Spritze mit Kropfsonde direkt in den Kropf verabreicht werden kann.

FÜTTERUNG

In freier Natur steckt die Jungtaube, unter ständigen Bettelrufen, den leicht geöffneten Schnabel in den Schnabelwinkel des Altvogels, der daraufhin durch würgende Bewegung den Futterbrei aus dem Kropf in den Rachen heraufwürgt, wo er dann vom Jungvogel aufgenommen und abgeschluckt wird. Die Jungtaube kann aber nur schlucken, wenn der Schnabel von allen Seiten umschlossen ist.
Diese Art der Fütterung ist auch bei künstlicher Aufzucht sehr gut nachzuahmen:
Die zur lockeren Faust geschlossene Hand umfaßt den Futterbrei, der nicht zu flüssig sein darf. Dem Jungvogel, der nun bettelnd eine Futterquelle sucht und dabei mit dem Schnabel an der Hand herumstochert, wird die Öffnung, die Daumen und Zeigefinger bilden, angeboten. Er wird sofort seinen Schnabel hineinstecken und den Brei in kleinen Bissen abschlucken.

ABB. 46
Futterbrei *aus geschrotetem Getreide und Wasser.*

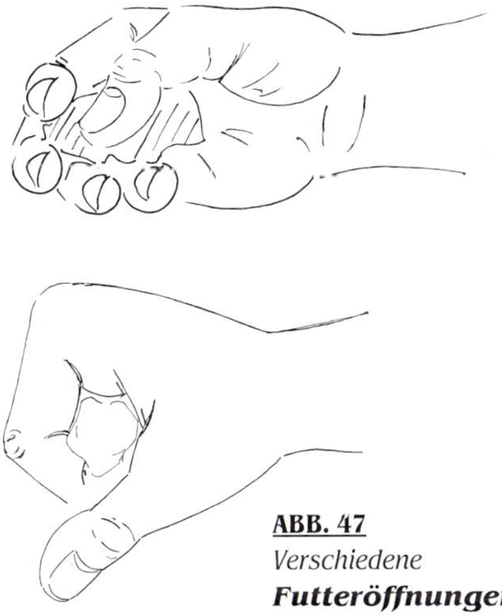

ABB. 47
Verschiedene ***Futteröffnungen****.*

Dieser Vorgang wird so oft wiederholt, bis der Jungvogel satt ist. Der Sättigungsgrad kann sehr gut am Füllungszustand des Kropfes erkannt werden. Das **Fütterungsintervall** bei künstlicher Aufzucht beträgt etwa **drei Stunden**. Ab dem 8. Lebenstag werden die Jungtauben in freier Natur nur mehr viermal täglich gefüttert.
HEINROTH fütterte seine Tauben mit dem Mund, was aber nicht jedermanns Sache ist.
Größere Jungtauben können auch mit einem Löffel oder einer Einwegspritze (1 ml) gefüttert werden.

In freier Natur wird mindestens bis zum Flüggewerden gefüttert, bei Handaufzucht nehmen die jungen Tauben aber relativ bald Körner u. dgl. auch selbstständig auf.
Unter natürlichen Bedingungen werden junge Hohltauben noch sechs Tage nach dem Verlassen des Nestes aus dem Kropf gefüttert.

TIPP Eine Alternative zu dieser Fütterungsart wäre, bei einer Vielzahl von Jungtauben, eine Spritze mit aufgesetzter Kropfsonde, mit der ein käufliches Aufzuchtfutter, gequollener Kückenstarter oder die beschriebene Futtermischung direkt in den Kropf appliziert (verabreicht) wird. Die Bezugsquelle für Spritze und Aufzuchtfutter finden Sie am Ende des Buches.

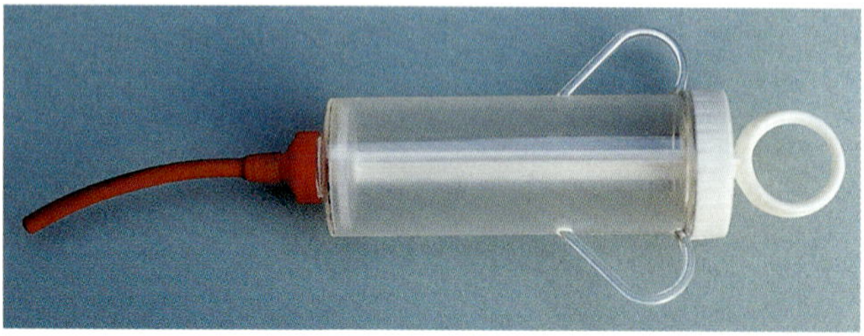

ABB. 48 **Fütterungsspritze** *für Jungtauben. Kropfsonde mit 3 bzw. 5 mm Durchmesser. Gesamtlänge 25 cm. Besonders zu empfehlen, wenn gleichzeitig viele junge Tauben aufzuziehen sind.*

Die **UNTERBRINGUNG** erfolgt grundsätzlich, wie bereits bei den **Greifvögeln** beschrieben. Näheres über die **AUSWILDERUNG** siehe im gleich lautenden Kapitel.

Eulen

Die Ordnung **Strigiformes** Eulen ist in Österreich durch zwei Familien vertreten, die Familie *Tytonidae* **Schleiereulen** und die Familie *Strigidae* **Ohreulen** und **Käuze**.
Von den Schleiereulen kommt nur eine Art, die **Schleiereule** *Tyto alba* vor, die offene, klimatisch begünstigte Lagen mit einer geringen Schneedecke im Winter besiedelt. Bei ihr ist in den letzten Jahrzehnten ein dramatischer Bestandsrückgang zu verzeichnen.
Von den Ohreulen kommen lokal **Zwergohreule** *Otus scops* und **Sumpfohreule** *Asio flammeus*, noch verbreitet der **Uhu** *Bubo bubo* und häufig die **Waldohreule** *Asio otus* vor.
Von den Käuzen ist vor allem der **Waldkauz** *Strix aluco* häufig anzutreffen. Der **Steinkauz** *Athene noctua*, der ähnliche Ansprüche an den Lebensraum stellt wie die Schleiereule, ist stark bedroht. Der **Raufußkauz** *Aegolius funereus*, ein Waldbewohner der höheren Lagen, ist auf große Spechthöhlen als Brutplatz angewiesen, die leider immer seltener werden. Der **Sperlingskauz** *Glaucidium passerinum*, der noch weiter verbreitet ist als der Raufußkauz, brütet in Buntspechthöhlen. Er ist noch nicht so akut gefährdet.

Von den Eulen kommen vor allem zwei Arten alljährlich in großer Zahl in menschliche Pflege, das sind Waldkauz und Waldohreule. **Das Problem ist bereits im Kapitel Vögel (Nestling – Ästling) näher beschrieben.**

Jugendentwicklung Waldkauz

Das **Geburtsgewicht** beim Waldkauz liegt bei 26–30 g, sie sind bis zum **9. Lebenstag** blind. Das **1. Dunenkleid** (Neoptil) ist weiß mit leicht rahmfarbigem Anflug, bereits vom **1. Tag** an kräftiges Betteln. In der **1. Woche** ist nur krabbelndes Vorwärtsrutschen in Liegestellung und ein kurzes Trippeln auf den Läufen möglich.
Um den **8. Lebenstag** sprießen auf den Schultern die ersten Federn des Mesoptils (**2. Dunenkleid**).

ABB. 49 ***Waldohreulenästling***. *Besonders in diesem Stadium werden alljährlich viele junge Eulen gefunden und als „verwaist" zur künstlichen Aufzucht mitgenommen.*

ABB. 50 ***Waldkauznestling*** *im Alter von etwa 3 Wochen. Er trägt bereits das 2. Dunenkleid. Man beachte den roten Augenlidrand und den nackten Schnabelwinkel. Bei der Fütterung braucht man die Tastborsten seitlich des Schnabels nur leicht zu berühren.*

Freies Sitzen gelingt mit **10 Tagen**, erste Kletterversuche mit **12 Tagen**, aufrechtes Stehen mit **16 Tagen**. Ständiges Hudern während etwa **10 Tagen**, Hudern endet nach **13–19 Nächten**, abhängig von Witterung und Nahrungsangebot.
Die Iris erscheint bei **12-** bis etwa **18-tägigen** Kücken mit trübem, bläulichem Schimmer, später braunschwarz.
Frühestens mit **14 Tagen** sind junge Käuze in der Lage, Beutetiere unzerteilt abzuschlucken, ab **27 Tagen** ist auch selbstständiges Zerteilen zu beobachten.
Freies Gehen ist mit **drei Wochen** möglich.
Flügelstrecken und Flattern bis zur **4. Woche** hauptsächlich im Sitzen oder im unsicheren Stand.
Die Jungen verlassen nach **29–35 Tagen**, noch nicht flugfähig, das Nest. Gut flugfähig sind sie mit (6–)**7 Wochen**. Erstes sicheres Beuteschlagen zwischen dem **56. und 92. Tag**. Selbstständig gelingt es mit (2,5–)**3 Monaten**.

Aufzucht

ERNÄHRUNG

Die **Ernährung** junger Eulen unterscheidet sich praktisch nicht von der junger Greifvögel, siehe dort.

FÜTTERUNG

Im Gegensatz zu jungen Greifvögeln orientieren sich junge **Eulen** taktil, d. h. sie reagieren auf Berührungsreize. Zwar erfolgt das mittels der Tastborsten, die sich beidseits am Schnabelwinkel befinden (siehe dazu auch die Abbildung in der Jugendentwicklung Waldkauz).
Sie sind anfangs noch blind, etwa bis zum 5.–10. Lebenstag, fressen aber auch später mit geschlossenen Augen.
Bei der Fütterung junger Eulen braucht man mit dem Futterbrocken diese Borsten nur leicht zu berühren, auch sie schnappen dann nach dem angebotenen Futter. Eulen haben im Gegensatz zu den Greifvögeln keinen Kropf, bei ihnen ist der Magen sehr aufnahmefähig.

Die **UNTERBRINGUNG** ist bei den Greifvögeln nachzulesen, die **AUSWILDERUNG** im gleich lautenden Kapitel.

Mauersegler und Schwalben

Mauersegler *Apus apus*, die in der Ordnung **Apodiformes** Segler und Kolibris zur Familie *Apodidae* Schwalbensegler gehören und **Schwalben** (Ordnung **Passeriformes** Sperlingsvögel, Familie *Hirundinidae* Schwalben) sind nicht näher miteinander verwandt. Ihre ähnliche Körperform hat sich unanhängig voneinander, aufgrund der gleichen Lebensbedingungen, im Laufe der Evolution herausgebildet. In diesem Fall spricht man von Konvergenz.
Von den Seglern kommt in Österreich neben dem in Ortschaften häufigen **Mauersegler** *Apus apus* noch der größere **Alpensegler** *Apus melba* vor, der aber kaum in menschliche Pflege gelangt.
Von den Vertretern der Schwalben kommen **Rauchschwalbe** *Hirundo rustica* und **Mehlschwalbe** *Delichon urbica* häufig in Pflege, daneben gibt es in Österreich noch die **Uferschwalbe** *Riparia riparia* (brütet in selbst gegrabenen Röhren) und die **Felsenschwalbe** *Ptyonoprogne rupestris.*

Da sie aber hinsichtlich der Ernährung, Unterbringung und auch Auswilderung ähnliche Ansprüche stellen, behandle ich sie in einem gemeinsamen Kapitel.

Auch **junge Mauersegler** und **Schwalben**, die in Österreich an Gebäuden brüten, **kommen sehr oft in menschliche Pflege**, die, abgesehen von Anfangsschwierigkeiten, nicht besonders problematisch ist. Trotzdem kommen immer noch viele Jungvögel durch falsche Ernährung und Unterbringung, gebrochene Schnäbel und die daraus resultierenden Folgeerscheinungen um. Durch Ernährungsfehler kommt es zu Federmissbildungen, durch die ein Vogel, der die meiste Zeit seines Lebens in der Luft verbringt (Segler), nicht lebensfähig ist. Auch wenn Schwalben oft nicht extra erwähnt sind, gelten die Ratschläge meist auch für sie.

Absturz aus dem Nest (Segler): Besonders in heißen Sommern kommt es vor, dass Jungvögel, die nach Abkühlung suchen, sich an den Einfluglöchern ihrer stickigen Behausungen drängen und dabei hinausfallen. Auch Drängereien bei den Fütterungen führen dazu. Ist ein oder beide Elterntiere durch ein Unglück umgekommen, passiert es immer wieder, dass größere, bereits befiederte Jungvögel, durch den Hunger angetrieben, den Absprung zu früh wagen, ab Ende Juni muss man damit rechnen. Flügge Segler gibt es in Österreich nicht vor Mitte Juli.
Liegt nun ein junger Segler am Fuß einer Hauswand, dann sollte man in diesem Fall **nicht versuchen, das Tier wieder im Nest unterzubringen.** Seglernester sind meist sehr schwierig zu erreichen und da die Vögel in Kolonien brüten, weiß man nie, aus welchem Nest der Jungvogel gefallen ist. Außerdem würde er bald wieder aus demselben Grund unten liegen.

WICHT!G **Da Segler ihre Jungen nie außerhalb des Nestes füttern, ist hier ihr Eingreifen gerechtfertigt und notwendig.**

Von **Rauchschwalben** weiß man, dass sie aus dem Nest gefallene Jungvögel ab einem Alter von 15 Tagen auch am Boden versorgen können. Kann man beobachten, dass die Altvögel die abgestürzte junge Schwalbe am Boden füttern, dann wäre es das Beste, den Vogel auf einen erhöhten, sicheren Platz in der Nähe zu setzen. Versucht man, das Jungtier wieder im Nest unterzubringen, kann es passieren, dass plötzlich die im Nest verbliebenen Jungvögel nach allen Seiten davonflattern, siehe dazu auch den **Abschnitt „Verhaltensregeln"** im **Kapitel „Nestling – Ästling"**.

JUGENDENTWICKLUNG MAUERSEGLER

Das **Gewicht** beträgt beim Schlupf 2,7–3,1 g. Bis zum **3./4. Tag** ist der Nestling völlig nackt und blind, dann erscheinen die Nestlingsdunen als schwarze Punkte. Schon im Alter von **3–4 Tagen** können sich junge Mauersegler mithilfe der Krallen am Finger emporhangeln. Die Kiele des Großgefieders durchstoßen die Haut gewöhnlich am **7.** und brechen am **9. Tag** auf, was sich aber, bedingt durch die Ernährungs- und Wetterlage, auch um zwei Tage beschleunigen oder bis zu vier Tage verzögern kann. Die Augen öffnet der junge Segler zwischen dem **6.** und **13. Tag**. Mit **10–12 Tagen** klettern sie umher, mit **2–3 Wochen** hopsen sie schon flatternd, alle paar Sekunden ausruhend, umher. Im Alter von **4 Wochen** ist der Vogel, abgesehen vom Hals, vollständig befiedert. Diese Federn beginnen erst mit etwa **25 Tagen** zu sprießen und sind zehn Tage später voll entwickelt. Durchschnittlich mit **24–28 Tagen** erreicht ein junger Segler ein durchschnittliches **Gewichtsmaximum von 52–66 g**, das bis zum Erreichen der Flugfähigkeit wieder abnimmt. Die dunkelblaue Iris des Auges verändert ihre Farbe bis zum Ende der Nestlingszeit zu tiefbraun. Mit **40–42 Tagen** sind die Schwung- und Steuerfedern ausgewachsen, wobei letztere die Schwungfedern um etwa 2–3 cm überragen.

JUGENDENTWICKLUNG RAUCHSCHWALBE (MEHLSCHWALBE)

Junge Rauchschwalben wiegen beim **Schlupf** 1,6–1,8 g (0,95–1,55 g), Rücken- und Schulterflur, Stirn und Nacken sind bedunt. Den Eizahn verlieren sie am **2. Tag**, hörbare Bettelrufe ab dem **3. Tag**, stärkstes Wachstum zwischen dem **3.** und **10. Lebenstag** mit einer täglichen Gewichtszunahme von 2,0–2,6 g. Am **4.–6. Tag** erscheinen die Blutkiele von Schwung- und Schwanzfedern, die um den **8./9. Tag** aufbrechen. Es öffnen sich am **4. (6.)–8. Tag** erste Sehschlitze. Im Alter von **11–12 Tagen** sind die Augen meist offen, ab diesem Zeitpunkt ist lautes Betteln bei der Fütterung zu hören. Meist ab dem **(6.) 9.–12. Lebenstag** setzen die Jungvögel den Kot über dem Nestrand ab. Bis zum **13. Tag** sind meist auch die Blutkiele an Kopf, Brust, Flanken und Hinterleib aufgebrochen.

ABB. 51
*Junge **Rauchschwalbe** im Alter von etwa zwei Wochen.*

Am **12.–15. (16.–18.) Tag** erreichen die Nestlinge ihr Maximalgewicht von 22–25 (24) g. Mit **15 Tagen** sitzen die Jungen oft auf dem Nestrand, wo sie auch aufrecht sitzend schlafen können. In diesem Alter recken und putzen sie sich häufig und schwirren bald intensiv mit den Flügeln. Der Zeitpunkt, an dem junge Rauchschwalben ausfliegen, ist stark witterungsabhängig, häufig **20–24 (26–29) Tage**, aber auch unter 18 bis zu 29 Tage wurde festgestellt. Sie haben seit dem Erreichen des Maximalgewichtes nun wieder etwa 6 g verloren.
Frühestens etwa **zwei Wochen nach dem Ausfliegen** sind junge Rauchschwalben **selbstständig**. Junge **Mehlschwalben** sind nach dem Ausfliegen oft noch sehr lange bei der Familie, **6 Wochen** sind keine Seltenheit.

TIPP **Unterscheidung von Alt- und bereits befiederten Jungseglern**
Altvogel: Das Gefieder ist rauch- bis bräunlich schwarz; glänzend; Schwanz- und Schwungfedern sind dunkelbraun und die Kehle matt weißlich grau (siehe Abbildungen).
Jungvogel: Das Gefieder ist dunkler und weniger glänzend; die Federn sind weiß gesäumt, was besonders an den Achselfedern, an den Flügeldecken und am Großgefieder auffällt, auf der Stirn ist der Saum so breit, dass die Federn weiß erscheinen; die Kehle ist rein weiß, charakteristisch sind die zwischen Nasenöffnung und Oberschnabel vorspringenden weißen „Bärtchen".

ABB. 52, 53
Adulter (erwachsener) ***Mauersegler****. Charakteristische Schnabelform und die kurzen Klammerfüße.*

Erste Hilfe

WICHTIG Ein gefundener Vogel erhält zunächst **einige Tropfen Wasser, einzeln auf den Schnabel** getropft und nicht mit einer Spritze in den Rachen verabreicht, was zu einer Pneumonie führen könnte. Knochenbrüche, offene Verletzungen oder Lähmungen sollten von einem geeigneten Tierarzt, der auf Kleintiere spezialisiert ist, behandelt werden.

„HÄNGENDER FLÜGEL"

Oftmals werden Segler mit hängendem Flügel gefunden und nach objektiv nicht gesicherter Diagnose „Flügelbruch" euthanasiert, was oft gar nicht notwendig wäre. Hat er den Flügel bzw. die Muskulatur nur gezerrt oder geprellt, dann hat es durchaus Sinn, den Vogel etwa 3 Wochen lang durchzufüttern. Auch das Herumkrabbeln und die Unruhe legen sich meist nach zwei Tagen. Plötzlich beginnt er dann wieder zu fliegen.

Luxationen, das sind Verschiebungen zweier durch ein Gelenk verbundener Knochen, **enden aber tödlich** für den Vogel, da sie nicht verheilen. Bessert sich sein Zustand daher auch nach Wochen nicht, dann ist er rasch und schmerzlos zu töten.

Aufzucht

ERNÄHRUNG

Als Aufzuchtnahrung eignen sich Insekten aller Art, siehe auch Kapitel **Futtertiere**.

Schwalben fressen auch, im Gegensatz zum Mauersegler, hartgekochtes Ei und die bei den Kleinvögeln beschriebene **Futtermischung**, die vom Mauersegler nur sehr widerwillig genommen und oft wieder ausgespuckt wird.

Am besten und einfachsten, aber leider auch am teuersten, ist die **Fütterung mit Hausgrillen**, sogenannten „Heimchen", in einer Größe von 1,5–2,5 cm. Abhängig von der Größe der Grillen,

ABB. 54
Heimchen *(Hausgrille). Erhältlich im Zoohandel. Ausgewachsene Tiere erreichen 18–25 mm Körperlänge. Die Fütterung erfolgt mit Haferflocken, Pellets, Äpfeln und ähnlichem.*

vom Entwicklungsstand und Hunger des Seglers oder der Schwalbe benötigt man zwischen 60 und 80 Grillen täglich. Die Futtertiere sind in Zoohandlungen, besonders in solchen, die sich auf Reptilien spezialisiert haben, auf Bestellung auch in Schachteln zu 500 Stück erhältlich. Die Heimchen werden durch Einfrieren getötet, die jeweilige Portion taut dann in kurzer Zeit wieder auf. Die **Bezugsadressen** für größere Mengen an Grillen ist am **Ende des Ratgebers** angeführt. Kleinere Mengen wird man in fast jeder Tierhandlung erhalten.

Die reine Grillenfütterung kann auch durch folgende Futtermischungen ersetzt werden, deren Zubereitung aber **viel mehr Arbeit** bedeutet und die auch der reinen Insektenfütterung **nicht gleichwertig** sind:

- Wenig Rinderfaschiertes (frisch!), aufgeweichte Beoperlen, magerer Bröseltopfen und reines Insektenfutter (ohne Waffelbruch) und 1 gestrichener Teelöffel Futterkalk, daneben immer wieder Insekten oder
- 2 Esslöffel Grillen oder Fliegen, 4 EL reines Insektenfutter, 1 hartgekochtes Eigelb, 100 g Faschiertes und 1 TL Futterkalk oder
- 100 g reines Insektenfutter, 100 g Beoperlen (nach dem Aufquellen gewogen), 150 g Faschiertes und 2 TL Futterkalk, daneben immer wieder Insekten.

VORSICHT

Achten Sie auf jeden Fall darauf, dass Sie auch wirklich Beoperlen, ein Beofutter auf Eiweißbasis verwenden und nicht Beofutter, das neben Bröseln auch Waffelbruch und allerlei sonstiges Undefinierbares enthält. Näheres zu den Beoperlen siehe Kapitel Ernährung von Nesthockern.

Die Zutaten werden mit einer Gabel zerdrückt, dann zu einem Futterteig verknetet und portionsweise eingefroren, sodass man immer die Menge für einen Tag entnehmen kann. Bei der Fütterung muss die Nahrung dann Zimmertemperatur haben. Formen Sie erbsen- bis bohnengroße Kugeln daraus, die aber nicht zu klebrig sein dürfen, da sonst nach der Fütterung Finger und Vogel rettungslos verschmiert sind. Sind sie zu trocken, kann man sie kurz vor dem Verfüttern mit Wasser anfeuchten.

Das Futter sollte durch Beigabe von Mineralstoffen und Vitaminen aufgewertet werden. Geeignete Präparate finden Sie im Anhang.

FÜTTERUNG

Gefüttert wird **einmal pro Stunde** zwischen 6 und 22 Uhr. Eine Mahlzeit besteht aus 3–6 Grillen (1,5–2,5 cm groß, je nach Entwicklungsstand des Vogels) bzw. Kugeln der Futtermischung oder Beoperlen.

TIPP **Eine meiner Bekannten füttert ihren Mauerseglern, die jährlich in großer Zahl anfallen, die Beoperlen (+ Kalkzusatz) mit einer abgeschnittenen Injektionsspritze, was bei einiger Übung sehr viel Zeit spart.**

Wenn Grillen nicht pur verfüttert werden, empfiehlt es sich doch immer wieder eine **Insektenfütterung** einzulegen.
Junge Mauersegler sperren im Gegensatz zu Singvogeljungen in menschlicher Pflege zu Beginn der Aufzucht fast nie, außer sie sind sehr jung in Ihre Obhut gekommen. Sie lernen aber schnell, die Futterkugel, das Heimchen oder die Grille vom Finger zu nehmen. Dabei „verschlucken" sie den Finger bis zum ersten Glied. Dann ist das In-die-Hand-Nehmen nur selten nötig, außer der Vogel sperrt partout nicht, dann muss **zwangsgefüttert** werden, wie das bereits im Kapitel **Fütterungstechniken – Vögel** beschrieben ist, aber sehr viel vorsichtiger als bei dem abgebildeten Habichtweibchen, da Segler einen sehr empfindlichen Schnabel haben, der leicht bricht. Der Vogel selbst wird teilweise dabei von einem Tuch bedeckt, damit das Fett der menschlichen Haut nicht auf sein Gefieder gelangt.

KOT

Ein gutes Indiz für die Gesundheit des Vogels ist die Beschaffenheit des Kotes. Er sollte von mittelfester Konsistenz sein, dunkel mit weißem Häubchen (Harnstoff) und von einem elastischen Häutchen umgeben. Färbt er sich grünlich schwarz, wird er flüssig, stinkend oder fadenförmig, dann liegt ein Ernährungsfehler, eine Erkrankung oder, eher selten, eine Vergiftung vor.

UNTERBRINGUNG

Nur in **glattwandigen Kartons** oder **Plastikwannen** mit einer Grundfläche von mindestens 30 x 40 cm, damit der Segler seine Flügel ausstrecken und die Flugmuskulatur trainieren kann. Bei der Aufzucht mehrerer Vögel, die immer angestrebt werden soll, ist entsprechend größer zu dimensionieren.
Aus Holzkisten klettert er heraus, in Körben oder Gitterkäfigen würde er sich sein Großgefieder zerstoßen und wäre damit unrettbar verloren.

TIPP **Zur Not kann man so einen Käfig mit grobem Stoff aushängen, an den sich der Segler hängen kann.**

Den Boden legt man mit Küchenrolle oder Zellstoff aus. In einer Ecke bildet man durch einen ausgepolsterten Aschenbecher, einer Schale oder einem zusammengedrehten Ring aus Küchenrolle ein Nest.

WICHTIG **Kleine, noch nackte oder wenig befiederte Jungvögel brauchen unbedingt eine Wärmequelle, sehr gut eignet sich ein Infrarotdunkelstrahler, der nur Wärme und kein Licht abgibt. Die Temperatur sollte zwischen 35 und 37° C liegen. Wie man erkennen kann, ob der Temperaturbereich richtig gewählt ist, siehe auch Kapitel Unterbringung Nesthocker.**

Der Behälter wird oben zur Hälfte durch ein Tuch abgedeckt, sodass im Inneren eine Höhlenatmosphäre herrscht, was den natürlichen Verhältnissen entspricht und auch der Beruhigung dient. Aufgestellt wird er so, dass störende Einflüsse wie Fernseher, Radio, Kinder, Hundegebell usw. ausgeschaltet sind.

WICHTIG

Junge Segler und Schwalben sind kein Kinderspielzeug und keine Streicheltiere. Bis auf die Fütterungen sind sie in Ruhe zu lassen.

TIPP

Was aber von Vorteil wäre, ist die Aufzucht mehrerer Jungvögel gleichzeitig, da sie in der Natur auch meist zu zweit oder dritt (Segler) im Nest sitzen. Vielleicht ist das Tierheim ja froh, wenn man einmal anfragt.

Die Freilassung ist im Kapitel **AUSWILDERUNG** beschrieben.

Rackenvögel

Die Ordnung **Coraciiformes** Rackenvögel umfasst weltweit etwa 200 Arten. In Österreich sind sie durch 4 Familien mit je einer Art vertreten: Familie *Meropidae* Bienenfresser, Familie *Coraciidae* Racken, Familie *Upupidae* Wiedehopfe und Familie *Alcedinidae* Eisvögel. Der Eisvogel überwintert im Gebiet, zieht aber in tiefere Lagen, alle anderen Arten überwintern in Afrika. Allen ist gemein, dass sie in mehr oder weniger selbst gegrabenen Röhren oder Höhlen brüten. In Österreich kommen der **Bienenfresser** *Merops apiaster*, die **Blauracke** *Coracias garrulus*, der **Wiedehopf** *Upupa epops* und der **Eisvogel** *Alcedo atthis* vor.

Da der Wiedehopf, der im östlichen Österreich vorkommt, meist an (alten) Gebäuden brüten und daher am ehesten in menschliche Pflege gelangt, werde ich seine Jugendentwicklung anführen, weiters noch die des Eisvogels, der ja doch verbreitet vorkommt.

Jugendentwicklung Wiedehopf

Das **Schlupfgewicht** beträgt etwa 3,8 g. Das **Dunenkleid** ist weiß, der Schnabel bei kleinen Nestlingen graublau mit breitem, weißem Schnabelwulst, später schwärzlich hornfarben. Die Iris ist braun, der Rachen ist bei Nestlingen tiefrot.
Am **3. Tag** ist ein Gewicht von 10 g erreicht, mit **10–12 Tagen** etwa 50 g, mit **21–23 Tagen** etwa 80 g, bis zum Ausfliegen sinkt es wieder auf 60–68 g ab.

ABB. 55
Junge ***Wiedehopfe*** *im Alter von etwa drei Wochen.*

Am **7. Tag** bilden die Schwingen 1–3 mm, die Steuerfedern 1–2 mm lange Blutkiele, die um den **13. Tag** aufbrechen. Am **17. Lebenstag** ist das Jugendgefieder bis auf die Unterseitenmitte mehr oder weniger vollständig, am **23. Tag** ist auch die Befiederung der Unterseite fertig ausgebildet. Die 3. Feder (von der Stirn aus gerechnet) der Federhaube ist am **9. Tag** etwa 9 mm lang, am **15. Tag** 23 mm, am **19. Tag** 33 mm und am **25. Tag** 51 mm lang, wobei sie noch 8 mm im Blutkiel steckt.

Als Abwehrmechanismus gegen Feinde tritt ab einem Alter von **4 Tagen** das Verspritzen von Enddarminhalt mit stinkendem Bürzeldrüsensekret auf. Die Bürzeldrüse erreicht mit **12 Tagen** ihre Maximalgröße und wird dann wieder zurückgebildet.

Das zunächst ungerichtete Kotspritzen beginnt am **6. Tag**, in der letzten Nestlingswoche wird dann aus dem Flugloch gekotet.

Die Jungen sind sehr wärmebedürftig, die dauernde Huderphase beträgt, abhängig von der Witterung, etwa (8) **13–14** (16) **Tage**.

Nestlingszeit **23–25** (28) **Tage**. Frühestens fünf Tage nach dem Ausfliegen sind sie selbstständig, bleiben aber oft noch bis zu einem Monat im Familienverband.

Jugendentwicklung Eisvogel

Das **Schlüpfgewicht** beträgt etwa 3,85 g. Sie werden nackt geboren, sind bis zum **7. Tag** blind und erst am **12. Tag** sind die Augen ganz offen.

Im Alter von **7 Tagen** sind die Blutkiele unter der Haut sichtbar, mit **9 Tagen** sprießen die Kiele der Handschwingen, mit etwa **14 Tagen** ist der Großteil der Blutkiele des Jugendkleides durch die Haut gebrochen. Sie öffnen sich aber erst etwa 5 Tage vor dem Ausfliegen der Jungen.

Ab einem Alter von **5–7 Tagen** an kotet ein Jungvogel gezielt Richtung Höhleneingang, nach dem **14. Tag** eventuell sogar aus der Höhle.

Die dauernde Huderphase beträgt etwa **10 Tage**, ab dem **20. Tag** sind die Jungen dann auch nachts unbedeckt.

Um den **18.–21. Tag** erreichen die Nestlinge ihr Maximalgewicht, das bei etwa 63 g liegt.

Nestlingszeit (22) **23–27 Tage**. Junge Eisvögel wurden beobachtet, wie sie bereits eine Stunde nach dem Ausfliegen selbstständig einen Fisch erbeuteten.

Aufzucht

ERNÄHRUNG

Junge Wiedehopfe sind mit Insekten, junge Eisvögel mit kleinen Süßwasserfischen und Insekten zu füttern.

FÜTTERUNG

Da auch junge Rackenvögeln „sperren", gleicht deren Fütterung grundsätzlich der der **Kleinvögel**.

UNTERBRINGUNG

Um ihren normalen Brutplatz zu simulieren, kann man junge Wiedehopfe in einem großen Nistkasten mit einer Grundfläche von 22 x 22 cm, einer Vorderwandhöhe von 34 cm und einer Fluglochgröße von 70 mm unterbringen.

Die Nestkammern von Eisvögeln haben einen Durchmesser von 9–10 cm bei einer Länge von 12–14 cm. Sie sollten bis zum Ausfliegen dunkel gehalten werden.

Auswilderung

Die **Auswilderung** über die Bettelflugmethode ist im Kapitel **Auswilderung** beschrieben. Bei Eisvögeln muss dann ein ausreichend mit kleinen Fischen besetzter Gartenteich zur Verfügung stehen. Sie perfektionieren den Fischfang innerhalb weniger Tage.

Spechte

Die Ordnung **Piciformes** Spechtvögel ist in Österreich mit der Familie *Picidae* in 10 Arten (weltweit um 210 Arten) vertreten.
Als Brutvögel kommen vor: **Wendehals** *Jynx torquilla*, **Grauspecht** *Picus canus*, **Grünspecht** *Picus viridis*, **Schwarzspecht** *Dryocopus martius*, **Dreizehenspecht** *Picoides tridactylus*, **Buntspecht** *Picoides major*, **Blutspecht** *Picoides syriacus*, **Mittelspecht** *Picoides medius*, **Weißrückenspecht** *Picoides leucotos* und **Kleinspecht** *Picoides minor*.
Sie besiedeln zum Teil unterschiedliche Lebensräume, so findet man den Dreizehenspecht in den Hochlagen, den Weißrückenspecht in Buchenwäldern mit viel Totholzanteil und Blut-, Mittel- und Kleinspecht in Auwäldern.

Der **häufigste Vertreter**, den jeder kennt, ist der **Buntspecht**. Er besiedelt Wälder, Parks, Gehölze und Gärten aller Art. Seine Brut zieht er in selbst gezimmerten Höhlen auf. Ich werde mich hauptsächlich auf ihn beschränken. Junge Spechte kommen eher selten in menschliche Pflege; was aber immer häufiger zum Problem wird, ist die bäuerliche Forstarbeit im Sommer.
Dabei werden immer wieder Spechtbäume geschlägert. Auch von einer Sperlingskauzbrut, die derart abgebrochen wurde, habe ich schon gehört. 1998 wurde im Almtal (OÖ) eine Buche mit einer besetzten Schwarzspechthöhle gefällt. Die Aufzucht der Jungspechte gelang aber nicht, die Jungvögel starben kurz vor dem Ausfliegen.

Jugendentwicklung Buntspecht

Das **Schlüpfgewicht** beträgt 3,9–4,15 g. Sie sind vorerst **nackt** und **blind**. Die Gehörgänge sind verschlossen. Das Kleingefieder wird an den nackten Jungen am **6. Tag** unter der Haut sichtbar und beginnt bis zum **9. Tag** zu sprießen. Die Blutkiele der Schwingen und Steuerfedern kommen am **6. Tag** zum Vorschein.
Die Augen und Ohren öffnen sich am **10. Tag**.
Bis zum **12. Tag** werden die Jungen ständig gehudert. Die Jungen sind jetzt schon kräftig, wehrhaft und krallen sich bei Versuchen, sie aus der Höhle zu ziehen, überall fest und schreien laut.
Mit **14 Tagen** flüchten sie in den dunkelsten Teil der Höhle.
Im Alter von **18 oder 19 Tagen** zeigen sie sich erstmals am Flugloch.
Sie erreichen mit **20 Tagen** ihr Maximalgewicht von etwa 75–90 g.
Junge Buntspechte fliegen mit **22–23 Tagen** aus, wobei die Schwung- und Steuerfedern noch nicht voll entwickelt sind. Fertig entwickelt sind die Steuerfedern mit etwa sechs Wochen.

Kurz **nach dem Ausfliegen** nehmen sie bereits selbstständig Nahrung auf. Die **maximale Führungsdauer** wird danach mit **8–10 Tagen** angegeben. Die Jungen bleiben bis zu drei Wochen in der Nähe der Bruthöhle und beginnen dann, weiter umherzuwandern.

Aufzucht

ERNÄHRUNG

Da Buntspechte ihre Jungen hauptsächlich mit verschiedenen Arthropoden (Gliederfüßern) füttern, erfolgt sie unter künstlichen Bedingungen, wie bei den Kleinvögeln beschrieben, mit Insekten.
Die Aufzucht noch sehr junger Spechte ist schwierig. Inwieweit junge Spechte auch ölhaltige Samen zu ihrer Entwicklung brauchen, kann ich nicht beurteilen. Aber die Beimischung z. B. von Nüssen kann sicher nicht schaden.

FÜTTERUNG

Junge Spechte sperren nicht (siehe Kleinvögel). Bei ihnen muss man den Schnabelwulst leicht mit der Nahrung berühren, dann schnappt der Jungvogel nach dem Futter.
HEINROTH konnte beobachten, dass, wenn er den Nistkasten öffnete, sich die jungen Spechte, die vorher laut gebettelt hatten, sich nun auf den Boden drückten. Sie verbinden die Verdunkelung des Flugloches mit dem fütternden Altvogel. Man sollte daher bei der Fütterung eine große, dichte Decke über sich und den Nistkasten legen und so eine dämmrige Atmosphäre schaffen.

UNTERBRINGUNG

Noch sehr junge Spechte, die noch auf eine externe Wärmequelle angewiesen sind, behandelt man wie junge Kleinvögel, hält sie aber dunkel. Ab einem Alter von etwa 14 Tagen bringt man sie am besten in einem Holzbetonnistkasten, der von den Dimensionen her einer natürlichen Bruthöhle entspricht, unter. Optimal wäre, den Nistkasten jetzt schon in eine Kleinvoliere zu hängen.

Auswilderung

Sie erfolgt, wie bei den meisten Tierarten, über die „Bettelflugmethode", siehe auch Kapitel **Auswilderung**. Mit 18–19 Tagen erscheinen sie erstmals am Flugloch. Hängt der Nistkasten bereits in der Voliere, vollzieht sich das Ausfliegen 4–5 Tage später ohne Probleme. Sobald die Jungen das Futter selbstständig aufnehmen und ausreichend fliegen können, wird die Voliere geöffnet und in bzw. in deren Nähe Futter angeboten (Nüsse, Insekten usw.). Die maximale Führungszeit durch die Altvögel beträgt 8–10 Tage.

Kleinvögel (Singvögel)

Zoologisch betrachtet geht es in diesem Abschnitt um die Ordnung **Passeriformes** Sperlingsvögel, von der man weltweit etwa 5350 Arten kennt. Ich fasse sie hier in diesem Zusammenhang als Klein- oder Singvögel (Unterordnung **Passeres**), bis zur Größe einer Drossel, zusammen. Die Schwalben habe ich bereits gemeinsam mit den Seglern behandelt, die Rabenvögel werden noch in einem gesonderten Kapitel beschrieben.
Folgende Familien gehören in diese Ordnung: **Lerchen** *Alaudidae*, **Schwalben** *Hirundinidae*, **Stelzen** und **Pieper** *Motacillidae*, **Seidenschwänze** *Bombycillidae*, **Wasseramseln** *Cinclidae*, **Zaunkönige** *Troglodytidae*, **Braunellen** *Prunellidae*, **Drosseln** *Turdidae*, **„echte Drosseln"** *Turdus*, **Grasmücken** *Sylvidae*, **Fliegenschnäpper** *Muscicapidae*, **Papageischnäbel** *Paradoxornithidae*, **Meisen** *Paridae*, **Schwanzmeisen** *Aegithalidae*, **Beutelmeisen** *Remizidae*, **Mauerläufer** *Tichodromidae*, **Kleiber** *Sittidae*, **Baumläufer** *Certhiidae*, **Pirole** *Oriolidae*, **Würger** *Laniidae*, **Rabenvögel** *Corvidae*, **Stare** *Sturnidae*, **Sperlinge** *Passeridae*, **Finken** *Fringilidae* und **Ammern** *Emberizidae*.

Von den in Österreich mehr oder weniger häufig vorkommenden 90 Brutvogelarten werde ich die Jugendentwicklung zweier Arten, die häufig in menschliche Pflege gelangen, anführen.

Jugendentwicklung Haussperling

Das **Schlüpfgewicht** beträgt durchschnittlich 2,5 g. Sie sind noch blind, nackt und ohne Dunen. Am **5.** oder **6. Tag** sind Augen und Ohren geöffnet, erste Putz- und Streckbewegungen sind zu beobachten. Am **2.** und **3. Tag** pigmentieren sich die Federfluren zunehmend, ein dunkles Band von Kopf bis Schwanz erscheint, ebenso die Schwungfedern als dunkle Punkte am hinteren Flügelrand. Sie stoßen am **4. Tag** 1–2 mm durch die Haut. Alle Federfluren sind jetzt zu ertasten, die Nestlinge wirken dunkelgrau. Die Konturfedern durchstoßen nach **6–7 Tagen** die Haut und brechen an Bauch und Flügeldecken sofort auf. Die Handschwingen (Blutkiele) sind zu diesem Zeitpunkt 6–7 mm lang, die fertige Feder 1 mm, die Steuerfedern sind etwa 5 mm lang. Am **8./9. Tag** werden die Nestlinge durch zunehmendes Aufplatzen der Federkiele farbig, mit **10–12 Tagen** sind sie voll befiedert. Die Handschwingen sind am **10. Tag** 20, am **15. Tag** 44–45, am **17./18. Tag** 52 mm lang, die Schwanzfedern am **10. Tag** 11, am **15. Tag** 30, am **17./18. Tag** 40 mm lang. Ab einem Alter von **10/11 Tagen** können Nestlinge ihre Körpertemperatur selbst aufrechterhalten, werden aber noch nachts gehudert.
Die Nestlingszeit beträgt etwa **14–16 Tage**, die Jungen sind in der Regel gut flugfähig und fressen bereits nach 1–2 Tagen ein wenig selbst. Nach 7–10, maximal 14 Tagen sind sie selbstständig.

Jugendentwicklung Amsel

Die **Abbildungen** eines Amselnestlings (Abb. 24) und eines Amselästlings (Abb. 25) sind auf der Seite 43 zu sehen.
Das **Schlüpfgewicht** beträgt 5–6 g, Amseln werden blind geboren. Die **Nestlingsdunen** sind fahl rehbraun mit dunkleren, graubraunen Spitzen.
Die äußeren Gehörgänge öffnen sich am **3. Tag**, die Augen sind am **6. Tag** weit geöffnet. Die Blutkiele der Schwungfedern durchbrechen die Haut etwa am **4. Tag** und platzen am **6./7. Tag** auf. Mit **8 Tagen** sind junge Amseln (Singdrosseln) in der Lage, ihre Körpertemperatur selbstständig aufrecht zu halten. Mit **11 Tagen** machen die pulli einen gut befiederten Eindruck. Der Eizahn ist noch sichtbar, wenn die Jungvögel das Nest verlassen, was durchschnittlich mit **12–14 Tagen** erfolgt. Kratzen ist kaum vor dem **13.**, einwandfreies Schnabelwetzen erst ab dem **16. Tag** zu beobachten.
Sie sind mit etwa **18 Tagen** flugfähig und in Abhängigkeit von der Fütterungsintensität der Eltern (ob eine weitere Brut folgt) mit **19–32 Tagen** selbstständig. Mit **19–21 Tagen** nehmen Jungvögel selbstständig Nahrung auf, werden aber zusätzlich gefüttert.
Im Alter von **7–8 Wochen** beginnen sie aus dem elterlichen Revier abzuwandern.

Aufzucht

Ernährung

Unter den Kleinvögeln gibt es hinsichtlich der Ernährung adulter Vögel zwei große Gruppen: Die eine sind die **Körnerfresser**, deren Hauptnahrung aus Körnern und Samen besteht. Sie sind an dem charakteristischen **Kegelschnabel** zu erkennen. Als typische Vertreter dieser Gruppe sind hier Sperlinge und Finkenvögel zu nennen.

ABB. 56
*Junger **Kernbeißer**. Der Kegelschnabel ist bereits voll ausgebildet. Man beachte die Jugendzeichen Schnabelwinkel und Flaumreste.*

Die andere sind die **Weichfresser**, die Insekten, Früchte und Samen fressen, allgemein aber weichere Nahrung bevorzugen. Charakteristisch für diese Gruppe ist ein langer, dünner Schnabel. Als Beispiele können hier Rotkehlchen, Stelzen, Zaunkönig, Baumläufer und Drosseln gelten. Die Jungenaufzucht erfolgt zum größten Teil mit Evertebraten (Wirbellosen), wie Würmern, Schnecken und Insekten.

Wird nun ein Kleinvogelnestling, der noch unbefiedert ist, gefunden, kann er in den wenigsten Fällen bereits einer dieser beiden Gruppen zugeordnet werden. Spezifische Merkmale wie die typische Schnabelform sind noch nicht ausgebildet.

ABB. 57
Singvogelnestling
(Blaumeise)

Obwohl das Aufzuchtfutter von Vogelart zu Vogelart mehr oder weniger abweicht, lässt es sich bei der künstlichen Aufzucht bis zu einem gewissen Grade standardisieren, d. h. vereinheitlichen. Eine Ausnahme bilden Kreuzschnabel, Girlitz, Grünling und Hänfling, siehe weiter unten.

Welche Nahrung wird nun in der Natur gefüttert?
Das variiert von Vogelart zu Vogelart: Würmer, Schnecken, Spinnen, Fliegen, Maden, Heuschrecken, Mücken, verschiedene Larven, Ameisenpuppen, Blattläuse, unreife Samen, Obst usw. dienen als Nahrung. Wie **Insekten** in größerem Umfang zu fangen sind, erfahren Sie im Kapitel **Futtertiere**.

Oft ist man aber nicht in der Lage, einen bzw. mehrere Jungvögel ausschließlich mit natürlicher Nahrung zu versorgen.

Folgende **Futtermischung** wurde deshalb entwickelt:
Magertopfen, gekochtes Eigelb, etwas zerriebener Zwieback und rohes geschabtes oder gekocht geriebenes Rinderherz (ohne Fett), mageres Rindfleisch oder Schweinsherz. Zugaben von Vitaminen und Mineralstoffen ergänzen das Futter. Weiters stellen zerquetschte Beeren, geriebene Karotten, Äpfel und feingeschnittenes Grünzeug (Vogelmiere oder Löwenzahn) eine zusätzliche Vitaminquelle dar.

TIPP

Sehr gut eignen sich für die Aufzucht von Nestlingen auch sogenannte **Beoperlen**, ein Beofutter auf Eiweißbasis, das vor dem Verfüttern eine halbe Stunde in Wasser aufquellen muss.
Diese Beoperlen sind ein **echter Geheimtipp** und es ist immer wieder verwunderlich, wie schnell die Jungvögel damit wachsen. Eine junge, noch blinde Kohlmeise war bei der ausschließlichen Fütterung mit Beoperlen in einer Woche flugfähig. Dieses Futter sollte jeder, der sich mit der Aufzucht von Jungvögeln beschäftigt, vorrätig haben.

Achten Sie aber auf jeden Fall darauf, dass Sie auch wirklich Beoperlen, ein Beofutter auf Eiweißbasis, verwenden und nicht Beofutter, das neben Bröseln auch Waffelbruch und allerlei sonstiges Undefinierbares enthält.

Ebenso können die bei den **Seglern** und **Schwalben** beschriebenen **Futtermischungen** verwendet werden.

Trotz dieser abgestimmten Futterzusammensetzungen muss dem Jungvogel so oft wie möglich tierisches Eiweiß in Form von Würmern und Insekten gefüttert werden.
Mit zunehmendem Alter werden dann immer mehr Merkmale sichtbar, die auf die spätere Ernährung schließen lassen (Schnabelform).

Wie erfolgt nun die Ernährungsumstellung beim Körnerfresser?
Nachdem der Jungvogel anfangs nur mit einer der Futtermischungen und Insekten großgezogen wurde, sind jetzt dem Futter nach und nach immer mehr unreife und zerkleinerte Samen zuzusetzen, wie z. B. vom Löwenzahn und Gras. Gut geeignet sind hier Haferflocken und Nüsse, die sehr gerne genommen werden. Frisst der Vogel später selbstständig, sollte die Ernährung nur mehr aus trockenen, anfangs noch gequetschten Haferflocken oder zerkleinerten Körnern bestehen. Im Tierhandel wird auch ein fertiges Kanarienaufzuchtfutter angeboten, mit dem gute Erfolge erzielt wurden.
Stieglitze füttern ihren Jungen neben Sämereien Insekten bis zum 10. Lebenstag. **Erlenzeisige** verfüttern hauptsächlich Fichtensamen, bei deren Fehlen Insekten und Kiefernsamen.

Problemfälle: Kreuzschnabel, Girlitz, Grünling und Hänfling
Wie bereits eingangs erwähnt, unterscheiden sich die vier Vogelarten aus der Familie der **Finkenvögel** *Fringillidae* im Aufzuchtfutter.
Während alle anderen Singvogelarten zur Aufzucht tierisches Eiweiß in Form von Insekten und anderen Wirbellosen verfüttern, sind die oben angeführten Arten **von Geburt an fast reine Vegetarier** und sterben bei der Versorgung mit Fleisch bzw. Insekten. Unter natürlichen

Verhältnissen füttern die Altvögel einen vorverdauten Brei aus kleinen, milchreifen oder reifen Sämereien, wie z. B. von Fichten, Kiefern, Gräsern und Löwenzahn.
Der **Kreuzschnabel** zieht seine Jungen hauptsächlich mit Koniferensamen auf, aber da ihre Hauptbrutzeit in den Winter fällt, werden kaum lebensfähige Jungvögel unter den Nestern gefunden werden.
Der Anteil der Insektennahrung beträgt bei **jungen Grünlingen**, die im Mai/Juni großgezogen werden, vom 1.–5. Tag durchschnittlich 10 Vol.-%, am 9. Tag nur mehr 1 Vol.-% Insekten. Bei späteren Bruten, im Juli/August, verringert sich der Insektenanteil von 3 Vol.-% in den ersten drei Lebenstagen bis auf 1 Vol.-% am 6. Tag, danach werden keine Insekten mehr verfüttert.

T!PP **Ist man in der Lage, den Jungvogel als Kreuzschnabel, Girlitz, Grünling oder Hänfling zu bestimmen, dann eignen sich zur Aufzucht aufgequollene, gekochte Haferflocken und feine gequollene Samen (Hirse aus der Zoohandlung), weiters hartgekochtes Eigelb, angefeuchteter Zwieback oder käufliches Weichfutter. Wenige feine Insekten (Blattläuse) werden auch unter natürlichen Bedingungen mitverfüttert.**

Aber man sollte sich durch die geschilderte Problematik nicht verunsichern lassen. Verunglückte Kreuzschnäbel, Girlitze oder Hänflinge sind eher selten und gefundene Jungvögel daher unbedingt mit einer der beschriebenen Futtermischungen zu ernähren.

FÜTTERUNG

Allen jungen Singvögeln und auch den Rackenvögeln ist das **Sperren** eigen. Darunter versteht man ein Aufreißen und Entgegenstrecken des Schnabels, ausgelöst durch Erschütterung, Verdunkelung und Berührungen. Ein intensiv „gelb-rot" gefärbter Rachen, gelbe Schnabelwülste, deren Berührung ebenfalls **Sperren** auslöst, und Bettelrufe veranlassen die Altvögel, nun Futter ans Nest zu bringen und in den Rachen der Jungvögel zu stecken. Meist wird Nahrung für zwei bis drei Jungtiere ans Nest gebracht.
Bei der Handaufzucht erfolgt die Fütterung auf gleiche Weise. Kleine Futterbrocken, z. B. Insekten oder Beoperlen werden mit einer Pinzette gefasst und den Jungtieren der Reihe nach vorsichtig in den Rachen gestopft. Unter natürlichen Bedingungen erhält z. B. ein Amselnestling täglich durchschnittlich etwa 40 Beutetiere (Wirbellose) mit einem Gewicht von etwa 16 g.
Je nach dem Appetit und Alter der Jungvögel wird, von 6 Uhr morgens bis 20 Uhr abends, etwa alle zwanzig bis dreißig Minuten eine Fütterung notwendig sein. Gesättigte Jungtiere liegen dann ruhig im Ersatznest, die Bettelrufe verstummen. Sind sie jedoch hungrig, betteln sie bei leichter Erschütterung des Nestes bzw. bei Berührung und strecken Ihnen den weitgeöffneten Schnabel entgegen.
Piepsen und Unruhe können aber auch falsche Umgebungstemperatur als Ursache haben. Kriterien dazu sind später im Kapitel **Unterbringung** angeführt.
Sind die Jungen bereits kurz vor dem Flüggewerden, nehmen sie das Futter auch schon von der Pinzette oder von einem Brettchen.

Zwangsfütterung

Hin und wieder kommt es auch vor, dass bereits ältere Jungvögel nicht sofort sperren, weil sie entweder vom Fang und Transport noch geschockt sind oder bereits ausgeprägtes Feindvermeidungsverhalten (Ducken) zeigen.
Zuerst lässt man den Vogel in Ruhe (Schachtel, ruhiges Zimmer). Will er aber nach Stunden immer noch nicht fressen, dann muss er zwangsgefüttert werden (siehe dazu auch Kapitel **Greifvögel**).

ABB. 58 *Fütterung einer 14 Tage alten* ***Singdrossel*** *mit Beoperlen.*

ABB. 59 *Im Alter von drei Wochen ist der Jungvogel schon in der Lage, die Nahrung (Beoperlen)* ***selbstständig*** *aus einem Gefäß aufzunehmen.*

Durchführung: Kleinvögel werden in der linken Hand gehalten, sodass nur der Kopf freiliegt. Mit einem Zahnstocher oder bei etwas Übung mit dem Fingernagel des rechten Daumens oder Zeigefingers wird der Schnabel geöffnet und mithilfe des linken Zeigefingers offen gehalten.

VORSICHT

Das Futter wird nun nicht wahllos in den Rachen gestopft, sondern unbedingt in den rechten Schnabelwinkel. Anderenfalls riskiert man, dass Futter in die Luftröhre gelangt, was tödlich enden kann.

Danach wird dem Jungvogel die Gelegenheit gegeben abzuschlucken. Wirft er den Futterbrocken mit schleudernden Bewegungen wieder heraus, muss er tiefer in den Schlund geschoben werden. Schluckt der Vogel nicht richtig, dann hilft eine vorsichtige Massage, vom Kinn Richtung Magen. Aber vor allem muss das Jungtier Zeit haben, in Ruhe zu schlucken. Auch die beträchtliche Stressbelastung einer solchen Zwangsfütterung darf man nicht unterschätzen. Ist der Vogel nicht mehr in der Lage abzuschlucken, dann steht meist der Tod bevor.

Nach kurzer Zeit bzw. nach einigen solcher Fütterungen wird sich der Jungvogel an diese Prozedur und die menschliche Nähe soweit gewöhnt haben, dass er das Futter auch schon selbst von der Pinzette oder bereits von einem Brettchen nimmt.

UNTERBRINGUNG

Unbefiederte Jungvögel bringt man anfangs in einem Ersatznest, das aus Stoff, Heu, Stroh, Zellstoff o. dgl. geformt wird, unter.
Auf keinen Fall darf das Nest mit Haaren bzw. fasernden Materialien ausgepolstert werden. Diese würden sich sehr schnell um die Füße und Zehen wickeln, die Blutzufuhr unterbrechen und somit schwere gesundheitliche Schäden verursachen.

Als Untergefäß eignet sich ein Blumentopf oder ein Korb, ausgelegt mit einem Tuch, sehr gut. Die Dimensionen sollten einem natürlichen Nest nachempfunden sein. Besonders die Randhöhe spielt dabei eine gewisse Rolle.

WICHTIG

Die direkte Unterlage sollte immer, um es besser reinigen zu können, aus Papiertaschentüchern oder Toilettenpapier bestehen.

ABB. 60
*Junge **Kohlmeisen**, kurz vor dem Ausfliegen. Kohlmeisen verlassen die Bruthöhle mit 15–22 Tagen und sind 1 Woche später selbstständig.*

NIEMALS **Originalnester, die in jedem Garten vorhanden sind, eignen sich als Ersatznester nicht. Sie sind meist mit Parasiten verseucht, die aber mit freiem Auge nicht sichtbar sind, eine Behandlung des Nestes mit einem Insektizid würden später auch die Jungvögel nicht überleben.**

Kotballen von Singvögeln, die in der Natur vom Altvogel direkt am After des Jungvogels übernommen und weggebracht werden, legt der Nestling bei Handaufzucht auf dem Nestrand ab, von wo sie mühelos mit einer Pinzette entfernt werden können. Das den Kotballen umgebende Häutchen verhindert ein Verschmutzen des Nestes.
Tauben legen den Kot auf dem Nestrand ab, Eulen, Falken und Bussarde lassen ihre Exkremente nur fallen, Rackenvögel spritzen sie, ab einem gewissen Alter, in Richtung Höhleneingang, Habicht und Sperber über den Horstrand.
Die Farbe der flüssigen Ausscheidung (Harnstoff) sollte immer weiß sein, verfärbt sie sich ins Gelbliche, liegt eine Stoffwechselstörung vor. Ebenso ist ein wässriger und blasiger Kot ein Alarmsignal. Als Behandlung bewähren sich Warmhalten, Kamillentee (Schnabelspitze) und etwas Antibiotika (Tierarzt).

Externe Wärmequelle

Je nach dem Befiederungszustand des Jungvogels wird eine externe Wärmequelle notwendig sein. Diese Funktion kann eine normale **Tischlampe** mit einer 40–60 Watt-Birne, ein **Infrarot-Dunkelstrahler** (Rotlicht, größere Entfernung), ein **Wärmekissen** oder eine **Wärmeplatte** übernehmen. Sehr gut eignet sich auch eine sogenannte **Moorwärmeflasche**, die in der Mikrowelle erhitzt wird, die Wärme sehr gut hält und so weich ist, dass man eine Nestmulde formen kann. Die Temperatur sollte etwa 37° C betragen und bedarf einer ständigen Kontrolle. Jungvögel sterben an einer Überhitzung schneller als an einer Unterkühlung. Weiters muss die Wärmequelle so installiert werden, dass Unfälle mit Verbrennungen nicht möglich sind (Sicherheitsabstand).

TIPP **Um die Jungvögel nicht dem grellen Licht auszusetzen, ist es besser, die Birne blau oder rot einzufärben (Wasserfarben).**

Fallen alljährlich mehrere Kleinvogelnestlinge zur Aufzucht an, dann rentiert sich der Bau einer **Wärmekiste**, die den Vorteil hat, dass sich bereits ältere Jungtiere ihren optimalen Temperaturbereich selbst wählen können. Eine solche Wärmekiste funktioniert im Prinzip wie eine Insekten-Lichtfalle, wo die Wärme (Glühbirne) von unten kommt und der Jungvogel auf dem Gazenetz sitzt. Es muss aber bereits eine gewisse Beweglichkeit gegeben sein.
Auch eine Tischlampe, seitlich am Käfig montiert, erfüllt dieselben Anforderungen.

Zu warm – zu kalt?
Anhand welcher Kriterien ist nun zu erkennen, ob der Temperaturbereich zu hoch oder zu niedrig gewählt ist? Die folgende Tabelle gibt Ihnen dazu eine Übersicht:

Zu warm	Zu kalt
Schnabel offen, Hecheln, Junge drängen auseinander, Haut intensiv rot gefärbt (starke Durchblutung), eventuell schon vorhandene Befiederung liegt eng an	leises Piepsen, sogenanntes **„Kälteweinen"**, Junge drängen zusammen, bilden eine „Wärmepyramide", Haut bläulich verfärbt und kalt, bei ev. Befiederung „Plustern".

Der Optimalbereich (ca. 37° C) liegt zwischen diesen beiden Zuständen, die Jungvögel liegen dabei ruhig und entspannt im Nest. Temperaturkontrollen sind aber trotzdem laufend durchzuführen. Mit fortschreitender Befiederung werden die Jungtiere immer unabhängiger von der externen Wärmequelle. Ist das Federkleid erst einmal geschlossen, sind keine nackten Hautpartien mehr sichtbar, dann genügt eine lockere Abdeckung während der Nacht (Tuch).

TIPP

Um Unfälle von vornherein zu vermeiden, empfiehlt es sich, bereits kleine Nestlinge mit dem Ersatznest in einen größeren Käfig zu stellen, zumindest aber dann, wenn sich der Fluchtreflex entwickelt, die Jungvögel aber doch in ihrer Beweglichkeit noch eingeschränkt sind. Dadurch entfällt auch die spätere Umstellung, wodurch die Jungtiere oft scheu und nervös werden.

Bereits nach kurzer Zeit wird diese Behausung zu klein werden, weiteres Vorgehen ist im Kapitel **Auswilderung** beschrieben.

Rabenvögel

Die in der Ordnung **Passeriformes** Sperlingsvögel zur Unterordnung **Passeres** Singvögel gehörende Familie *Corvidae* Rabenvögel, von der es weltweit etwa 110 Arten gibt, wird in Österreich durch 9 Arten vertreten: **Tannenhäher** *Nucifraga caryocatactes*, **Eichelhäher** *Garrulus glandarius*, **Elster** *Pica pica*, **Alpendohle** *Pyrrhocorax graculus*, **Alpenkrähe** *Pyrrhocorax pyrrhocorax*, **Dohle** *Corvus monedula*, **Saatkrähe** *Corvus frugilegus*, **Aaskrähe** (Raben-/Nebelkrähe) *Corvus corone* und **Kolkrabe** *Corvus corax*.

ABB. 61 *Sperrende junge* ***Eichelhäher****, Alter etwa 14 Tage.*

Die Rabenvögel behandle ich in einem eigenen Abschnitt, obwohl sie zu den Sperlingsvögeln gehören, weil sie größer sind und bei ihrer Aufzucht andere Probleme auftreten. Durch die Größe und den klobigen Schnabel sind sie auch als Jungvögel leicht zu erkennen.
Bei der Beschreibung der Jugendentwicklung beschränke ich mich auf drei Arten, die doch immer wieder in menschliche Pflege gelangen: Elster, Dohle und Aaskrähe (Raben-/Nebelkrähe).

Jugendentwicklung Elster

Die Nestlinge schlüpfen **nackt** und **blind**, ihr **Schlüpfgewicht** beträgt etwa 7 g. Die Iris ist (dunkel) blaugrau. Die Augen öffnen sich mit **7–8 Tagen**.
Die Federkeime werden unter der Haut am **4. Tag** erkennbar, am **5. Tag** sind die Blutkiele der Handschwingen bereits 1–2 mm lang, sie platzen um den **10. Lebenstag** auf. Erste Körperfedern erscheinen mit etwa **8 Tagen**. Mit **13** oder **14 Tagen** erscheinen die Blutkiele der Steuerfedern, fertig entwickelt ist der Schwanz erst mit **80 Tagen**. Mit **14 Tagen** ist ein durchschnittliches Gewicht von 154 g erreicht.
Selbstständiges Aufrechterhalten der Körpertemperatur ist erst mit **6 Tagen** möglich. Tagsüber werden die pulli bis zu einem Alter von **11/12 Tagen** gehudert, später nur mehr nachts.
Im Alter von **18–19 Tagen** beginnen sie, bei Störungen das Nest vorzeitig zu verlassen. In der **3. Woche** sind sie bis auf den Unterbauchbereich fast völlig befiedert.
Mit **18–24 Tagen** erreichen die Jungvögel ihr Maximalgewicht von durchschnittlich 179–200 g. Die Nestlingsdauer beträgt etwa **27–36 Tage**. Junge Elstern beginnen mit etwa **45 Tagen** selber am Boden nach Nahrung zu suchen, bleiben aber noch etwa **4 Wochen** nach dem Ausfliegen von ihren Eltern abhängig.

Jugendentwicklung Dohle

Ihr **Schlüpfgewicht** beträgt 6–13 g. Dohlen werden **blind** geboren, die dunkelgrauen **Nestlingsdunen** auf Rücken und Oberschenkel sind etwa 8–10 mm, jene auf dem Unterarm etwa 4 mm lang. Die Iris ist hellblau. Die Augen beginnen sich mit **11–14 Tagen** zu öffnen und sind mit **17 Tagen** ganz offen.
Ab dem **6. Lebenstag** beginnt sich die hellrosafarbene Haut, vor allem der Rückenpartie und des Kopfes, zu verdunkeln. Die Blutkiele der Rückenfedern sind als dunkle Striche unter der Haut sichtbar. Hand- und Armschwingen durchstoßen am **5.–6. Tag** die Haut und platzen um den **12. Tag**, die Steuerfedern 3–5 Tage später auf. Mit **12 Tagen** werden auch die Federkiele des Kopfgefieders sichtbar. Zwischen dem **14.** und dem **18. Tag** platzt auch das restliche Kleingefieder aus den Blutkielen. Der Bauch befiedert sich erst ab einem Alter von **26 Tagen**.
Erst mit **20–25 Tagen** sind die Jungvögel in der Lage, ihre Körpertemperatur von 40° C selbst konstant zu halten.
Mit **22/23 Tagen** wird das Maximalgewicht von durchschnittlich etwa 270 g erreicht, das dann bis zum Ausfliegen wieder auf etwa 220 g fällt. Die Nestlingszeit dauert durchschnittlich **30–35 Tage**. **3–6 Wochen** nach dem Ausfliegen sind junge Dohlen selbstständig.

Jugendentwicklung Aaskrähe (Raben-/Nebelkrähe)

Aaskrähen schlüpfen **nackt**, die Haut ist vorerst rosa-fleischfarben. Die Ohren öffnen sich am **7.**, die Augen am **10. Tag**. Die Blutkiele von Schwingen und Steuerfedern brechen am **7.** bzw. am **10. Tag** durch.

Die ersten **8–9 Tage** wird fast ständig, die folgenden **4–6 Tage** tagsüber nur noch zeitweise und später, bis zum **17. Lebenstag**, nur noch nachts gehudert. Die Nestlingsdauer beträgt **30–35 Tage**. Die Jungen werden noch etwa **4 Wochen** nach dem Ausfliegen von den Altvögeln versorgt.

AUFZUCHT

ERNÄHRUNG

In **freier Wildbahn** werden die Jungen vor allem mit Insekten und Würmern, die von den Altvögeln im Kehlsack zum Horst getragen werden, gefüttert.
Unter **künstlichen Bedingungen** eignen sich dazu neben Insekten und Würmern (siehe dazu auch Kapitel **Futtertiere**) Eintagsküken, faschierte Hühnerhälse und -rücken, Mäuse, Magertopfen und in Milch und gekochtem Eigelb eingeweichtes Weißbrot.
Wie bei allen Aufzuchtfuttermischungen vervollständigen Beigaben von Vitaminen und Mineralstoffen die Ernährung.

Kalkmangel: Ein Problem, das bei der Aufzucht sämtlicher Krähenvögel oft auftritt. Dabei sind die Knochen zu weich, Fehlstellungen sind, wie bei Rachitis (Vitamin D-Mangel), die Folge.
Dem kann entgegengewirkt werden, indem man
1. kein knochenloses Fleisch (Rinderherz u. ä.) verfüttert und
2. dem Futter zerriebene Schneckenhäuser zusetzt.

TIPP

Solche leeren Schneckenhäuser sind in der Natur zahlreich zu finden und lassen sich leicht in einem Mörser oder einer Kaffeemühle zerreiben. Diese Form des Kalkes wird vom Jungvogel sehr gut aufgenommen. Da ein Zuviel an Kalk (Calcium) ohne Schwierigkeiten wieder ausgeschieden wird, ist es auf jeden Fall besser über- als unterzudosieren.

Einige Autoren mussten aber die Erfahrung machen, dass junge Nebelkrähen meist an Rachitis erkranken. Gaben von Vitamin A und D konnten nicht helfen.
Mit zunehmendem Alter (14 Tage) sind auch gewöllbildende Stoffe, wie Fell, Federn oder Watte (siehe Kapitel **Greifvögel**) und kleine hirsegroße Magensteinchen für eine geregelte Verdauung lebensnotwendig. Ebenso können dann auch schon gequetschte Körner (Weizen, Mais), gekochter Reis (ungeschälter Naturreis) und gekochte Kartoffeln verfüttert werden.

FÜTTERUNG

Die **Fütterung** erfolgt, wie bei den **Kleinvögeln** beschrieben.
Dohlen werden im Freiland anfangs 10–12-mal täglich gefüttert, vom 9.–13. Lebenstag etwa 20-mal, später bis zu 25-mal.

UNTERBRINGUNG

Die **Unterbringung** erfolgt wie bei den **Greifvögeln** beschrieben. Dohlen, die bei uns häufig an Gebäuden brüten, kann man auch in einem großen Nistkasten unterbringen.

AUSWILDERUNG

Über die spätere **Auswilderung**, die über die „Bettelflugmethode" erfolgt lesen Sie bitte im gleich lautenden Kapitel nach.

VÖGEL – NESTFLÜCHTER

Schwäne, Gänse und Enten

Die Familie *Anatidae* Schwäne, Gänse, Enten aus der Ordnung **Anseriformes** Entenvögel, Unterordnung **Anseres** Entenartige, von der man weltweit etwa 146 Arten kennt, ist in Österreich durch folgende 14 Arten vertreten (Brutvögel): **Höckerschwan** *Cygnus olor*, **Graugans** *Anser anser*, **Krickente** *Anas crecca*, **Stockente** *Anas platyrhynchos*, **Schnatterente** *Anas strepera*, **Spießente** *Anas acuta*, **Knäkente** *Anas querquedula*, **Löffelente** *Anas clypeata*, **Kolbenente** *Netta rufina*, **Tafelente** *Aythya ferina*, **Moorente** *Aythya nyroca*, **Reiherente** *Aythya fuligula*, **Schellente** *Bucephala clangula* und **Gänsesäger** *Mergus merganser*. Vorkommen von Kanadagänsen, Mandarin- und Brautenten sind auf Gefangenschaftsflüchtlinge zurückzuführen. Einige der Entenarten sind zur Brutzeit auf das Gebiet um den Bodensee und den Neusiedler See beschränkt.

Bereits als Jungtiere sind sie leicht dieser Vogelfamilie zuzuordnen. Die Schwimmhäute zwischen den Zehen sind für alle Arten bezeichnend, bei Schwänen und Enten kommt der typische Entenschnabel dazu. Bei Sägern ist der Schnabel mit Zähnen versehen, die Spitze ist nach unten gebogen.
Da sie sich in den Jugendentwicklungen ähnlich sind, beschränke ich mich bei deren Beschreibung auf drei typische Arten: Höckerschwan, Stockente und Gänsesäger.

Jugendentwicklung Höckerschwan

Das **Schlüpfgewicht** beträgt durchschnittlich 215 g. Das **Dunenkleid** ist auf Abb. 62 zu sehen. Die Jungen werden im Alter von etwa einem Tag auf das Wasser geführt.
In der **3. Lebenswoche** sprießen an Brust und Schultern die ersten Konturfedern. In der **7. Woche** ist das Dunenkleid abgelegt, erst jetzt beginnt die Entwicklung der Schwingen, die mit **4,5 Monaten** abgeschlossen ist. Das Jugendkleid ist überwiegend graubraun.

Jugendentwicklung Stockente

Das **Schlüpfgewicht** beträgt durchschnittlich 34–35 g. Das **Dunenkleid** eintägiger Kücken (siehe auch Abb. 63) ist oberseits dunkelolivbraun bis schwarz, in der Schultergegend und an den Rumpfseiten befinden sich gelbe Fleckenpaare. Der Hinterrand des Flügels und der Vorderrand des Handflügels sind weißlich. Der Überaugenstrich, die Züngel und die Wangen sind bräunlich gelb. Die Körperunterseite ist schwefelgelb. **6–12 Stunden** nach dem Schlüpfen verlassen die Kücken das Nest und gehen mit dem Altvogel auf das Wasser.

Junge Stockenten werden relativ lange, etwa **3–4 Wochen** gehudert, zunächst in kurzen Abständen, später nur mehr bei bedecktem Himmel und nachts.
Bei **zweiwöchigen** Dunenjungen ist die Zeichnung schon weniger deutlich und etwas ausgebleicht. Am **17. Tag** sprießen die ersten Konturfedern des Jugendkleides; mit **3 Wochen** werden die Schulter-, Flanken- und Steuerfedern sichtbar. Im Alter von **4 Wochen** sind die erwähnten Konturfedern 2,5–4 cm, die Steuerfedern sogar bis 5 cm lang. Die Blutkiele der Armschwingen erscheinen am **32. Tag** und wachsen täglich etwa 5 mm. Im Alter von **5 Wochen**

ABB. 62 *Junger* ***Höckerschwan.***

ABB. 63 ***Stockentenpulli.***

sind die Armschwingen sichtbar, die Handschwingen stoßen eben durch. Der Jungvogel ist überwiegend befiedert, Dunen verbleiben nur noch auf der Oberseite von Nacken und Bürzel. Auch im Alter von **6 Wochen** sind am Nacken immer noch Dunen sichtbar, die nun aber innerhalb einer Woche gänzlich verschwinden. Das spätere Jugendkleid ist dem Weibchengefieder ähnlich.

Mit etwa **7,5 Wochen** beginnen die Jungen zu fliegen und sind mit **8 Wochen** voll flugfähig, ab diesem Zeitpunkt löst sich auch die schon vorher nur mehr lockere Bindung zwischen Muttertier und Jungen auf.

Jugendentwicklung Gänsesäger

Das **Schlüpfgewicht** beträgt durchschnittlich 44–46 g. Das **Dunenkleid** ist an der Ober- und an den Körperseiten graubraun mit gelblichen Dunenspitzen. Am Hinterflügel, an den Rückenseiten und an den Bürzelseiten befindet sich je ein weißlicher Fleck. Der für Säger typische schmale Schnabel ist mit Hornzähnen und einem scharfhakigen Nagel versehen, ist aber im Verhältnis noch kurz. Er ist bei jungen Tieren hellbräunlich rot, der Unterschnabel ist gelbrot.

Bereits im Alter von **wenigen Tagen** ist Fluchttauchen möglich.

Am Schlafplatz werden die Kücken bis etwa zum **12. Tag** gehudert. Ab dem **15. Tag** zeigen sich deutlich die Flügelstummel und auch die Steuerfedern beginnen zu sprießen. Mit **30 Tagen** beginnt das Jugendgefieder zu wachsen, dessen Färbung mit etwa **55 Tagen** voll ausgeprägt ist. In einem Alter von etwa **2 Monaten** sind junge Säger flugfähig, bleiben aber meist bis weit in den Herbst hinein in geschlossenen Gruppen beisammen.

Das **Jugendkleid** ähnelt dem Weibchengefieder.

Aufzucht

ERNÄHRUNG

Junge **Stockenten** ernähren sich in den ersten Tagen fast ausschließlich von Wirbellosen (hauptsächlich Insekten), die sie vor allem von der Wasseroberfläche auflesen. Später nimmt auch der Anteil pflanzlicher Nahrung zu. **Schellenten** ernähren sich auch als erwachsene Vögel hauptsächlich von Wasserinsekten.

Junge **Schwäne**, die die ersten Tage von ihrem großen Dottervorrat zehren können, ernähren sich hauptsächlich von jungen Trieben verschiedener Wasser- und Sumpfpflanzen.
Junge **Taucher** ernähren sich ab einem Alter von 2–3 Tagen selbstständig, vorher wird vom Dottervorrat gezehrt. In den ersten Tagen werden vor allem kleine Insekten, aber daneben auch schon kleine Fische (25–50 mm) erbeutet, bereits mit 10–12 Tagen überwiegt dann die Fischnahrung. **Zur Ernährung von jungen Schwänen, Gänsen und Enten** ist folgendes Futter geeignet: eingeweichtes, kleingeschnittenes Weißbrot oder Semmelbrösel, zerdrücktes hartgekochtes Ei, Weizenflocken und Insekten.

WICHTIG **Sehr wichtig ist auch, dass ausreichend Grünfutter, wie etwa kleingeschnittenes Gras, Löwenzahn, Salat oder Teichlinsen zur Verfügung steht.**

Unter Zusatz von Grünfutter lässt sich auch ein käufliches Aufzuchtfutter (Lagerhaus) verwenden. Auch Wasser muss immer in ausreichender Menge zur Verfügung stehen.
Junge **Gänsesäger** können nur mit kleinen Fischen (25–50 mm), anfangs auch mit Insekten großgezogen werden.

FÜTTERUNG

Bei künstlicher Aufzucht von **Schwänen, Gänsen** und **Enten** wird das Futter entweder in kleinen Gefäßen angeboten oder was noch besser wäre, direkt auf die Wasseroberfläche gestreut. Steht den Jungtieren dabei ein größeres Wasserbecken zur Verfügung, wäre das die natürlichste Fütterungsmethode. Bereits ältere Kücken sind dann auch schon in der Lage, feines Gras abzuweiden. Als Grünfutter werden auch Teichlinsen gerne genommen.

ABB. 64
Teichlinsen. *Sie sind häufig auf eutrophierten (mit Nährstoffen überlasteten), besonnten Teichen und in Auen (Altarmen) zu finden.*

Junge **Stockenten** zeigen bereits im Alter von sechs Tagen das Gründeln andeutungsweise, voll entwickelt ist das Verhalten mit 10 Tagen.
Junge **Säger** fangen die Insekten und Fische von Anfang an selbstständig.

UNTERBRINGUNG

Im Gegensatz zu Nesthockernestlingen stellen die Kücken der Nestflüchter ungleich höhere Ansprüche an die Unterbringung bzw. an das Platzangebot (siehe dazu auch das Kapitel **Unterbringung**: Anpassung an den Entwicklungsstand).
In den ersten Tagen genügt ein Auslauf von einem Quadratmeter Grundfläche, der leicht aus engem Drahtgeflecht und einigen Dachlatten selbst hergestellt werden kann. Sind die Kücken

in den ersten Wochen noch unzureichend befiedert, ist auch bei ihnen eine **externe Wärmequelle notwendig**.

TIPP

Sehr gut eignet sich eine Rotlichtlampe, die so über einer Ecke montiert wird, dass die Kücken beim Entlanglaufen an der Umzäunung immer wieder in den Wärmebereich kommen. Da die Kücken durch ihre Mobilität ihren optimalen Temperaturbereich durch die Entfernung zur Wärmequelle selbst wählen können, ist eine mögliche Überhitzung in diesem Fall kein Problem.

Der **Boden** ist möglichst natürlich zu gestalten. Für die Unterbringung von jungen **Wasservögeln**, die auf Grund ihrer besonders empfindlichen Beine einen weichen, leicht feuchten Boden brauchen, eignet sich feuchte Erde, mit Torfmull vermischt, frische Rasenziegel oder ein natürliches Wiesenstück im Freien. Weiters muss der Boden regelmäßig gewechselt werden oder der Auslauf wird, steht er auf kurzem Rasen, täglich ein Stück umgesetzt. Die meisten Nestflüchterkücken sind nämlich gegenüber Krankheitserregern sehr empfindlich. Eine Ausnahme bilden Entenkücken, bei deren Aufzucht es kaum krankheitsbedingte Ausfälle gibt. Steht der Auslauf an einem Ort, wo Hühner frei laufen, dann ist besonders das Problem parasitentragender Regenwürmer zu beachten (Kapitel **Futtertiere**).
Wasservögel benötigen noch zusätzlich ein Wasserbecken. Bei ihnen muss die Umgebung besonders saugfähig sein (Kies), da sie sehr viel Wasser verspritzen. Sind die Jungtiere älter, wäre ein umzäunter Gartenteich, der vor Katzen und anderen Räubern sicher ist, ideal.
Junge **Enten** entziehen sich Feinden anfangs durch Wegtauchen, ihre Flugfähigkeit erlangen sie erst gegen Ende der Aufzuchtzeit, das hat die Konsequenz, dass die Umzäunung nicht so hoch zu sein braucht.
Junge **Säger**, die nicht in die Hände von Laien gehören, brauchen von Anfang an ein größeres Wasserbecken, wo sie in klarem Wasser ihre Fischnahrung fangen können, später erfüllt nur ein abgesperrter Fluss- oder Seenbereich bzw. ein größerer Gartenteich mit gutem Besatz an Kleinfischen artgerechte Ansprüche.

Auswilderung

Auch bei diesen Vogelarten funktioniert die langsame Auswilderung am besten über die „Bettelflugmethode", d. h. der flügge Jungvogel bleibt noch am Freilassungsort, solange dieser seinen Ansprüchen gerecht wird. Jungvögel, die selbstständig Nahrung suchen bzw. selbst fischen, werden, sobald sie nicht mehr auf das vorgelegte Futter angewiesen sind, verstreichen und nur mehr ab und zu den „heimatlichen Teich" besuchen.
Näheres dazu ist im Kapitel **Auswilderung** beschrieben.

Hühnervögel

Die Ordnung **Galliformes** Hühnervögel ist in Österreich durch folgende Familien vertreten: *Tetraonidae* Raufußhühner und *Phasianidae* Fasanen, Feldhühner.
Zu den Raufußhühnern gehören das **Alpenschneehuhn** *Lagopus mutus*, das **Birkhuhn** *Tetrao tetrix*, das **Auerhuhn** *Tetrao urogallus* und das **Haselhuhn** *Bonasa bonasia*, zu den Fasanen und Feldhühnern der **Fasan** *Phasianus colchicus*, die **Feldwachtel** *Coturnix coturnix*, das **Steinhuhn** *Alectoris graeca* und das **Rebhuhn** *Perdix perdix*.

VORSICHT Die Kücken der Raufußhühner sind in der Aufzucht sehr empfindlich und gehören nicht in die Hände von Laien.

Sie werden aber auch nicht oft gefunden. In menschliche Pflege kamen früher vor allem die Eier und Kücken von Fasanen und Rebhühnern, wenn bei Mäharbeiten die Henne verletzt oder getötet wurde. Heutzutage, bedingt durch den Einsatz von Kreiselmähwerken, wird man eine solche Situation durch die hohe Geschwindigkeit gar nicht mehr erfassen. Bei der Beschreibung von Jugendentwicklungen bei Feldhühnern beschränke ich mich daher auf die beiden Arten Fasan und Rebhuhn. Als Beispiel für die Entwicklung von Raufußhühnern sei die des Auerhuhnes angeführt.

Jugendentwicklung Auerhuhn

Das **Schlüpfgewicht** beträgt durchschnittlich 37–38 g. Das **Dunenkleid** ist tarnfärbig, aber schwer zu beschreiben, hier sei auf die Fachliteratur verwiesen.
Bereits gegen Ende des ersten Tages suchen die Kücken selbstständig nach Nahrung, zehren aber noch einige Tage vom Dottervorrat. Nach **3–4 Tagen** vermögen sich die Jungen voll selbst zu ernähren. Im Alter von **6 Tagen** können die Kücken bereits etwa 30 cm hoch und über kurze Strecken flattern. Am **9. Tag** können sie aufbaumen und fliegen 1 m hoch, am **17. Tag** bereits 10 m weit. Ab dem **8. Tag** wurde mindestens 2-mal täglich Sandbaden beobachtet.
Erst mit **20 Tagen** können Kücken ihre Körpertemperatur selbst aufrecht erhalten, vorher muss die Henne immer wieder hudern.
Auf Bäumen wird ab einem Alter von **60–65 Tagen** übernachtet. Bis zum **85. Tag** sondert sich die Henne von den jungen Hähnen ab, bis zum **110. Tag** löst sich schließlich auch der Kontakt zwischen jungen Hennen und Altvogel.

Jugendentwicklung Fasan

Beim **Schlupf** wiegen Fasane durchschnittlich 20–22 g. Das **Dunenkleid** ist tarnfärbig, siehe Auerhuhn. Die Iris ist bei pulli dunkelbraun, später nussbraun. Die Kücken können vorerst ihre Körpertemperatur nicht halten und müssen immer wieder von der Henne gewärmt werden. Das Temperaturregulationsvermögen ist erst ab einem Alter von **zwei Wochen** voll ausgebildet.

ABB. 65
Fasanpulli, *wenige Tage alt.*

ABB. 66
Jungfasan *im Alter von etwa drei Wochen.*

Die Entwicklung der meisten Handschwingen und einiger Armschwingen setzt bereits vor dem Schlüpfen, noch im Ei, ein. **10–12-tägige** Kücken wirken schon teilweise befiedert und vermögen sich flatternd vom Boden zu erheben und kurze Strecken fliegend zurückzulegen.
Mit **3 Wochen** ist das Jugend-Konturgefieder etwa zur Hälfte, mit **5 Wochen** voll ausgebildet. Mit **3–4 Wochen** baumen sie zum Übernachten bereits auf. Sie sind bis zu einem Alter von **70–80 Tagen** auf die Henne angewiesen, wobei sich die Henne aber auch schon früher absondern kann.

Jugendentwicklung Rebhuhn

Das **Schlüpfgewicht** beträgt 7,5–8,5 g. Das **Dunenkleid** ist, wie bei Auerhuhn und Fasan, schwer zu beschreiben. Einige Handschwingen beginnen sich, wie beim Fasan, bereits noch im Ei zu entwickeln.
Am **6. Lebenstag** erreichen die Blutkiele der Armschwingen etwa 8 mm, am **7. Tag** bereits 16 mm und am **10. Tag** 20 mm.
Junge Rebhühner können ab einem Alter von **13–14 Tagen** fliegen. Mit **15 Tagen** sind die Steuerfedern über 20 mm lang, die Kücken können bereits 2 m weit fliegen.
Junge Rebhühner sind mit etwa **5 Wochen** zur unabhängigen Lebensführung fähig, bleiben aber bis in den Winter hinein im Familienverband.

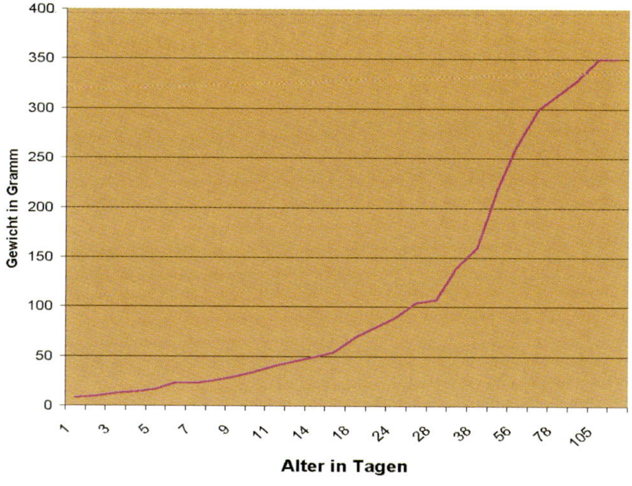

ABB. 67
Gewichtsentwicklung beim ***Rebhuhn*** *(Hahn und Henne) unter Gefangenschaftsbedingungen.*
Diagramm nach Daten aus HEINROTH (1928).

Aufzucht

ERNÄHRUNG

Die Ernährungsangaben sind auf Fasankücken abgestimmt, eignen sich aber auch für die vorübergehende Versorgung der anderen Arten. Spezielle Literatur ist im Anhang angeführt.
In den **ersten drei Lebenswochen** ernähren sich die Jungtiere überwiegend von tierischem Eiweiß (Insekten, Würmer usw.), dessen Anteil in der dritten Woche noch immer über 60 % beträgt.
Die ersten drei Lebenstage soll die Ernährung aus feingeschnittener Schafgarbe und zerdrücktem, hartgekochtem Ei ohne Schale bestehen. Auch gutes Weichfutter (siehe Ernährung **Kleinvögel**) kann verwendet werden. Dazu immer wieder frische Insekten, wie Puppen der Rasenameise, Heimchen, kleine Heuschrecken u. dgl. verabreichen.

Ab dem 4. Tag lässt sich schon käufliches Aufzuchtfutter verwenden, siehe dazu aber auch das Kapitel **Ernährung**.
Die Jungtiere sollten immer die Möglichkeit haben, Teile von verschiedenen Pflanzen abzuäsen. Sind die ersten Federn erschienen, erhalten die Jungfasane zusätzlich kleine Körner (Hirse, Grassamen, Hanfkörner) und Haferflocken.
Ab der sechsten Woche wird dann schon normale Nahrung (Körner, Samen u. dgl.) genommen, der tierische Eiweißanteil geht auf 15–20 % zurück.

FÜTTERUNG

Junge Wald- und Feldhühner lernen die arteigene Nahrungsaufnahme in den ersten Tagen nach dem Schlupf. Dabei zeigt ihnen der Altvogel, in den meisten Fällen das Muttertier (Ausnahme: Rebhahn), durch bestimmte glucksende Lockrufe und durch Hinpicken die Nahrung (Insekten und Pflanzen) bzw. die Nahrungsaufnahme.
Die Bewegung der Beuteinsekten erregt dann sehr bald die Aufmerksamkeit der Kücken und nach kurzer Zeit picken sie Insekten und anderes Futter mit großer Geschicklichkeit auf.
Bei Fütterungsexperimenten mit jungen Auerhühnern erkannte man, dass sie gezielt nach grünen Pflanzenteilen picken, schwarze hingegen abstoßend wirken.
Kommen Jungtiere dieser Vogelfamilien in häusliche Pflege, dann sind sie meist bereits mit der Nahrungsaufnahme vertraut. Probleme kann es aber in der Form geben,dass die Jungvögel das angebotene Futter nicht kennen und daher auch nicht annehmen.
In einem solchen Fall wird das Ersatzfutter gut sichtbar vor die Kücken gestreut. Sehr gut eignet sich dafür ein schmales Brettchen, das nun vor den Jungvögeln hin und her bewegt wird, bis diese, von der Bewegung angeregt, zupicken.

TIPP **Bei noch sehr jungen Tieren kann das Picken des Altvogels mit einem Hölzchen oder einem Finger imitiert werden, die glucksenden Lockrufe dürfen dabei aber auch nicht fehlen. Voraussetzung ist jedoch, dass die Kücken nicht zu verschreckt sind, sonst wäre es besser, sie in Ruhe zu lassen.**

UNTERBRINGUNG

Der **Boden** ist möglichst natürlich zu gestalten. Er besteht bei der Aufzucht von Hühnervögeln am besten aus feinem, staubfreiem, trockenem Sand oder aus Erde. Dabei ist aber auf Pestizidfreiheit zu achten, Ackererde ist gänzlich ungeeignet.

Weiters muss der Boden regelmäßig gewechselt werden oder der Auslauf wird, steht er auf kurzem Rasen, täglich ein Stück umgesetzt. Die meisten Nestflüchterkücken sind nämlich gegenüber Krankheitserregern sehr empfindlich, besonders die der Raufußhühner. Eine Ausnahme bilden Entenkücken, bei deren Aufzucht es kaum krankheitsbedingte Ausfälle gibt.
Steht der Auslauf an einem Ort wo Hühner frei laufen, dann ist besonders das Problem parasitentragender Regenwürmer zu beachten (siehe Kapitel **Futtertiere**).

WICHTIG **Wichtig sind Huderstellen (feiner Sand zum Staubbaden) ab dem sechsten Tag, ebenso benötigen die Tiere ab diesem Zeitpunkt Sand oder feinen Kies als Magensteinchen. Solche Steinchen sind für die geregelte Verdauung (Körner) unerlässlich.**

ABB. 68 *Junge **Feldwachtel** im Alter von 12 Tagen. Das pulli hat durch die Blutkiele ein „stacheliges" Aussehen.*

ABB. 69 ***Feldwachtel**, drei Wochen alt, beim Staubbad.*

Auch ein **Wassergefäß** (flache Schale), in der ein Ertrinken nicht möglich ist, darf von Anfang an nicht fehlen.
Eine **Wärmequelle**, wie sie bereits beschrieben wurde, benötigen die Tiere mindestens 3 Wochen lang.
Um unter natürlichen Bedingungen Feinden leichter entkommen zu können, entwickeln sich bei jungen Hühnern zuerst die Schwungfedern. Sie können bereits im Alter von wenigen Tagen kurze Strecken fliegen (siehe Jugendentwicklungen). Vor allem die Umzäunung muss dann dementsprechend hoch sein.

Auswilderung

Die langsame **Auswilderung** ist wieder im gleich lautenden Kapitel beschrieben. Es gibt aber bei dieser Vogelordnung keine „Bettelflugperiode", sondern die Jungtiere sondern sich vom Altvogel, sobald sie eine gewisse Selbstständigkeit erreicht haben, ab.

Rallen und Trappen

Die Ordnung **Gruiformes** Kraniche, Rallen und Trappen, die weltweit etwa 190 Arten umfasst, ist in Österreich nur mit zwei Familien, den *Rallidae* Rallen, Wasserhühnern und den *Otidae* Trappen vertreten.
Aus der Familie der Rallen kommen als Brutvögel (zum Teil nur sehr lokal) **Wasserralle** *Rallus aquaticus*, **Tüpfelsumpfhuhn** *Porzana porzana*, **Kleines Sumpfhuhn** *Porzana parva*, **Wachtelkönig** *Crex crex*, **Teichhuhn** *Gallinula chloropus* und **Blässhuhn** *Fulica atra* vor.
Von den Trappen kommt nur die **Großtrappe** *Otis tarda* in wenigen Gebieten nördlich und östlich von Wien und im Burgenland vor.

Ich behandle hier nur das Blässhuhn, das häufig auch in Gewässern im städtischen Bereich brütet. Die Kücken der Großtrappe gehören nur in die Hände von Spezialisten.

ABB. 70
Blässhuhn; *wenige Tage alt.*

Jugendentwicklung Blässhuhn

Das **Schlüpfgewicht** beträgt 20–29 g. Das **Dunenkleid** ist auf Abb. 70 zu sehen.
Während der **ersten Tage** gehen sie jeweils nur für etwa 10 min auf das Wasser und werden immer wieder gehudert. Sie ruhen und nächtigen im Brutnest oder einem eigenen Ruhenest.
Die Nestdunen eröffnen sich bis zum **3. Tag** und bilden bis zum **10. Tag** den einzigen Wärmeschutz. Die Dunenfedern erscheinen um den **10. Tag** und wachsen innerhalb von knapp **3 Wochen** zum dichten Pelzdunenkleid heran. Das Groß- und Kleingefieder bricht erst gegen Ende der **2. Woche** aus den Blutkielen und wächst besonders stark in der **3. Woche** an der Rücken-, Schulter- und Bauchflur.
Tauchen (Fluchtreaktion) ist nach **5–6 Tagen** möglich.
Nach **3 Wochen** folgen die Jungen nur mehr ihren eigenen Eltern, die sie bis zu einem Alter von **4–5 Wochen** füttern, danach sind sie selbstständig.
Die Jungen werden mit etwa **8 Wochen** flugfähig, bleiben jedoch oft noch eine Zeitlang im Revier, beteiligen sich zum Teil an der Aufzucht der 2. Brut.
Mit **65 Tagen** ist das Jugendgefieder fertig ausgebildet.

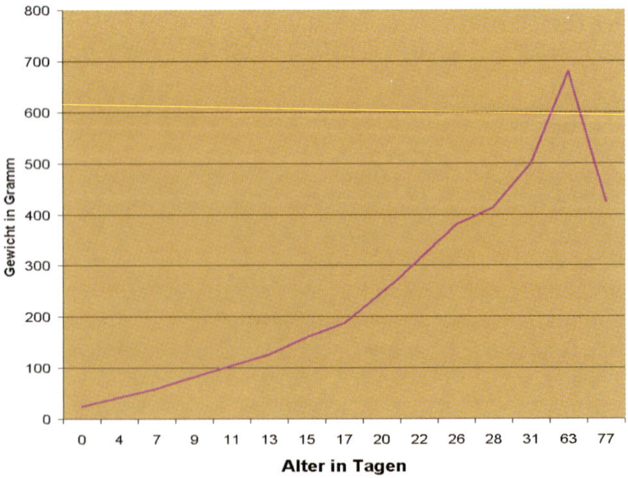

ABB. 71
Gewichtsentwicklung beim ***Blässhuhn*** *unter künstlichen Bedingungen (Handaufzucht). Die starke Gewichtsabnahme zwischen dem 63. und dem 77. Tag erklärt HEINROTH mit dem Einsetzen der Zugzeit, später hat das Tier wieder auf 650 g zugenommen und war „recht fett".*
Diagramm nach Angaben aus HEINROTH (1928).

Aufzucht

ERNÄHRUNG

Blässhühner ernähren sich von **Pflanzenteilen** (Wasserpflanzen) und **kleinen wirbellosen Tieren**, wie Insekten, Krebsen und Muscheln. Sie haben ein sehr breites Nahrungsspektrum. Auch bereits pulli werden von den Altvögeln mit der Erwachsenennahrung gefüttert.
Das **Aufzuchtfutter** soll aus Würmern, kleinen Insekten, Mehlwürmern, Tubifex (Aquarien- und Zoogeschäft), Mückenlarven u. ä. bestehen.

FÜTTERUNG

Etwa bis zu einem Alter von 4–5 Wochen werden junge Blässhühner von den Altvögeln gefüttert. Das hängt auch damit zusammen, dass die Jungtiere die harten Pflanzenteile vorerst nicht abreißen bzw. zerteilen können. Bei der Handaufzucht muss man den Jungen die kleingeschnittenen Pflanzenteile und Insekten mit einer Pinzette vorhalten, bis sie in der Lage sind, das Futter von einem Brettchen oder von der Wasseroberfläche selbst aufzunehmen.
Die Anzahl der Fütterungen wird das Junge selbst bestimmen.

WICHTIG

Junge Rallen brauchen, wie junge Schwäne, Gänse und Enten, unbedingt auch Grünfutter, wie Teichlinsen und verschiedene Wasserpflanzenarten.

Entsteht bei der Beschaffung dieser natürlichen Nahrung einmal ein Engpass, kann auch ein Gemisch, bestehend aus kleingeschnittenem Fleisch (ohne Fett), gekochtem Reis, Garnelenschrot und Fischmehl, verfüttert werden.

TIPP

Junge Rallen fressen besser, wenn man ihnen das Futter in einer flachen Schale Wasser anbietet.

UNTERBRINGUNG

Die ersten Lebenstage genügt ein größerer Käfig (Meerschweinchen) mit einem Wasserbecken. Der Boden sollte aus feuchter Erde bestehen. Über einer Ecke muss eine Wärmelampe installiert sein. Nach einigen Tagen muss der Auslauf vergrößert werden. Sobald auch diese Behausung zu klein geworden ist und die Jungtiere nicht mehr auf Wärme von außen angewiesen sind, erfüllt nur ein eingezäunter Gartenteich alle Ansprüche.

ABB. 72
Blässhuhn
im Jugendgefieder.

Auswilderung

Sobald der Jungvogel flugfähig ist und ihm der Teich nicht mehr zusagt, wird er immer längere Ausflüge machen und schließlich ganz wegbleiben.

Watvögel

Die Watvögel, die zur Ordnung **Charadriiformes** gehören, sind in Österreich Bestandteil der Brutvogelfauna, wobei die Vorkommen oft nur sehr lokal begrenzt sind. Sie sind durch folgende Familien vertreten: Familie *Recurvirostridae* Säbelschnäbler, Stelzenläufer, Familie *Burhinidae* Triele, Familie *Charadriidae* Regenpfeifer und Familie *Scolopacidae* Schnepfenvögel.
Die Arten im Einzelnen sind **Säbelschnäbler** *Recurvirostra avosetta*, **Stelzenläufer** *Himantopus himantopus*, **Triel** *Burhinus oedicnemus*, **Flussregenpfeifer** *Charadrius dubius*, **Seeregenpfeifer** *Charadrius alexandrinus*, **Mornellregenpfeifer** *Charadrius morinellus*, **Kiebitz** *Vanellus vanellus*, **Bekassine** *Gallinago gallinago*, **Waldschnepfe** *Scolopax rusticola*, **Uferschnepfe** *Limosa limosa*, **Brachvogel** *Numenius arquata*, **Rotschenkel** *Tringa totanus*, **Waldwasserläufer** *Tringa ochropus* und **Flussuferläufer** *Actitis hypoleucos*.

Von den 14 Arten werde ich zwei typische Vogelarten herausgreifen, aus der Familie der Regenpfeifer den Kiebitz und von den Schnepfenvögeln die Waldschnepfe.

Jugendentwicklung Kiebitz

Das **Schlüpfgewicht** beträgt 13–21 g. Das **Dunenkleid** ist auf Abb. 73 zu sehen. In den **ersten Tagen** wird die Nestumgebung kaum verlassen, danach werden die Jungen oft in Gebiete mit günstigerer Vegetationshöhe geführt. Bereits nach **4–5 Stunden** picken sie nach bewegten Objekten. Sie können von Anfang an schwimmen.

ABB. 73
*Sich drückender **Kiebitz**, wenige Tage alt.*

Bis zum **5.** oder **6. Tag**, bei kühler Witterung bis zum **12.**, nachts noch bis zum **16. Tag** werden die Jungvögel regelmäßig gehudert. Das Bodenklopfen, eine Verhaltensweise zum Aus-dem-Boden-Scheuchen von Regenwürmern, ist spätestens mit **14 Tagen** zu beobachten.
Die Entwicklung der Schwungfedern beginnt im Alter von **9–10 Tagen** und ist mit **52 Tagen** abgeschlossen. Mit **28 Tagen** platzen die Blutkiele der Steuerfedern auf.
Die Jungen werden mit etwa **35–40 Tagen** flugfähig und sind damit selbstständig.

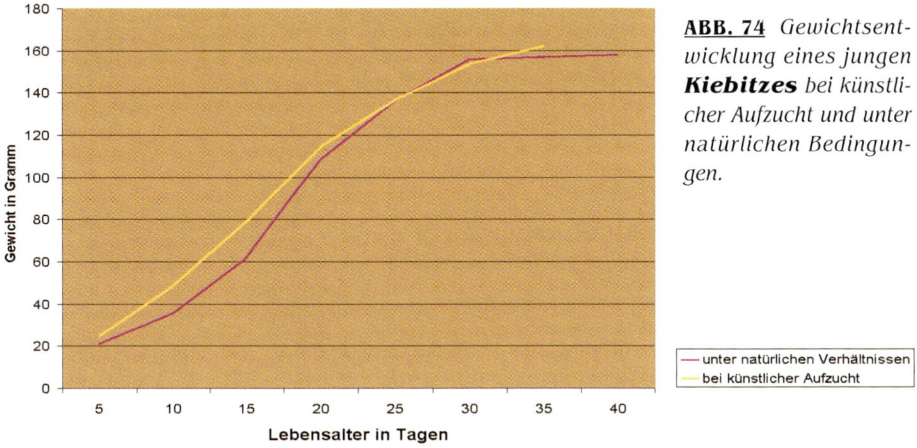

ABB. 74 *Gewichtsentwicklung eines jungen **Kiebitzes** bei künstlicher Aufzucht und unter natürlichen Bedingungen.*

JUGENDENTWICKLUNG WALDSCHNEPFE

Das **Schlüpfgewicht** beträgt 16–20 g. Das **Dunenkleid** ist, wie auch die Eier, an altes trockenes Laub angepasst. Es ist hellrötlich zimtbraun mit breiten rost- und kastanienbraunen Flecken und Streifen auf der Oberseite. Der Schnabel bei frischgeschlüpften Kücken ist grau mit rötlicher Basis, die Füße sind vorerst rötlich grau, die Iris dunkelbraun.
Sobald die Kücken trocken sind, werden sie in der Regel aus der näheren Nestumgebung geführt. Bereits mit **einer Woche** sind die längsten Handschwingen über 1 cm lang. Auf den Schultern und in der Kropfgegend platzen die Hüllen der Konturfedern auf. Mit **7 Tagen** wiegen sie durchschnittlich 72 g, mit **14 Tagen** 118 g. Die Jungen entwickeln sich rasch, können mit **10 Tagen** bereits 15 m weit fliegen, mit **19 Tagen** 75 m und mit **1 Monat** fliegen sie wie die Altvögel.
Sie bleiben bis zu einem Alter von **5–6 Wochen** unter der Obhut des Altvogels.

AUFZUCHT

ERNÄHRUNG

In Bezug auf die Ernährung sind sich Kiebitz und Waldschnepfe sehr ähnlich, vor allem, wenn die Schnepfe in zu trockenem Boden nicht stochern kann, sonst überwiegen in ihrer Nahrung Regenwürmer. Das **Aufzuchtfutter** sollte bei ihnen möglichst genau dem natürlichen entsprechen und aus Würmern, kleinen Insekten, Mehlwürmern, Tubifex (Aquarien- und Zoogeschäft) u. ä. bestehen.

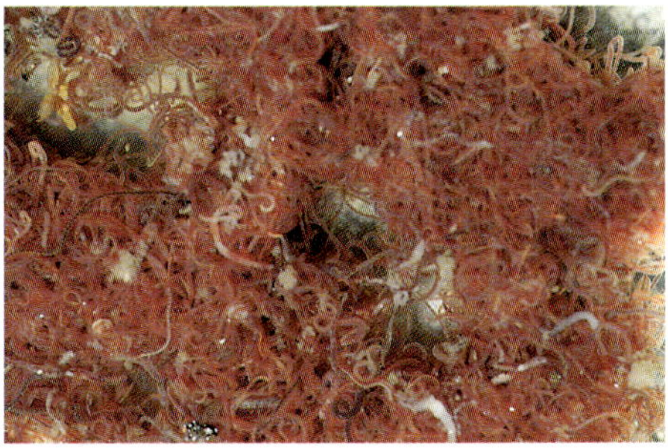

ABB. 75
Tubifex *(Schlammwürmer), erhältlich als Lebendfutter für Aquarienfische.*

TIPP Entsteht bei der Beschaffung dieser natürlichen Nahrung einmal ein Engpass, kann auch ein Gemisch, bestehend aus kleingeschnittenem Fleisch (ohne Fett), gekochtem Reis, Garnelenschrot und Fischmehl, verfüttert werden.

FÜTTERUNG

Junge Kiebitze nehmen von Anfang an ihre Nahrung selbstständig auf. Zu Beginn der Aufzucht kann es aber nicht schaden, sehr jungen Tieren das Futter durch Hinpicken, das man leicht mit einem Hölzchen imitieren kann, zu zeigen. Besonders die Bewegung erregt ihr Interesse.

Bei den Schnepfen hilft der Altvogel, da das Junge noch nicht mit dem Schnabel sondieren kann, dadurch, dass er Blätter u. dgl. umdreht und dem Kücken die Nahrung zeigt. Bei künstlicher Aufzucht nehmen Waldschnepfenkücken bereits im Alter von drei Stunden kleine Würmer selbstständig auf, sofern sich diese bewegen oder mit einem Stäbchen gezeigt werden.

UNTERBRINGUNG

Junge Watvögel brauchen anfangs nicht viel Platz. Es genügt vorerst **ein Quadratmeter**.

Ab dem Zeitpunkt, ab dem sie nicht mehr auf eine **externe Wärmequelle** angewiesen sind, vergrößert man den Auslauf auf mehrere Quadratmeter.

WICHTIG Regenpfeifer und Schnepfenvögel haben einen **sehr empfindlichen Schnabel**, bei ihnen sollte der untere Bereich der Umzäunung aus glatten Materialien (Glas, Kunststoffplatten, Karton) bestehen.

Der Boden sollte, da bei den Jungtieren auch die Füße empfindlich sind, möglichst natürlichen Verhältnissen entsprechen.

Neben freien Stellen, wo gefüttert wird, sollen z. B. beim Kiebitz Altgrasflächen zur Verfügung stehen und bei Schnepfenvögeln weiche, morastige Bereiche mit altem Laub. Mit zunehmendem Alter des Vogels kann man die Würmer dann immer öfter darunter verstecken.

TIPP Heinroth beschreibt, dass sich sein Kiebitzpulli jedesmal bei seiner Annäherung auf den Boden drückte. Er empfiehlt, das Gehege erhöht aufzustellen, sodass der Vogel nicht die ganze menschliche Gestalt sieht, sondern nur den Oberkörper, was den Stressreiz verringern würde.

AUSWILDERUNG

Bei Kiebitzen ist die Auswilderung kein Problem, sie sind selbstständig, sobald sie fliegen können.
Schnepfen hingegen haben noch eine Führungszeit von 1–2 Wochen nach Erlangen der Flugfähigkeit. Sie müssen bis dahin noch in einer großen Voliere, mit ausreichendem Angebot an natürlicher Nahrung, gehalten werden.

VÖGEL – PLATZHOCKER

Möwen und Seeschwalben

Auch die Familie *Laridae* Möwen und *Sternidae* Seeschwalben gehören zur Ordnung **Charadriiformes**. Ich behandle sie hier aber getrennt, da die Jungen dieser Vogelfamilien dem Platzhockertypus zuzuordnen sind.
Die Möwen sind als Brutvögel in Österreich durch die **Lachmöwe** *Larus ridibundus*, die **Schwarzkopfmöwe** *Larus melanocephalus* und die **Sturmmöwe** *Larus canus* vertreten. Von den Seeschwalben brütet nur die **Flussseeschwalbe** *Sterna hirundo* am Unteren Inn, am Bodensee und am Neusiedler See.

Ich werde hier nur die Lachmöwe behandeln. Junge Seeschwalben, die kaum in menschliche Pflege gelangen werden, brauchen als Aufzuchtnahrung kleine Fische. Sie gehören nicht in Laienhände.

JUGENDENTWICKLUNG LACHMÖWE

ABB. 76
Lachmöwenpulli.
Man beachte die Schwimmhäute zwischen den Zehen.

Das **Schlüpfgewicht** beträgt 17,6–32,5 g. Das **Dunenkleid**, das nach 1–2 Tagen entwickelt ist, ist auf Abb. 76 zu sehen.
Am **3.–4. Tag** sprießen an Hand, Arm und Schultern die ersten Blutkiele (Konturfedern), sie treten nach einigen Tagen aus dem Dunenkleid hervor. Bis zum Ende der **1. Woche** erscheinen auch die bis zur **5. Woche** wachsenden Pelzdunen und bilden am Ende der **2. Woche** einen dichten Dunenpelz zwischen den Blutkielen der Konturfedern. Am **11. Tag** sind überall Konturfederkeime, außer am Kopf, zu erkennen. Am **14.–16 Tag** bedecken die Konturfedern fast den ganzen Körper, ausgenommen Kopf, Kehle und Schwanzansatz. Nur am Kopf bleibt die Zeichnung des Dunenkleides bis etwa zum **21. Tag** erhalten. Etwa am **27. Tag** entsteht ein weißer Federring um das Auge. Die letzten Nestlingsdunenreste verschwinden am Bauch spätestens am **18.** und an Rückenfedern und Flügeldecken am **21. Tag.** Nur am Hinterkopf können sich Dunenreste bis zum **32.** (bei Handaufzucht bis zum **43.**) **Tag** halten.

Die Blutkiele der Handschwingen werden am **6./7.**, jene der Steuerfedern am **11./12. Tag** sichtbar und brechen am **9.–11.** bzw. **13./14. Tag** auf.
Gehudert wird anfangs fast ständig, ab dem **7. Tag** nur mehr nachts.
Erste Putzbewegungen gibt es bereits am **1. Tag**, am **3. Tag** putzt das Kücken Hals, Brust, Rücken und Körperseite selbst, hat aber noch Mühe das Gleichgewicht zu halten. Im Laufe der **1. Woche** tritt Flügelstrecken auf, am **7. Tag** das Hochrecken der gefalteten Flügel über dem Rücken, am **20. Tag** das einseitige Bein- und Flügelstrecken, am **40.** das (auch als Drohgebärde gezeigte) Flügelhochrecken mit gestreckten Flügeln und vorgestrecktem Kopf. Baden mit Flügelschlagen und Eintauchen von Kopf und Körper tritt ab dem **8. Tag** und ab dem **27. Tag** auch mit Seitwärtsrollen auf.
Während der ersten **12 h** sind keine Fluchtreaktionen zu beobachten, dann Ducken im Nest, vom **2.–4. Tag** an immer häufiger Flucht aus dem Nest, nach dem **6. Tag** nur noch volle Flucht über eine gewisse Distanz. Unter natürlichen Verhältnissen fliegen sie mit einem Alter von **26–28 Tagen**, in Gefangenschaft mit **30–32 Tagen**. Mit etwa **35 Tagen** sind sie selbstständig.

Aufzucht

Ernährung

Zur Brutzeit spielen Regenwürmer und Insekten die größte Rolle, auch wenn andere Nahrung zur Auswahl steht. Die Beschaffung artgerechten Futters kann damit kein Problem sein.
Möwen sind aber auch mit feinem Katzenfutter (Fischgeschmack) aus der Dose leicht aufzuziehen. Sie nehmen ab einem Alter von 9 Tagen die Nahrung selbst auf. Am besten werden ihnen die kleinen Fleischstückchen in eine flache Schale Wasser gestreut; anfangs den Möwenschnabel mehrmals darin eintauchen. Der **tägliche Nahrungsbedarf** steigt von etwa 22 g vom 1.–6. über durchschnittlich 50 g vom 7.–17. Lebenstag auf etwa 83 bzw. 100–150 g bei älteren Jungen.

Fütterung

Obwohl die Kücken bereits am 1. Tag Partikel vom vorgewürgten Futterhaufen nehmen, ist selbstständiges Fressen in Gefangenschaft erst mit 9 Tagen beobachtet worden. In freier Natur ist es so, dass der Altvogel vor dem Jungvogel einen mehr oder weniger vorverdauten Futterbrei auswürgt und daraus kleine Stücke vorhält. Besonders das Rot des Schnabels veranlasst das Kücken danach zu picken. Ab etwa dem 9. Tag kommt es zu einer selbstständigen Nahrungsaufnahme.

Unterbringung

Junge Lachmöwen nutzen in etwa einen Quadratmeter des elterlichen Territoriums. Das ist auch bei Handaufzucht leicht nachzustellen. Einen Teil der Fläche sollte ein Wasserbecken ausfüllen und ein Teil des Geheges muss aus dichter Vegetation, in die sich das Kücken bei Beunruhigung flüchten kann, bestehen. Als Boden würde ich feine Erde empfehlen. Solange das Federkleid nicht ausreichend isoliert, muss über einer Ecke eine Wärmequelle installiert sein. Durch seine Mobilität kann sich das Jungtier dann seinen Optimalbereich selbst wählen.
Bereits ältere, befiederte Lachmöwen würde ich an einem umzäunten Gartenteich unterbringen, wo ein Teil des Ufers einen ungehinderten Zugang zum Wasser bietet.

Auswilderung

Das Jungtier wird, sobald es einigermaßen fliegen kann, immer längere Ausflüge machen und später ganz wegbleiben („**Bettelflugmethode**“).

Säugetiere

Einteilung

Die Jungen, der in Österreich heimischen Säugetierarten, lassen sich in zwei Gruppen einteilen:

1. Nesthocker
2. Platzhocker

NESTHOCKER

Jungtiere, die zu dieser Gruppe zu zählen sind, werden wie bei den Vögeln **nackt** und **blind** geboren. Sie benötigen, bis das Haarkleid (Fell) ausreichend isoliert, das Muttertier als **Wärme-** und **Nahrungsspender** (Milch).

Typische Vertreter dieser Gruppe sind: Insektenfresser (Igel, Spitzmäuse, Maulwurf), Fledermäuse, Nagetiere (Eichhörnchen, Bilche, Biber, Mäuse), Kaninchen, Fuchs und alle Marderartigen, die aber teilweise bei der Geburt bereits behaart sind.

PLATZHOCKER

Platzhocker hingegen kommen mit einem **dichten**, bereits ausreichend **isolierenden Haarkleid** (Fell) und **sehend zur Welt**, bzw. die Augen öffnen sich in den ersten Stunden nach der Geburt. Sie bleiben anfangs am Geburtsort oder werden immer wieder alleine abgelegt.

Lange Zeit war man der Meinung, dass diesen Jungtieren, um nicht von Feinden gefunden zu werden, jeder Individualgeruch fehlt. Neuere Untersuchungen widerlegten dies aber. Trotzdem werden z. B. junge Feldhasen aber nur zufällig vom Fuchs entdeckt.

Zu dieser Gruppe sind Jungtiere von Feld- und Schneehase und allen Schalentierarten zu zählen.

WICHTIG

Zum Angreifen von jungen Säugetieren
Fast jeder Mensch weiß, dass man Jungtiere nicht angreifen darf, da sie sonst vom Muttertier nicht mehr angenommen werden. Diese Verhaltensregel wurde von der Jägerschaft verbreitet und hat ja durchaus Sinn, damit nicht jeder irgendwelche aufgefundenen Jungtiere angreift und streichelt.
Aber im Normalfall ist es so, dass der Muttertrieb über den Instinkt zur Flucht, den der fremde Geruch hervorruft, siegt. Also kann man z. B. einen gefundenen Junghasen, den die Kinder nach Hause bringen, wieder am **genauen Fundort** aussetzen. Man braucht sich also nicht zu sagen, den müssen wir jetzt aufziehen, sonst ist er verloren!

Grundsätzliche Betrachtungen der Kapitel **Pflegebedürftig, Prägung und Unterbringung** der Vögel haben auch bei der Aufzucht von Säugetieren ihre Gültigkeit.

Ein Thema, das ich bei der ersten Auflage kaum behandelt habe, ist:

Der soziale Umgang mit jungen Säugetieren

Junge Säugetiere haben aufgrund ihrer höheren Entwicklungsstufe eine viel engere Bindung an das Muttertier. Auch das „Spiel", das zwar bei Vögeln ebenfalls vorkommt, man denke da z. B. an die Flugspiele der Raben oder an spielerisches Greifen bei Greifvögeln, ist bei Säugetieren in der Jugendentwicklung obligatorisch, wobei es bei den Insektenfressern und bei Mäusen nicht oder nur sehr bruchstückhaft vorkommt.

WICHTIG **Tatsache ist, dass man sich mit jungen Säugetieren, vor allem mit Einzelaufzuchten, näher beschäftigen muss, sodass diese entspannt aufwachsen und eine normale Umweltbeziehung aufbauen können.**

Ich habe vor Jahren einen jungen Edelmarder bekommen, dessen Mutter und drei Geschwister von einem Jäger während der Schonzeit erschossen worden waren. Der Kleine öffnete gerade seine Augen, war also ungefähr fünf Wochen alt und durch den Stress der Gefangennahme und der Trennung von der Familie nicht gerade in der besten seelischen Verfassung. In den nun folgenden Tagen und Wochen wurde ich durch das Füttern, Streicheln und Spielen zu seiner Ersatzfamilie. Später kamen noch einige Steinmarder hinzu, die meinen Platz als Spielgefährten einnahmen. Der junge Marder entwickelte sich prächtig und wanderte Ende August, nachdem er seine Ausflüge immer weiter ausgedehnt hatte, endgültig ab. Nie hörte man aus der Umgebung, dass irgendwo ein „tollwütiger" (zahmer) Marder aufgetaucht wäre. Gegenüber Fremden war er auch schon am Aufzuchtort scheu und distanziert.

ABB. 77 *Besonders solche „Kampfspiele", bei denen mich der junge **Edelmarder** leicht in die Hand biss und ich ihn am Bauch packte und kitzelte, spielten wir in der ersten Zeit.*

ABB. 78 *Gegen Ende der Aufzuchtzeit waren es eher Spiele um bzw. mit der **Beute**, in diesem Fall einem Eichelhäher. Angreifen ließ er sich dann immer weniger.*

Zum selben Ergebnis ist auch Frau Eva KARRER in der Schweiz gekommen, die ein Eichhörnchen großzog. Nach der Freilassung im Alter von etwa 10 Wochen verwilderte es sehr rasch. Auch bei Einzelaufzuchten von Feldhasen und Igeln darf eine Beschäftigung, die über das tägliche Füttern hinausgeht, wie Kitzeln, Abwischen mit einem feuchten Tuch (Belecken), Schoßsitzen usw. nicht fehlen.

SÄUGETIERE – NESTHOCKER

Igel

Die Familie *Erinaceidae* Igel zählt wie die Familie *Soricidae* Spitzmäuse und die Familie *Talpidae* Maulwürfe zur Ordnung **Insectivora** Insektenfresser. Igel besiedeln kleinräumige, reich strukturierte Landschaften, wie Bachläufe, Heckenzüge, Waldränder und Gartenanlagen. In Österreich kommen zwei Igelarten vor, in den westlichen Bundesländern der **West- oder Braunbrustigel** *Erinaceus europaeus* und in den östlichen Landesteilen der **Ost- oder Weißbrustigel** *Erinaceus concolor*, deren Arealgrenzen sich in Mitteleuropa etwa auf der Höhe von Oberösterreich überschneiden.

Den Winterschlaf, in dem er, je nach Größe, in Mitteleuropa bis zu einem Viertel (in Finnland bis zu 40 %) seines Körpergewichtes verliert, hält er, abhängig von den klimatischen Bedingungen, etwa von Mitte November/Anfang Dezember bis Mitte März/Mitte April, wobei Untersuchungen an tschechischen Ostigeln zeigten, dass sie ihren Winterschlaf gegenüber den Westigeln bereits einen Monat früher beendeten.

Igel werden aufgrund ihrer Häufigkeit und durch den Umstand, dass sie oft in der Nähe menschlicher Ansiedlungen vorkommen, **oft von Menschen gepflegt**. Es gibt kein Wildtier, über dessen Pflege mehr publiziert wurde (siehe Literaturverzeichnis).
Widersprüchliche Angaben und Aufrufe in diversen Zeitschriften führen alljährlich dazu, dass junge, vermeintlich untergewichtige Jungigel eingesammelt und zur Pflege bzw. Überwinterung ins Haus genommen werden. Zu diesem Zweck ist sogar in vielen Naturschutzgesetzen eine Ausnahmeregelung verankert.

ABB. 79
***Jungigel**, fotografiert am 21. September.*
Gewicht 220 g, Alter etwa 5–6 Wochen, Wurfdatum erste Augusthälfte. Normale Entwicklung, keine Hilfe notwendig.

In welchen Situationen ist menschliche Hilfe nun wirklich angebracht?

1. **Bei Igeln, die im Winter bei Eis und Schnee tagsüber draußen herumlaufen**: Altigel sind dann offenbar krank, ihr Gewicht spielt in diesem Fall keine Rolle oder es handelt sich um Jungigel, die das nötige Winterschlafgewicht noch nicht erreicht haben und verzweifelt nach Futter suchen.

2. **Bei kranken und verletzten Igeln**: Häufig sind Verbrennungen, die beim Abbrennen von Altgras, Laubhaufen und dgl. entstehen und Schnittwunden, hervorrgerufen durch Rasenmäher und Sensen.

3. **Bei verwaisten Igelbabys**: Besonders der Straßenverkehr zählt hier zu den häufigsten Verursachern. Findet man z. B. noch blinde Igeljunge, das wäre bis zu einem Alter von etwa 14–18 Tagen und zeigt sich auch nach mehrstündiger vorsichtiger Beobachtung das Muttertier nicht, dann dürfte es sich wirklich um verwaiste Jungtiere handeln.

> **WICHTIG** Jungigel im Alter zwischen drei und vier Wochen verlassen oft auch untertags für kurze Zeit das Nest. Sie finden alleine wieder zurück und sind unbedingt IN RUHE ZU LASSEN.

4. **„Untergewichtige" Jungigel im Herbst**: Bei diesem Problem gehen die Meinungen sehr auseinander, von „unter 600 g ab 15. Oktober" über „weniger als 800 g ab 1. November" bis zu „unter einem Kilogramm ab 1. Oktober" gehen hier die Angaben über das Mindestgewicht, damit der Jungigel den Winterschlaf überlebt bzw. zur Pflege ins Haus genommen werden darf.

Freilanduntersuchungen haben aber gezeigt, dass Igel meist **nur einmal im Jahr Junge** werfen und zwar nach durchschnittlich 34-tägiger Tragzeit. Die ersten Geburten beginnen im Juni, die **häufigsten Würfe werden aber im August**, gefolgt vom September registriert. Herbstwürfe wohl nur nach Verlust der noch kleinen Jungen im Frühjahr. Im Alter von etwa **6 Wochen** sind die Jungen dann nicht mehr auf das Muttertier angewiesen und **selbstständig**.
Mit 70 Tagen haben Igel ein Gewicht von 600–800 g erreicht.
Verschiedene Untersuchungen haben gezeigt, dass ein junger Igel, sollte er seinen ersten Winterschlaf überleben, ein **Mindestgewicht von 450 g** haben muss.

> **WICHTIG** Also sollte man im November wirklich nur Jungigel aufnehmen, die deutlich unter 500 g wiegen (Spätwurf). Findet man nun eine solche Familie, dann ist es am besten, den gesamten Wurf mit dem Muttertier zu überwintern.

Bevor man solche Jungigel aufnimmt, wäre es sehr viel sinnvoller, dort, wo das Junge beobachtet wurde, **mit Hunde- oder Katzenfutter** aus der Dose **zuzufüttern**, besonders bei kalter Witterung. Bei Igeln ist besonders der Geruchssinn ausgeprägt und die Lerngeschwindigkeit ist bemerkenswert hoch. Sie finden daher ausgelegtes Futter sehr schnell und kommen dann jeden Abend.

Weiters sollte man Möglichkeiten zur witterungsgeschützten Überwinterung anbieten, wie Reisig- und Laubhaufen, Zugänge zu Hütten u. dgl. schaffen.
Jungigel überwintern oft auch zu mehreren (Geschwister) in einem Winterschlafnest, was wieder den Energieverbrauch senkt.

> **TIPP**
> **Gestalten Sie, um auch nachfolgenden Igelgenerationen einen geeigneten Lebensraum zu bieten, Ihren Garten mit Hecken, Blumenwiese, Versteckmöglichkeiten usw. reich an Nahrung und igelgerecht, dann werden Sie sich auch weiterhin an Ihrem Igel erfreuen können.**

Igelpfleger

Igel sind Wildtiere. Sie gehören nicht in Laienhände und sind **kein Kinderspielzeug**. Geborgene Igel, egal ob krank, verletzt oder verwaist, sollten möglichst bald einer darauf spezialisierten Pflegestelle übergeben werden. Das nächste Tierheim kann Sie sicher an eine derartige Adresse vermitteln.

Jugendentwicklung

Bei der **Geburt** wiegen Igel 11–25 g und haben eine durchschnittliche Länge von 5,5 cm. Die Stacheln sind vorerst nicht zu erkennen und brechen einige Stunden nach der Geburt durch. Sie sind weiß und werden als Primärstacheln (1. Generation, etwa 110 Stacheln, etwa 1 cm lang) bezeichnet. Sie haben ihr Wachstum mit 10 Tagen abgeschlossen und fallen im Alter von 40–50 Tagen wieder aus. An Lautäußerungen ist bald nach der Geburt ein schrilles Piepen zu hören.
Ab dem **5. Tag** beginnt, vorerst auf dem Rücken, die 2. Stachelgeneration zu wachsen, deren Spitzen weiß und der Rest dunkel ist. Sie umfasst bis zu 1 000 Stacheln, die durchschnittlich 1,1 cm lang sind. Ihr Wachstum ist mit 20 Tagen abgeschlossen und auch sie fallen im Alter von 40–50 Tagen wieder aus. Die 3. Stachelgeneration, die total pigmentiert, deren Spitze und Mitte jedoch leicht aufgehellt und deren Basis dunkel ist, beginnt zu wachsen. Sie umfasst bereits über 3 000 Stacheln, ihre durchschnittliche Länge beträgt 1,5 cm. Ihr Wachstum ist mit etwa 30 Tagen abgeschlossen, auch sie fallen wieder im Alter von 40–50 Tagen aus.

ABB. 80
***Jungigel** im Alter von etwa 10 Tagen.*
Sehr gut sind die rein weißen Primärstacheln zu erkennen. Die Stacheln der 2. Generation haben die Haut bereits durchstoßen und sind wenige Millimeter lang.

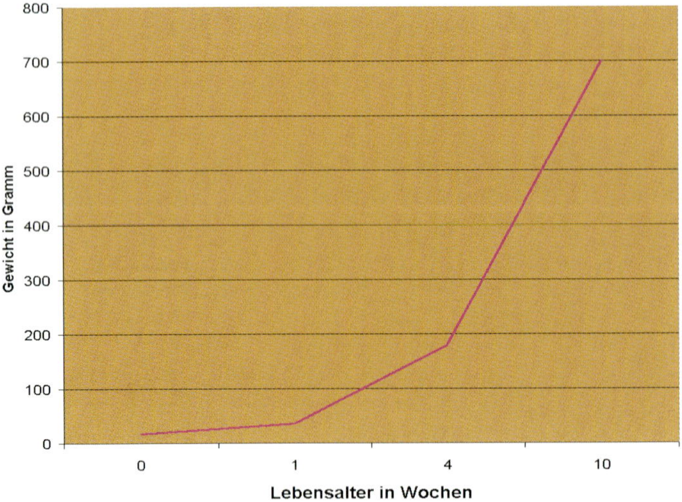

ABB. 81
*Durchschnittliche Gewichtsentwicklung beim **Igel**.*

Mit einem Alter von **7 Tagen** hat der Jungigel ein Gewicht zwischen 22 und 50 g erreicht. Nun ist frühestens „Selbstbespeicheln" zu beobachten.
Ab dem **8. Tag** sträuben sich die Stacheln, die Jungen beginnen zu keckern.
Ab dem **11. Tag** sind die Jungen in der Lage, sich einzurollen, beherrschen dieses Verhalten ab dem **16. Tag**. Mit **14–18 Tagen** öffnen sich die Augen, die durchschnittliche Länge beträgt jetzt 6 cm (mit 14 Tagen).
Mit Erreichen des **17. Tages** beträgt die durchschnittliche Länge nun 6,7 cm.
Die 2. Stachelgeneration beendet am **20. Tag** ihr Wachstum, das Dauerstachelkleid, das etwa 8 400 +/-300 Stacheln umfasst (Ostigel weniger), beginnt zu wachsen. Die Längen variieren von 15,4–17,4 mm und weisen dunkel-hell-dunkel-Binden auf. Die durchschnittliche Körperlänge beträgt bereits 7,8 cm.
Ab der **3. Woche** ist regelmäßig „Selbstbespeicheln" zu beobachten.
Ab dem **22. Tag** beginnen die Jungigel zeitweilig das Nest zu verlassen, auch untertags. Die durchschnittliche Länge beträgt 9,3 cm.
Ab dem **24. Tag** wird das Milchgebiss ersetzt, das aber teilweise noch eine Zeit lang funktionsfähig bleibt, es wird erstmals feste Nahrung (Regenwurm) aufgenommen.
Mit **25 Tagen** sollte eine durchschnittliche Länge von 11,3 cm erreicht werden.
Mit **4 Wochen** beträgt das Gewicht nun durchschnittlich 200 g.
Mit **29 Tagen** erreicht die Länge durchschnittlich 14,6 cm, mit **32 Tagen** bereits 19 cm.
Ab dem **40. Tag** fallen die Stacheln der 1., 2. und 3. Generation aus.
Mit spätestens **6 Wochen** ist das Ende der Säugezeit erreicht und die Jungigel sind ab diesem Zeitpunkt selbstständig. Mit **70 Tagen** haben Igel ein Gewicht von 600–800 g erreicht.

Aufzucht

ERNÄHRUNG

In freier Natur ernähren sich Igel, abhängig von der Jahreszeit, hauptsächlich von **Käfern** (Laufkäfer), **Raupen** von (Nacht-)Schmetterlingen und **Regenwürmern**. Daneben werden neben Gehäuse- und Nacktschnecken auch andere Arthropoden (Gliederfüsser) wie Tausendfüsser, Asseln und Spinnen gefressen. Obst wird jedoch kaum aufgenommen. Kleinere Igel sind in der Ernährung grundsätzlich auf kleinere Beutetiere angewiesen.

Igelmilch besteht aus 79 % Wasser, **10 % Fett**, 7 % Eiweiß und 2 % Kohlenhydraten (Lactose). Füttert man eine Ersatzmilch mit höherem Kohlenhydratanteil, dann führt das, da Igel den Milchzucker (Lactose) nicht aufschließen können und dadurch das Wachstum verschiedener Darmbakterien gefördert wird, zu Blähbäuchen und Durchfällen.

Da **Hundemilch** aus 78,3 % Wasser, **9 % Fett**, 8 % Eiweiß und 3,1 % Kohlenhydraten besteht, eignen sich daher Präparate zur Hundewelpenaufzucht sehr gut.

- Die beste Ersatzmilch ist **Esbilac** (Milchaustauschfutter für Hunde). Leider ist sie in Österreich nicht erhältlich. Man müsste sie in Deutschland besorgen. Es besteht aber auch die Möglichkeit, sie über den Verein der Igelfreunde in Salzburg zu beziehen. Eine Dose zu 340 g kostet etwa 300,– ATS. Auch **Welpi-Lac**, die in Tierhandlungen erhältlich ist, wäre geeignet.
- Eine Ersatzmilch, die ebenfalls bestens geeignet wäre, ist **Ziegenkolostralmilch**, aber sie ist ebenfalls nicht leicht aufzutreiben.
- Eine weitere Möglichkeit, die in fast jeder Tierhandlung erhältlich ist, ist **GIMPET Cat-milk** (Aufzuchtfutter für Katzen in Pulverform).

VORSICHT

Nicht zu verwechseln mit den Milchpackerln von O'Lacey's, Whiskas u. dgl., die in den Drogeriemärkten wie DM, BIPA oder Schlecker angeboten werden.

- Auch **Feline Milk Equivalent** (Waltham/Masterfoods), das man in der Apotheke oder beim Tierarzt bestellen kann, ist als Ersatzmilch geeignet. Die Zubereitung erfolgt wie bei GIMPET.

Weiters eignet sich **Aledin-Heilnahrung** oder **Humana-H** (Heilnahrung), die in Apotheken erhältlich sind, besonders für die Aufzucht von noch sehr kleinen Igeln, bis sie ein Gewicht von etwa 75 g erreicht haben, danach wird die Ernährung auf Esbilac oder Welpi-Lac umgestellt.

TIPP

Meistens werden solche Jungtiere **am Wochenende**, wenn keine Zoohandlung, Drogeriemarkt oder Apotheke offen hat, gefunden. Dann kann man notfalls auch **Maresi**, verdünnt mit Fencheltee im Verhältnis 1:1, angereichert mit etwas Schlämmkreide und einem Tropfen eines Vitaminpräparates, verfüttern.

Zubereitung:

Esbilac (Welpi-Lac) wird mit Fenchel- oder bei Blähungen mit Kümmeltee immer frisch angerührt (7 g Esbilac, 21 ml ungesüßter Tee, 0,5 ml Keimöl).

GIMPET Cat-milk: Genaue Dosierung beachten und mit Fencheltee anrühren, dazu eine Prise Schlämmkreide. Diese Mischung kann man jeweils bereits für den ganzen Tag vorbereiten und im Kühlschrank aufbewahren. Später wird die jeweilige Futtermenge herausgenommen und im Wasserbad handwarm erwärmt.

NIEMALS

Die Milchmischungen niemals kalt verfüttern!

Weiters kommen kurz vor der Fütterung 1 Messerspitze Enteroferment®, 1–2 Tropfen Hylak-Tropfen® und 1–2 Tropfen Vitamin B oder Catosal® hinzu (Näheres zu den Medikamenten im Anhang). Enteroferment® und Hylak-Tropfen® fördern die Verdauung und verhindern so Probleme, wie einen geblähten Bauch und Wundwerden im Afterbereich. Sie bringen die Milch aber zum Gerinnen, daher erst die spätere Zugabe.

Da die Igelmilch relativ viel Fett enthält, kann die Ersatzmilch allmählich durch **Zusatz von Keimöl, Schlag-** oder **Kaffeeobers** bzw. **Maresi** im **Fettgehalt angereichert** werden. Unverdünnte Kuhmilch hingegen führt zu breiig-wässrigem, schaumigem Durchfall und Darmentzündungen.

Umstellung auf feste Nahrung

Ab dem Ende der dritten Woche können der Milch faschiertes, mageres Rindfleisch und Avocados dazugemischt werden. Auch Igel-Insektenfutter (Fa. Claus), Hunde- und Haferflocken und Chappi Rind kann man in einer standfesten Futterschüssel schon anbieten. Die Umstellung von breiiger Kost, die aus kleinst geschnittenem Faschierten, Avocados, Bananen, Hühnerfleisch u. dgl. besteht, auf feste Nahrung, kann bereits bei einem Gewicht von 100–130 g erfolgen. Immer wieder anbieten, ohne Zwang auszuüben.

Regenwürmer und Schnecken

Da verschiedene Innenparasiten Regenwürmer und Schnecken als Zwischenwirte benutzen, sollte man sie nicht zu reichlich verfüttern. Andererseits ist es für die spätere Beuteerkennung wichtig, dass bereits der Jungigel Kontakt zu seinen späteren Beutetieren hat. Regenwürmer besorgt man sich am besten im Fischereigeschäft, dort gibt es auch verschiedene Größen.

Geeignete Ernährung für Igel ab 200 g

Mageres Rindfleisch, Fisch roh oder gekocht, die Gräten dabei klein schneiden oder sorgfältig entfernen, Topfen, Hunde- und Katzenfertigfutter, süßes, weiches Obst wie Birnen, Weintrauben, Zwetschken, Pfirsiche, Bananen, Rosinen, geschälte Hasel- und Walnüsse (besonders für magere und schwache Tiere), Äpfel nur in sehr geringen Mengen, Gemüse, das roh nicht verzehrt wird, ab und zu gekocht, Insekten, Gliedertiere wie Asseln und Tausendfüßler. Mehlwürmer sollten, da sie zu viel Fett und zu wenig Nährstoffe enthalten, nur sporadisch gegeben werden, Weizenkleie, Hippgemüse, Hippobst, Avocados, Kiwis, rote Rüben.
Hühnerfleisch, wegen der Gefahr einer Salmonelleninfektion **immer** nur **gekocht**; Eier niemals roh verfüttern, bevorzugt wird leicht gestockte Eierspeise. Hühnerherz, -leber und -magen nicht verfüttern, da das zu Durchfall führt.
Aber nicht jeden Tag die gesamte Palette anbieten, sondern in der Abwechslung liegt der Reiz. Auch das **käufliche Igelfutter** ist, obwohl es am bequemsten wäre, niemals Haupt- oder Aufzuchtfutter, sondern nur als Zusatz und Ergänzung gedacht. Bei diesen Futtermischungen sind vor allem die relativ niedrigen Protein- und Energiegehalte, die zum Teil marginalen Kalzium- und Phosphorkonzentrationen (insbesondere für Jungtiere) und die relativ hohen Gehalte an Rohfaser und N-freien Extraktstoffen zu bemängeln.

TIPP Ein Futter, das sehr gerne, auch von älteren Igeln, gefressen wird, besteht aus 100 g Rinderfaschiertem, 1 Hühnerei, 8 g Maiskeimöl, 10 g Weizenkleie, etwas Korvimin® H+K und Futterkalk. Dabei wird das Faschierte mit dem Ei und dem Öl leicht angebraten und anschließend mit den Mineralstoffen und der Weizenkleie vermischt.

Ernährungsvorschlag für Igel bei einem Gewicht von 800–1 200 g
1 Esslöffel Hundewurst, z. B. „Bello" oder Dosenfutter mit Rind, 1/2 Teelöffel geriebene Nüsse, 1/2 Teelöffel Haferflocken, 1/4 Teelöffel Futterkalk, dazu geschältes Obst

Bei **Fütterung mit Dosenfutter** kann der **Kot** ausgesprochen **übel riechend** sein, ist das der Fall, dann empfiehlt sich die Umstellung auf Faschiertes oder Hühnerfleisch.

VORSICHT

Igel verfetten bei bei übermäßiger Nahrungsaufnahme und zu wenig Auslauf **leicht**, was für das Tier ausgesprochen ungesund bis tödlich sein kann. Für einen Igel mit einem Gewicht von 1 kg genügt eine tägliche Nahrungsmenge von 1 bis 2 Esslöffel Futter.

Schlechten Fressern kann man das Futter durch Zusatz von Traubenzucker oder Honig schmackhafter machen. Igel sind aber im Bezug auf die Ernährung ausgesprochene Individualisten und wechseln oft ihren Geschmack, was sehr nervtötend sein kann.

Wichtig ist eine **Ausgewogenheit von weicher und harter Kost**, denn wenn die Nahrung zu weich ist, kommt es zu vermehrter Zahnsteinbildung mit Zahnfleischentzündungen, bei zu harter Kost wiederum nützen sich die Zähne zu stark ab. Um dem vorzubeugen, empfiehlt es sich, 1–2-mal wöchentlich gekochte Hühnerhälse und -flügel zum Abnagen anzubieten.
Ein **paar Tropfen Sonnenblumenöl** fettet fettarme Kost etwas auf und beugt übermäßigem Stachelausfall vor.

Vitaminbeigaben: 2-mal wöchentlich 1 Tropfen Vitamin D, 1-mal wöchentlich 10 Tropfen Vitamin C, täglich 3 Tropfen Vitamin B (Dosierung genau einhalten).

TIPP

Sollte bei **erwachsenen Igeln Durchfall** auftreten, dann hat sich **folgende Diät** bewährt: gekochter Reis, gekochte Teigwaren, mageres rohes Fleisch, gekochte Karotten, Bananen, überbrühter Zwieback und dazu Kamillentee oder dünner Schwarztee.

WICHTIG

Jungigeln ab einem Alter von 3 Wochen muss **ständig frisches Wasser** in kippsicheren Schalen zur Verfügung stehen!

FÜTTERUNG

Am besten eignen sich sich **Einweg-** oder **Insulinspritzen** ohne Nadeln, die in jeder Apotheke erhältlich sind. Auf den Konus kann ein Stück Fahrradventilschlauch geschoben werden. Besonders bei den Insulinspritzen bekommt man, da sie eine sehr feine Skalierung aufweisen, einen guten Überblick über die aufgenommene Milchmenge. Da die Milchreste sehr stark säuern, wäre es zur Vermeidung von Durchfällen sinnvoll, jeden Tag eine neue Spritze zu verwenden. Sind mehrere Igelbabys zu versorgen, dann sollte für jeden Wurf bzw. jeden Neuzugang eine eigene Spritze verwendet werden, um die anderen nicht mit Bakterien, Pilzen u. dgl. anzustecken.

Die **Jungigel trinken unter natürlichen Verhältnissen in Rückenlage** und führen dabei normalerweise mit ihren Pfoten den Milchtritt gegen das Gesäuge des Muttertieres aus. Auch bei der **künstlichen Aufzucht** trinken sie am besten, wenn sie auf dem Rücken, in der hohlen Hand, liegen. Der Daumen fixiert dabei das Igelchen.

TIPP **Bei Unterbrechungen ist es sinnvoll, die Spritze inzwischen verkehrt in ein Glas mit wärmerem Wasser zu stellen. Die Milch kühlt sonst zu schnell aus.**

Fütterungsintervalle: Bis sich Augen und Ohren geöffnet haben, verabreicht man kleinen Igeln **tagsüber acht** und **nachts zwei Mahlzeiten**. Schrittweise wird dann die Anzahl der Mahlzeiten reduziert und gleichzeitig die jeweilige Nahrungsmenge angehoben. Säuglinge mit einem Gewicht von 100 g werden nur noch 5-mal täglich gefüttert.
Die Säugezeit insgesamt beträgt in der Natur rund 4–6 Wochen.

Der **normale Säuglingskot** ist türkisgrün und besteht aus aneinander gereihten Knöllchen.
Bei flüssigem, schleimigem Kot kann das Beimengen von fein zerdrückter Tierkohle und Schwarztee helfen. Bei älteren, auf Normalkost umgestellten Igeln ist der Kot würstchenförmig.

Futtermenge pro Tag etwa 25–35 % des Körpergewichtes, das sind je nach Alter 1 Teelöffel bis 2 Esslöffel pro Fütterung.

NIEMALS **Die jungen Igel können nur jeweils kleine Mengen verdauen, daher niemals Zwang ausüben, dass sie mehr Nahrung aufnehmen.**

Gewichtszunahme: Junge Igel haben ihr Geburtsgewicht nach einer Woche in etwa verdoppelt (22–50 g) und nach einem Monat verzehnfacht (110–250 g), danach sollte die Gewichtszunahme etwas langsamer verlaufen. Im nahrungsreichen September und Oktober nehmen junge Igel im Freiland etwa 7 g/Tag, in der 1. Novemberhälfte nur mehr etwa 2 g/Tag an Gewicht zu, was auf das schlechtere Nahrungsangebot zurückzuführen ist.

WICHTIG **Bauch- und Analmassage**
Nach jeder Fütterung ist die Bauch- und Analregion mit einem gefalteten, halbierten Papiertaschentuch, das man 1 cm in warmes Wasser oder Kamillentee getaucht hat, zwischen den Hinterbeinchen leicht zu kitzeln. Dabei werden Harn und Kot abgegeben, was sehr wichtig ist!

KONTAKT ZUR „ERSATZMUTTER"

Obwohl vom Igel, laut LORENZ, nicht bekannt ist, dass sie wirklich spielen, ist doch der Kontakt zur „Ersatzmutter" sehr wichtig. **Kraulen, streicheln** Sie das Tier und lassen Sie es nach der Fütterung **Schoß sitzen**, damit es eine normale Umweltbeziehung aufbauen kann. Besonders wichtig wäre das bei Einzelaufzuchten, die möglichst vermieden werden sollten (siehe Fehlprägung). Mir wurde von einem „Wachhundigel" berichtet, der, obwohl er mit drei Geschwistern aufwuchs, später die Rolle des Wachhundes übernahm, dem Frauchen auf Schritt und Tritt folgte und bei Besuchen zur Tür lief und Haus und Hof verteidigte. Er biss auch schon den Briefträger und den Installateur ins Hosenbein. Wie es zu einem solchen Fehlverhalten kommt, ist nicht geklärt.

Fragen Sie lieber in Ihrem nächstgelegenen Tierheim nach, ob nicht irgendwo **ein weiterer Jungigel großgezogen** wird.

TIPP

SELBSTBESPEICHELN

Das ist bei Igeln eine auffällige Handlung. Nach Beknabbern bestimmter Gegenstände oder Einatmen gewisser Gerüche halten Igel den Kopf waagrecht, kauen und erzeugen im Maul schaumigen Speichel. Dabei arbeitet die Zunge und reinigt den Gaumen, der Schaumspeichel wird an der Brust abgesetzt, was sich mit zunehmendem Tempo wiederholt. **Die Bedeutung des Selbstbespeichelns** ist **bisher nicht geklärt**, diskutiert werden ein Überdecken des Eigengeruchs, Markierung, ein Zusammenhang mit dem Geschlechtsleben und eine Reinigung des Gaumens zur Freilegung des Jacobsonschen Organs, das ein zusätzliches Geruchssinnesorgan im Dach der Mundhöhle ist.

UNTERBRINGUNG

Igelbabys benötigen, wie Vogelnestlinge, vorerst eine **externe Wärmequelle**. Da die **Wärme am besten von unten** kommt, eignet sich dafür eine normale Wärmeflasche, die in ein Tuch eingeschlagen wird und bei jeder Fütterung und auch nachts neu zu füllen ist oder eine Wärmematte. Da diese Jungtiere sehr leicht austrocknen, darf das Ersatznest nicht zu heiß werden (max. 40° C). Mehrere Junge wärmen sich auch gegenseitig, sie kühlen dann nicht so leicht aus wie Einzelaufzuchten.

Ein derartiger Ersatz für das Wurfnest kann aus **Karton** bestehen oder ein **Korb** sein, als Unterlage und lockere Abdeckung genügt ein weiches Tuch.
Beginnen die Jungtiere herumzukrabbeln, brauchen sie vor dem Nest einen kleinen Auslauf (mindestens 1/2–1 m^2).

Lässt es die Jahreszeit zu, dann sollten Jungigel mit einem Gewicht von 220–250 g in einem nicht zu kleinen **Freigehege** untergebracht werden. Dort können sie jene Verhaltensweisen, die sie zum Überleben in freier Natur brauchen, wie z. B. die Nahrungssuche, ausbilden. Voraussetzung ist aber, dass man ihnen Käfer, Würmer, Schnecken u. dgl. auch anbietet. Nach 2–3 Wochen kann das Gehege dann geöffnet werden.

Erwachsene Tiere werden normalerweise ebenfalls in einem Freigehege gehalten. Bei Wohnungshaltung (Winter) benötigen sie ein **Schlafhäuschen aus starkem Karton** (30 x 25 x 20 cm mit einem seitlichen Eingang von 10 x 10 cm). Die Tiere bevorzugen engere Höhlungen und bauen auch in freier Natur ihr Nest z. B. unter einem Holzstapel. Im Sommer wird aber auch zeitweise ohne Nest in der Deckung geruht. Das Schlafhäuschen stellt man zwecks Isolierung gegen die Bodenkälte auf eine dicke Lage Pappe oder Zeitungspapier. Als Baumaterial für das Nest wieder Zeitungspapier, Heu, Stroh oder Laub anbieten. Alte Fetzen, Pullover u. dgl. scheiden wegen der Verletzungsgefahr, die von losen Fäden ausgeht, aus.

NIEMALS

Als Nestmaterial darf niemals Gersten- oder Roggenstroh angeboten werden. Die langen rauen Grannen verletzen Haut und Augen. Auch niemals Styropor, Plastik oder Sägespäne zum Isolieren verwenden, da ein Verschlucken ernstliche Folgen, bis hin zum tödlichen Darmverschluss, haben könnte.

Vor dem „Nest" muss der Igel **Gelegenheit zum Auslauf** haben, die Größe soll **mindestens 2 m²**, aber eher mehr, betragen. Die Wände dürfen für den Igel nicht zu überklettern sein (Höhe mind. 40 cm). Drahtgeflecht ist wegen der Verletzungsgefahr abzulehnen, besser ist es, Holz zu verwenden. In den Auslauf sollte man wenige verschiedene Gegenstände, wie einen Karton, einen alten Schuh, eine mit Laub gefüllte Toilettenpapierrolle usw. geben, mit denen sich der Igel in der Nacht beschäftigen kann. Auch ausgeblasene Eier und runde Kieselsteine werden oft stundenlang über den Boden gerollt.

Bei Überwinterung soll die Bodentemperatur Tag und Nacht mindestens 18° C betragen, da sonst das Futter verweigert wird, die Raumtemperatur maximal 22° C, die Luftfeuchtigkeit etwa 50 %. Temperaturen unter +16° C veranlassen normalerweise das Tier, ein Winterschlafnest zu bauen.

Igel sind Einzelgänger, pro solcher Behausung ist daher nur ein Tier zulässig. Eine Ausnahme bilden Geschwisteraufzuchten, der Auslauf müsste in diesem Fall aber dementsprechend vergrößert werden.

NIEMALS **Zur Unterbringung völlig ungeeignet sind Badewannen, Plastikbecken, Aquarien, Terrarien, Obstkisten, Fensterkisterl u. dgl. Das ist Tierquälerei!**

ÜBERWINTERUNG

Erreicht ein Jungigel während des Winters noch über 500 g und lässt er die **Bereitschaft zum Winterschlaf** erkennen, was sich in einer **wachsenden Lethargie**, die aber auch durch eine zu geringe Bodentemperatur (unter +16° C) hervorgerufen sein kann, und **vermehrter Nestbautätigkeit** äußert, dann kann man versuchen, das Tier im Haus zum Winterschlafen zu bringen. Auch mehrtägiger Nahrungsentzug erhöht die Winterschlafbereitschaft.

Im Winterschlaf fällt die Körpertemperatur, die normalerweise zwischen 35 und 36° C liegt, auf Werte zwischen +1 und +8° C, abhängig von der Umgebungstemperatur. Die Herzschlagrate fällt dabei von 200–300 auf etwa 5 Schläge/min ab, die Atemfrequenz, die beim aktiven Tier 40–50 Atemzüge pro Minute beträgt, fällt auf 1–2 Atemzüge/min. Der Energieumsatz eines winterschlafenden Igels an einem Tag entspricht, die Abkühlungs- und die Erwärmungsphasen eingerechnet, nur etwa 10 % des aktiven Tieres, d. h. 10 Tage Winterschlaf benötigen dieselbe Energie wie ein Tag mit normaler Aktivität bzw. Körpertemperatur.

Alle 5–10 Tage erwärmen sich winterschlafende Igel um mehr als 30° C, um dann wieder abzukühlen. Die Ursache für diese periodischen Aufwärmphasen sind noch nicht bekannt. Auch Murmeltiere erwärmen sich in solchen periodischen Abständen. Die Annahme, dass die Füllung der Blase der Anlass ist, hat sich als falsch herausgestellt.

Vorerst bringt man den Igel in einer **größeren Winterschlafkiste** (siehe Abb. 82), in der er sich mit sehr viel Baumaterial ein dicht gefülltes, warmes Nest bauen kann, in einem kühleren Raum, in dem etwa +12–14° C herrschen, unter. Auch dort muss er im Auslauf Wasser und Futter vorfinden, mehrtägiges Fasten ist vor dem Winterschlaf aber nicht ungewöhnlich.

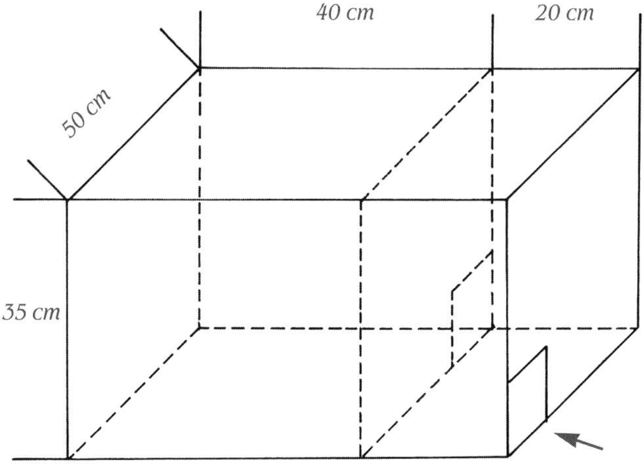

ABB. 82 *Schematische Darstellung einer solchen* ***Winterschlafkiste*** *mit versetztem Eingang. Größe des Schlupfloches etwa 15 x 15 cm.*

Hat der Igel nun ein gut isoliertes Winterschlafnest gebaut, dann wird der Karton in einen kalten, trockenen und belüftbaren Raum gestellt. Geeignet wären dazu unbeheizte Kellerräume, aber auch schattenseitige, überdachte Terrassen, Balkone oder Schuppen, die aber **rattensicher** sein müssen. Die Temperatur darf durchaus unter 0° C fallen, das „Nest" soll dann aber schon sehr gut isoliert sein. Vorsichtshalber kann man noch einen Karton darüberstülpen, der wieder mit Heu, Stroh oder Laub befüllt wird. Der Igel muss jedoch noch immer die Möglichkeit haben, ins Freie zu gelangen.

NIEMALS

Die obere Temperaturgrenze darf +5° C niemals überschreiten, da die Tiere zwischen +8 und +16° C meistens in einen stark kräftezehrenden Dämmerzustand verfallen, in dem sie verhungern. Deshalb an keinen Örtlichkeiten überwintern, die südseitig gelegen sind und von der Wintersonne zu sehr erwärmt werden.

Auch vor dem Winterschlafnest muss ein Auslauf mit Trinkwasser und etwas Nahrung, wie Trockenfutter, zerkleinerten Nüsse und ungeschwefelten Rosinen, stehen. Danach muss nur noch regelmäßig, mehrmals wöchentlich, kontrolliert und Wasser und Nahrung ausgewechselt werden. Sollte der Igel aufwachen und ans Futter gehen, muss man neues Futter anbieten und täglich kontrollieren. Sollte er die Nahrung auch weiterhin annehmen, dann hat er den Winterschlaf abgebrochen. In diesem Fall ist er wieder in einen warmen Raum zu bringen und über den Winter durchzufüttern, was ihm nicht schadet.

Der Zeitpunkt, wann winterschlafende Igel im Frühjahr wieder aufwachen, wird von der Außentemperatur beeinflusst. Normalerweise dann, wenn diese Werte längere Zeit über +10° C liegen.

AUSWILDERUNG

Die Freilassung überwinterter Igel sollte, je nach klimatischer Lage, **Ende April/Anfang Mai** in einer **kleinräumig strukturierten Landschaft**, wie einem Heckenzug oder an einem Bachlauf, möglichst nicht direkt neben einer Straße, erfolgen. Manche Igelpfleger sind der Meinung,

dass nur eine Auswilderung über ein Freigehege, in dem sich das Tier über mehrere Tage auf die veränderten Bedingungen einstellen kann, vertretbar ist. Von Vorteil ist es aber auf jeden Fall, am Freilassungsort noch einige Tage Futter anzubieten, mit dem der Igel vertraut ist. Wobei die Akzeptanz aber sehr von der im Freiland verfügbaren Nahrung abhängt. Auch sollte man vor der Freilassung Regenwürmer, Asseln und wenige Mehlwürmer verfüttern.
Verschiedene Studien haben sich damit beschäftigt, ob sich solche, über den Winter gepflegte Igel wieder erfolgreich in die Natur integrieren können. Alle sind zu dem Schluss gekommen, dass sich die Tiere innerhalb kurzer Zeit wieder selbstständig durchbrachten. Abweichungen im Verhalten konnten nicht bestätigt werden. Auch die Angst, wildlebende Igel könnten ihren Schützling abdrängen, ist unbegründet. Igel verteidigen kein Territorium.

WICHTIG Auch hier gilt: **Schaffen Sie Versteck-, Wurf- und Überwinterungsplätze, verzichten Sie auf chemische Insekten- und Schneckengifte, dann werden Igel auch in Zukunft unsere Landschaft besiedeln.**

Erste Massnahmen

Igel sind von verschiedenen **Parasiten** (Endo- und Ektoparasiten) **besiedelt**, die bei Pflegefällen behandelt gehören. Aber fangen Sie bitte keine wild lebenden Igel ein und bringen sie zum Tierarzt. In der Natur besteht nämlich bei gesunden Wildigeln, wie bei allen Wildtieren, ein konstantes Wirt-Parasit-Verhältnis, das sich vor allem erst bei Krankheit u. dgl. zu Ungunsten des Wirtes verschiebt. Auch ein **letztes Entwurmen vor der Freilassung im Frühjahr ist ein Problem**, da sich der Igel durch Fressen infizierter Schnecken und Würmer nach wenigen Tagen wieder ansteckt, was dann, da bei dem Tier das Abwehrsystem gegen solche Parasiten beeinträchtigt ist, zu Durchfällen und Gewichtsabnahme führen kann.
Schon aus diesem Grund ist eine fachliche Pflege vorzuziehen. Die für den Laien sehr genauen Angaben im **Igel Brevier** von Walter Poduschka et. al. dürfen keinesfalls als Anleitung zur Selbstmedikation erkrankter Igel verstanden werden, diese ist dem Tierarzt vorbehalten. Ein Teil der Ratschläge zum Kapitel **Igel** stammen aus diesem Igel Brevier.

Ektoparasiten (leben auf dem Körper)

Nach dem Abwiegen wird das Tier gründlich auf **Verletzungen** untersucht. In derartigen Wunden werden im Sommer sehr oft **Fliegeneier** bzw. bereits **-maden** gefunden, die man gründlich mit einer Pinzette ablesen muss. Sitzen sie in den Ohren, dann hat sich das Einträufeln von **einigen Tropfen Betaisodona®** (Apotheke) bewährt. Das Mittel bringt die Maden zum Herauskriechen und hat außerdem eine antibiotische Wirkung. Auch kann es verdünnt mit Wasser (1:3) dazu verwendet werden, verschmutzte, verkrustete bzw. eitrige Wunden aufzuweichen und zu desinfizieren. Nach der Reinigung erfolgt die Versorgung mit einem geeigneten Wund- oder Heilsalbenpräparat, was ja meist in der Hausapotheke vorhanden ist, wie Bepanthen®- oder Pantothen®-Salbe, bei einer bestehenden Infektion empfiehlt sich eher Baneocin®- oder Betaisodona®-Salbe. Wie aber die Erfahrungen zeigen, sterben die meisten Igel, die bereits von Maden befallen sind.

Zu den Ektoparsiten gehören auch **Flöhe, Zecken und Milben**. Wirtsspezifische Flöhe (Igelflöhe) saugen meist nur bei Igeln, können aber auch beim Menschen saugen. Allgemeine Säugerflöhe können auch eventuell vorhandene Hunde und Katzen befallen, also Vorsicht.

Zecken werden, soweit möglich, mechanisch mit einer Pinzette entfernt. Aber geben Sie Acht, dass sie keine Zitze erwischen. Bei Flöhen, Zecken und Milben hat sich die Behandlung mit Antisectol® (Richter-Pharma, Wels), Ektovet-Flohpulver® (Richter-Pharma, Wels), Ivomec® (Pasteur Merieux) oder Dectomax® (Pfizer) bewährt. Weiters hat Ihr Tierarzt sicher andere, gleichwertige Präparate zur Verfügung.

Stark geschwächte oder unterkühlte Igel, die man daran erkennt, dass sie apathisch sind, nur wenig Abwehrreaktionen zeigen und sich kaum einrollen, sollten vor einem eventuellen Reinigungsbad auf einer Wärmeflasche aufgewärmt werden.

Erkrankungen und deren Symptome

Aus der großen Zahl möglicher Erkrankungen kann ich hier nur auf einige wenige näher eingehen. Sollte Ihr Pflegling Abweichungen im Verhalten zeigen, wenden Sie sich an Ihren Tierarzt.

Stachelausfall: Ein geringer Stachelausfall ist normal und mit einem Haarwechsel zu vergleichen. Stärkerer Ausfall kann neben einem Milbenbefall auch Mangel an Vitaminen, Spurenelementen oder essenziellen Fettsäuren als Ursache haben. Zur Medikation eignen sich z. B. Combionta-Dragees®. Auch Mangel an Vitamin-A oder Vitamin-H ruft Stachelausfall hervor. Dagegen hilft z. B. Murnil®. Gegen einen Mangel an essenziellen Fettsäuren helfen einige Tropfen Sonnenblumenöl im Futter.

VORSICHT

Ein Problem, das bei Igeln vorkommt, die frei in der Wohnung herumlaufen, sind **abgeschnürte Zehen oder Füße**. In den Ecken liegende Menschenhaare verkleben mit Kotresten und führen so zum Abschnüren. Die betroffene Extremität schwillt stark an und sieht glasig aus. Oft kommt es zu einer eitrigen Infektion. Die Behandlung sieht so aus, dass man mit einer feinen Schere und einer Pinzette sämtliches Abschnürmaterial entfernt und die Wunde daraufhin nach einer gründlichen Säuberung antibiotisch, wie z. B. mit Betaisodona®-Salbe, versorgt. Bei einem Igel, der sich zur Abwehr zusammenrollt, ist das gar nicht so einfach, besser regelmäßig staubsaugen.

Besonders gegen Ende des Winters kann **Appetitlosigkeit** auftreten, die auf einen Vitamin-C-Mangel zurückzuführen ist. Dagegen hilft Ascorbin Vitamin C® Sirup, drei Tage täglich 10 Tropfen, danach wöchentlich 1 x 5 Tropfen.

Durch das leider immer noch praktizierte Verbrennen von Laub- und Reisighaufen, Böschungen und Feldrainen kommt es immer wieder zu **Brandverletzungen**. Die Therapie besteht darin, dass man, nachdem sich die verschmolzene Hornmasse der abgebrannten Stacheln löst, das Subkutanfett abträgt und die Wunde mit reichlich Brandsalbe versorgt. Diese Behandlung aber bitte den Tierarzt durchführen lassen.

Giftresistenz beim Igel

Vom Igel weiß man, dass verschiedene Gifte erst bei viel höheren Dosen, aufgerechnet auf das Körpergewicht von z. B. Meerschweinchen und auch Menschen, zum Tod führen.

Immer wieder wird diskutiert, ob dem Igel Schneckenkorn (Metaldehyd) schadet oder nicht. Versuche haben gezeigt, dass er den Köder selbst offenbar nicht annimmt, aber wie ist das mit vergifteten Schnecken? Die Meinungen gehen jedenfalls auseinander. Durch die Anwendung chemischer Schneckenvertilgungsmittel und Insektizide gefährdet man Vögel, Kleinsäuger, Hunde und Katzen. Man sollte darauf verzichten, nicht nur, wenn ein Igel den Garten bewohnt.

Endoparasiten (leben im Körper)

Eine Therapie würde ich nur aufgrund einer gesicherten Diagnose durchführen.
Die **wichtigsten Endoparasiten** beim Igel wären der **Igel-Lungenwurm** *Crenosoma striatum*, der **Lungenhaarwurm** *Capillaria aerophila*, **Darm-Haarwürmer** *Capillaria sp.*, **Rollschwänze** *Spirurida*, **Kratzer** *Acanthocephala*, der **Darm-Saugwurm** *Brachylaemus erinacei*, **Bandwürmer** *Hymenolepsis erinacei* u.a. und **Coccidien**. Die Beschreibung der einzelnen Arten, die spezifischen Symptome und die Nachweis- bzw. Therapiemöglichkeiten würden diese Publikation sprengen. Wenden Sie sich daher vertrauensvoll an Ihren Tierarzt.

Fledermäuse

Die Unterordnung **Microchiroptera** Fledermäuse in der Ordnung **Chiroptera** Fledertiere ist in Österreich durch zwei Familien vertreten: den *Rhinolophidae* Hufeisennasen mit der Gattung *Rhinolophus* und den *Vespertilionidae* Glattnasen mit den Gattungen *Myotis, Nyctalus, Eptesicus, Vespertilio, Pipistrellus, Plecotus, Barbastella* und *Miniopterus*. Zu den einzelnen Arten sei auf die Bestimmungsliteratur verwiesen. Bei der Zuordnung zu einem speziellen Nestlingstypus tut man sich schwer, ich würde sie als Platzhänger bezeichnen.

Dieses Kapitel über die Fledermäuse beruht zu einem Großteil auf der Publikation **„Das Fledermausbrevier"** von **Dr. Jürgen Gebhard**, Basel. Näheres zu dieser Publikation (Bezugsquelle) ist am Ende des Artikels angegeben.

WICHT!G Auch Fledermäuse, in Mitteleuropa kommen etwa 25 Arten vor, kommen oft in menschliche Obhut. Aber da sie besonders **heikle und anspruchsvolle Pfleglinge** sind und kaum einer nähere Einblicke in ihre Biologie und Ökologie hat, stirbt ein Großteil der Tiere. Die behandelten Probleme werden Ihnen zeigen, dass die Diagnose und Therapie bei verunglückten Fledermäusen oft schwierig ist und es daher besonders wichtig wäre, dass die gefundene Fledermaus ohne unnötige Verzögerung **in fachliche Pflege** kommt.
Adressen, an die Sie sich in Österreich oder in der Schweiz wenden können, sind im Anhang angeführt.

Zu Verletzungen kommt es vor allem durch den Straßenverkehr und durch Katzen, manche Tiere verfliegen sich in Gebäuden, liegen lethargisch auf Parkplätzen, andere wiederum werden im Winter durch Fällen des Winterschlafbaumes gestört und junge, noch flugunfähige Jungtiere liegen unter den Wochenstuben. Sie sehen, die **Probleme sind mannigfaltig**. Ich werde daher versuchen, nicht nur die Jungenaufzucht, sondern auch andere Aspekte des Fledermausschutzes zu behandeln. Leider würde eine umfassende Bearbeitung dieses Kapitels diesen Ratgeber bei weitem sprengen, daher muss ich mich dabei auf Grundsätzliches beschränken.

Wie greift man eine Fledermaus richtig an und wie transportiert man sie?

Man umschließt mit der ganzen Hand das Tier locker, das sich dadurch wie in einem dunklen Gewölbe sicher fühlt. Bei zu festem Griff erregt sich die Fledermaus zu stark, was unter Umständen zu einer Überhitzung und innerhalb weniger Minuten zum Tod führen kann. Besser ist es, das Tier nicht in der Hand, sondern in einem **Stoffsäckchen**, das nicht fasert, einem **Karton**, bei dem man, da Fledermäuse Ausbruchskünstler sind, auf Luftlöcher verzichten soll, oder in einer **Plastikdose** mit sehr kleinen Luftlöchern, Durchmesser unter 5 mm, zu transportieren. Als Einlage für Karton oder Dose wieder ein Stück nichtfasernden Stoff verwenden, wo sich die Fledermaus in den Falten verkriechen kann. In einer dunklen Schachtel beruhigen sich die Tiere, die vorher laut geschrieen haben, wieder schneller.

NIEMALS

Sehr gefährlich für Fledermäuse ist das Halten an einem Flügel. Flattern die Tiere herum, brechen die empfindlichen Knochen sehr leicht. Solche Verletzungen sind dann sehr oft nicht zu heilen.

Bissverletzungen

Wenn sich Tiere, egal welche Arten, ängstigen, dann beißen sie oft zu. Auch bei Fledermäusen ist das nicht anders, selbst kleine Arten **können kräftig zubeißen**. Hat man davor Angst bzw. noch keine Erfahrung im Umgang mit diesen Tieren, dann wäre es vernünftig, Handschuhe anzuziehen oder noch einfacher, über die Fledermaus ein Tuch zu legen und das Tier mitsamt dem Tuch aufzunehmen. Mit einiger Erfahrung gelingt es auch verängstigte und daher sehr bissige Fledermäuse so in der Hand zu halten, dass es ihnen nicht gelingt, in die Finger zu beißen. Dabei muss einer der Finger immer nahe dem Unterkiefer bleiben und mit einem anderen Finger ein leichter Gegendruck von oben stattfinden.

Die erste Diagnose

Gefangene Fledermäuse reagieren sehr unterschiedlich, was vom Gesundheitszustand und auch von der Art abhängig ist. Tieren, die ständig schreien, sollte man eine kleine Beruhigungpause, in der man nicht mit ihnen herumhantiert, gönnen. Einfach locker in der Hand halten oder auf ein Tuch setzen. Wenn sie sich dann fortbewegt, kann man die äußere Erscheinung, wie Fell, Augen, Flughaut, Knochenbrüche usw. gut beurteilen. **Grundsätzlich sind eine hohe Abwehrbereitschaft, eng an den Körper gehaltene Flügel, geöffnete, nicht verklebte Augen, Haltereflexe mit den Hinterbeinen und ein sauber wirkendes Fell vorerst ein gutes Zeichen.**

Aufpassen muss man allerdings, dass sich die Fledermaus nicht in irgendwelchen Schlupflöchern verkriechen kann. Eine Nachsuche kann enorm aufwendig sein, nicht gefundene Tiere vertrocknen und werden oft erst nach Jahren entdeckt.

Die Fledermaus bewegt sich nicht

Das kann mehrere Gründe haben. **Auch gesunde Tiere senken während des Tages und im Winterschlaf ihre Körpertemperatur ab, um Energie zu sparen, sie werden lethargisch.** Wirkt aber die in die Hand genomme Fledermaus schlaff, werden die Flügel nicht straff

gehalten, sind sie entweder dicht am Körper oder steif geöffnet und sind keine Bewegungsreflexe vorhanden, dann stirbt das Tier bereits bzw. ist es schon tot.
Hat man bereits Erfahrung in der Pflege dieser Tiere, kann versucht werden, die Körpertemperatur, die bei voller Aktivität etwa bei 38–40° C liegt, auf Normalwerte zu bringen, z. B. mit einem Taschenofen oder eine Wärmeflasche. Nur bei normaler Temperatur beginnt ein möglicher Heilungsprozess. Soll die Fledermaus aber in fachliche Pflege kommen, ist es oft besser, das Tier vorerst in seiner energiesparenden Lethargie zu belassen.
Bei Aufwärmversuchen wieder so unterbringen, dass kein Entkommen möglich ist. Vorher bewegen sich Fledermäuse kaum und wenn sie dann aufgewärmt sind, verschwinden sie in den kleinsten Ritzen.

Erste Hilfe

Fledermäuse trocknen sehr leicht aus, besonders Arten mit dünnen Flughäuten, wie sie z. B. bei den Gattungen Myotis und Plecotus typisch sind. Auch im Winter, wenn die Luft trocken ist, sind sie gefährdet. Oft liegt ein verunglücktes Tier bereits einige Zeit in der Sonne und beim Hantieren steigt durch die stressbedingte erhöhte Atemfrequenz der Flüssigkeitsverlust weiter an.

NIEMALS **Als erste Maßnahme sollte das normal temperierte Tier immer einige Tropfen Wasser erhalten. Am besten den Wassertropfen mit einem Hölzchen seitlich am Mundspalt applizieren. Vorsicht, dass nichts in die Nase gelangt. Im Normalfall nimmt das Tier das Wasser mit auffälligen Zungenbewegungen auf. Anfangs nur wenige Tropfen verabreichen, nach einer Pause von 15 Minuten wieder einige Tropfen.**

Anfängliche Unterbringung

Als Unterbringung, wenn man die Fledermaus z. B. zum Tierarzt bringt, eignet sich ein **Stoffsäckchen**, das aus nichtfaserndem Material besteht. Darin können auch mehrere Tiere gleichzeitig untergebracht werden.
Möglich ist auch ein **Plastikbehälter** mit mehreren kleinen Luftlöchern, Durchmesser unter 5 mm, ungefähres Maß etwa 15 x 15 x 20 cm. In den Deckel wird ein Papiertaschentuch eingeklemmt, an das sich die Fledermaus hängen kann.
Benützen kann man auch eine **Kartonschachtel** ohne Luftlöcher, die wirklich gut schließen muss. Fledermäuse sind in der Lage, durch Spalten von 5 mm zu entweichen. Oft wird aber der Gesundheitszustand des Tieres so schlecht sein, dass man es problemlos auch ohne Deckel transportieren könnte, aber Vorsicht ist besser. In die Schachtel wird ein nichtfaserndes Tuch gelegt.
Bis weitere Entscheidungen über den Verbleib des Findlings getroffen sind, muss er an einen sicheren und ruhigen Ort gestellt werden. Besonders wichtig ist auch die klimatische Situation. Besser ist es nämlich, da bei höheren Temperaturen auch alle Lebensfunktionen rascher ablaufen, **das Tier eher kühl zu stellen**. Eine erhöhte Stoffwechselrate führt auch zu schnellerer Atmung, was wiederum die Austrocknung beschleunigt.

Das Herumzeigen

Für viele Menschen, die ja sonst keinen Kontakt mit Fledermäusen haben, ist der Fund eines verunglückten oder jungen Tieres ein bemerkenswertes Ereignis, das sie mit möglichst vielen Freunden, Nachbarn usw. teilen möchten. Der Stress solcher dauernden Manipulationen, jeder will das Tier ja kurz angreifen oder die ausgestreckten Flügel sehen, kann zur lebensgefährlichen Tortur für den Pflegling werden. Also bitte keine Besichtigungstouren!!

Auch sind Fledermäuse kein Kinderspielzeug! **WICHTIG**

Jung oder bereits erwachsen, welche Art?

Fledermäuse sind kleine Tiere. Besonders Zwergfledermäuse werden aufgrund ihrer geringen Größe oft für Jungtiere gehalten. Bei ganz jungen, noch nackten Tieren ist die Altersbestimmung einfach. Ältere Junge, die bereits ein Fell entwickelt haben und kurz vor dem Erreichen der Flugfähigkeit stehen, sind durch die Größe nicht mehr zu unterscheiden. Bei ihnen erkennt man mit einiger Erfahrung am geöffneten Flügel im Gegenlicht an den Fingergelenken auffällig helle, lichtdurchlässige Wachstumszonen. Nichtflugfähige Jungtiere treten nur in den Monaten Juni, Juli und August auf.

Die **Artbestimmung ist vorerst nicht wichtig.** Später ist sie für die korrekte Betreuung bei Spezialisten notwendig, für eventuelle Schutzmaßnahmen und als Verbreitungsbeleg an den regionalen Naturkundemuseen. Gute Unterscheidungskriterien sind die Unterarmlänge und die Ohrform. Oft unterscheiden sich die Arten auch in der Größe, in der Form der Schwanzflughäute, der Färbung und die Hufeisennasen in der Form der Nasenaufsätze. Aber auch für Spezialisten ist die genaue Bestimmung am lebenden Tier oft nicht einfach. Brauchbare Literatur ist im Anhang (Weiterführende Literatur) angegeben.

Knochenbrüche und Amputationen

Auch **Frakturen der großen Flügelknochen** kommen immer wieder vor. Obwohl die Verletzungen vorerst relativ harmlos aussehen, kommt es doch in der Folge zu Komplikationen. Chirurgische Versorgung kommt aufgrund der Kompaktheit der Knochen auch nicht in Frage und wäre als Tierquälerei abzulehnen. Auch Brüche am Rumpfskelett und des Kiefers sind nicht zu behandeln und die Tiere daher einzuschläfern.

Heilungschancen gibt es allerdings bei **Brüchen im distalen Handgelenk** (Finger) und in den **Beinknochen.** Dabei muss das Tier ohne Schienen oder Verbände bei guter Versorgung mit Futter und Wasser warm gehalten werden. Der Behälter muss klein sein und das Tuch eine vertikale Falte aufweisen, damit das Tier nicht unnötig herumklettert. Aber nicht immer ist der Pflegling nach der Abheilung auch in freier Natur wieder überlebensfähig. Man muss sich dann überlegen, wo er dauernd untergebracht werden kann.

Es wurden schon **Amputationen** bei Fledermäusen durchgeführt und teilweise überlebten die Tiere auch als „Fußgänger". Die Frage ist, ob eine solche Vorgangsweise gerechtfertigt ist. Meiner Meinung nach erspart ein schneller Tod dem späteren Dauerpatienten viel Qual.

Haut- und Fleischwunden, zerfetzte und ausgetrocknete Flughäute

Nicht zu große Wunden haben gute Heilungschancen. Außer einer desinfizierenden Wundreinigung soll man auf Salben und Puder verzichten, da die Tiere versuchen, solche Medikamente mit der Zunge abzuschlecken bzw. zuerst mit dem Hinterfuß abkratzen und dann oral aufnehmen. Was sich aber bei Entzündungen bewährt hat, ist eine antibiotische Augensalbe.

War die Wunde nur klein und das Tier zeigt sonst keine Symptome, dann kann z. B. ein Katzenopfer in der warmen Jahreszeit sofort wieder freigelassen werden. In den meisten Fällen wird aber, um die Heilung kontrollieren zu können, eine längere Haltung in Gefangenschaft nötig sein. **Zerfetzte bzw. löchrige Flughäute** werden in den überwiegenden Fällen durch Beutegreifer wie Katzen, Eulen und Greifvögel verursacht, daneben kommen auch Anfliegen an Antennen, Baumästen und Stacheldraht, Austrocknung und Parasitenbefall in Frage. Obwohl die elastische und gut durchblutete Flughaut erstaunlich regenerationsfähig ist, dauert es selbst bei kleinen Löchern mehrere Monate bis zu einem Jahr bei einem großen Riss, bis die Wunde verheilt ist. Kleinere Löcher bis zu mehreren Millimetern im Durchmesser sind nichts Ungewöhnliches, behindern die Flug- und Jagdfähigkeit nicht und brauchen keine Behandlung, das Tier ist sofort wieder freizulassen. Werden bei **einem Riss** aber **auch Knochen freigelegt**, dann ist die **Prognose nicht günstig**. Das frei liegende Knochenstück stirbt ab, bricht und wird von der Fledermaus abgeknabbert. Wenn nur ein einzelner Fingerknochen davon betroffen ist, kann die Flugfähigkeit erhalten bleiben, da der benachbarte Finger dessen Stützfunktion übernimmt. Anders sieht es bei Beteiligung von Ober- und Unterarm aus. Solche Tiere bleiben Dauerpatienten, eine Euthanasie würde dem Tier viel ersparen.

Vergiftungen, Tollwut und andere pathologische Symptome

Da Fledermäuse im Verhältnis zu ihrem Körpergewicht große Mengen Arthropoden (Gliederfüßer) erbeuten, reichern sie in ihrem Körperfett verschiedene Giftstoffe an, die zur Bekämpfung ihrer Beutetiere, z. B. in Obstplantagen, ausgebracht wurden. Magert nun eine solche belastete Fledermaus ab, gelangen die Gifte in den Kreislauf, was u. a. Lähmungen hervorrufen kann. In einer Wechselwirkung mit akutem Nahrungsmangel, Parasitenbefall und eventuell auch mit sozialem Stress, kann die Toxizität für das Tier dramatisch werden. Über eine Therapie gibt es nur wenige Kenntnisse, eine genaue Diagnose lässt sich nur am toten Tier stellen.

VORSICHT **Fledermäuse können Tollwut übertragen, aber das können alle anderen Säugetiere, Greifvögel und Eulen auch. In Österreich ist bisher kein Krankheitsfall belegt, in der Schweiz sind erst zwei Fälle nachgewiesen. Eine Diagnose am lebenden Tier ist nicht möglich, da es diesbezüglich kein sicheres Symptom gibt. Allerdings ist eine in Bedrängnis geratene, sich heftig wehrende und zornig schreiende Fledermaus noch lange nicht tollwütig. Das beste wäre, sich nicht beißen zu lassen.**

Über andere Erkrankungen weiß man noch viel zu wenig. Daher ist es vor allem wichtig, den Pflegling genau beobachten zu lernen, um auf Abweichungen vom normalen Verhalten sofort reagieren zu können. Ist das Tier hungrig, vollgefressen oder trächtig, lethargisch, geschwächt oder sogar beides? Wenn es nicht frisst, kann es defekte Zähne, einen gebrochenen Kiefer oder eine Vergiftung haben. Eventuell sind auch Endoparasiten die Ursache.

Parasiten

Fledermäuse beherbergen, wie alle Wildtiere, eine **große Zahl** von **Endo- und Ektoparasiten.** Im Normalfall kann der Wirt mit diesen Tieren leben. Verschiebt sich das Verhältnis, etwa durch eine Hungerperiode, eine Infektion oder starken Befall, kann es zu lebensbedrohlichen Zuständen, wie z. B. zu Hautschäden, Verstopfung oder Durchfällen, kommen. **Auf dem Körper**

(Ektoparasiten) kommen Fledermausflöhe und -fliegen, Wanzen, Milben und Zecken vor. Die Beschreibung der einzelnen Parasiten würde den Umfang dieser Publikation sprengen, aber Ihr Tierarzt wird Ihnen sicher die richtige Medikation verschreiben. Im Fledermausbrevier sind die verschiedenen Parasitenarten beschrieben.
Als **Endoparasiten** kommen verschiedene Würmer vor. Aber auch auf diesem Gebiet sind viele Fragen noch unbeantwortet.

NIEMALS

Manipulationen an lethargischen Fledermäusen
In der Lethargie ist zwar die Körpertemperatur abgesenkt, aber alle akustischen, taktilen, olfaktorischen und optischen Reize werden vom Tier im vollen Umfang registriert. Daher darf ihre momentane motorische Hilflosigkeit bei schmerzhaften Eingriffen nicht missbraucht werden. Der Tierarzt hat geeignete Methoden der Narkose.

Einschläfern oder Pflegefall

Solange das Tier noch frisst und trinkt, bestehen grundsätzlich Heilungschancen. Da Fledermäuse, im Gegensatz zu anderen Kleinsäugern, wie z. B. den Spitzmäusen, eine **hohe Lebenserwartung** von mehreren Jahren haben, sollte man versuchen, ihr Leben zu retten. Die Entscheidung ist oft schwer, andererseits muss man schon gute Gründe haben, eine Fledermaus als Dauerpatienten zu halten.
Auch sollte man sich über den Zeitaufwand, den man für Dauerpfleglinge aufbringen muss, bewusst sein.
Hat man sich für die Pflege entschieden, ist das Tier jetzt warm zu halten, damit es die Nahrung optimal verdauen kann und dadurch Verletzungen und andere Beschädigungen schneller ausheilen.

Schwache Fledermäuse

Oft bekommt man **scheinbar todkranke Tiere**, die aber **nur ausgehungert** sind. Bei reichlicher Fütterung bauen sie in kurzer Zeit wieder ein Fettdepot, das als Fettpolster im Nacken sicht- und fühlbar ist, auf. Es gibt auch ein Medikament, das fledermauserfahrene Tierärzte injizieren, das die allgemeine Immunität und die Lebensgeister weckt, aber leider sehr teuer ist, **Baypamun HK®** (HK steht für Hunde und Katzen, näheres zum Medikament siehe im Anhang). Sprechen keine anderen medizinischen Gründe dagegen und ist der Pflegling flugfähig, ist er am Fundort bei günstiger Witterung wieder freizulassen.

Die Freilassung

Zuerst muss man sich sicher sein, dass die Fledermaus auch **wirklich gut fliegen** kann. Nach langer Flugabstinenz kann es zu Muskelkrämpfen kommen, die zum Absturz führen. Auch zu fett gewordene Tiere haben Probleme beim Fliegen. Daher immer die **Flugleistung** vorher **in einem geschlossenen Raum kontrollieren**. Bei diesbezüglichen Versuchen im Freien kommt es sehr leicht zu Verlusten, da abgestürzte Tiere sofort in unzugänglichen Spalten und Ritzen Zuflucht suchen.
Grundsätzlich sollte man Fledermäuse **wieder am Fundort**, wo sie sich auskennen, **freilassen**. Kennt man das Quartier, kann das Tier auch untertags zurückgesetzt werden. Aus der Hand sollen Fledermäuse nicht freigelassen werden, da manche Tiere noch nicht genügend

vorbereitet sind bzw. sich noch in Lethargie befinden und bei einem Flug wieder verunglücken. Besser ist es, sie in einem verschlossenen Stoffsäckchen mit der Öffnung nach unten an eine Wand zu hängen und dieses Säckchen vor der Dämmerung leise zu öffnen. So kann die Fledermaus den Zeitpunkt ihres Abfluges ohne Stress selbst bestimmen. Lässt man öfter derartige Pfleglinge frei, empfiehlt sich die Anfertigung eines Kastens, dessen Ausflugöffnung verschließbar ist.

Gestörter Winterschlaf

Fledermäuse haben bezüglich ihres **Winterschlafquartieres** abhängig von der Art **unterschiedliche Ansprüche**. Die meisten Arten überwintern in Höhlen und Kellern, wie z. B. das Große Mausohr bei Temperaturen von +7–12° C, andere z. B. der Große Abendsegler, überwintert in dickwandigen Baumhöhlen, tiefen Felsspalten und Mauerrissen, aber auch in Lüftungsschächten in Großstädten. Es können viele Tiere, die dachziegelartig übereinandersitzen, in einem Quartier überwintern, sie vertragen dann auch tiefere Temperaturen. Was aber alle Arten brauchen, ist eine **sehr hohe Luftfeuchtigkeit**, damit die Flughäute und die Ohren nicht austrocknen. Oft ist die Luft in Höhlen und Kellern mit Wasserdampf gesättigt und schlägt sich an den Flügeln als Tautropfen nieder.
Was im Winter zu Problemen führen kann, ist, wenn alte, höhlenreiche Bäume gefällt werden und sich herausstellt, dass eine Höhle von Fledermäusen als Winterquartier benützt ist. Vor allem Große und Kleine Abendsegler und Riesenabendsegler überwintern in solchen Baumhöhlen. Kriecht nun ein solches Tier aus einer Höhle und ist es unverletzt, dann ist es unverzüglich wieder freizulassen, vorausgesetzt die Temperatur liegt über der Frostgrenze. Von Abendseglern und Rauhautfledermäusen weiß man, dass sie selbst bei Temperaturen unter -5° C noch flugaktiv sind. Da die Tiere immer mehrere Quartiere kennen, werden sie innerhalb kurzer Zeit ihren Winterschlaf fortsetzen.

WICHTIG **Große Abendsegler sollten ein Mindestgewicht von 24–25 g haben, Tiere, die darunterliegen, müssen vor der Freilassung noch aufgefüttert werden. Da sich bei Weibchen, die warm gehalten und gefüttert werden, unweigerlich Eizellen entwickeln, die durch das im Sommer empfangene Sperma befruchtet werden und die dann zu einer viel zu frühen Geburt führen, sollte eine solche Maßnahme der Gewichtsoptimierung nur kurz, aber intensiv sein.**

Man kann **auch versuchen, Fledermäuse** in kleinen Behältern zu je maximal 10 Exemplaren bei einer Temperatur von etwa +5° C und hoher Luftfeuchtigkeit **zu überwintern**.

Die Fütterung

Fledermäuse haben, abhängig von der Art, **unterschiedliche Jagdstrategien**. Daher kann man von einer Art, die Insekten im freien Luftraum jagt, nicht sofort erwarten, dass Mehlkäferlarven ebenso aus einer Schale aufgenommen werden wie von Arten, die sich nach den Laufgeräuschen von Insekten orientieren und diese auch am Boden erbeuten.
Vielen Pfleglingen muss man das neue Futter erst zeigen. Eine in der Hand gehaltene Fledermaus öffnet meist im Abwehrverhalten den Mund und manche zetern und schimpfen auch kräftig. Jetzt ist die Gelegenheit günstig, eine Mehlkäferlarve mittels einer Pinzette zwischen die Zähne zu schieben. In der Regel wird dann auch zugebissen, der Inhalt kommt

auf die Zunge und das Tier kommt auf den Geschmack. Wahrscheinlich schmecken Mehlkäferlarven auch recht gut, denn auch schimpfende Fledermäuse vergessen für kurze Zeit ihre Empörung. Auf diese Weise fressen die Tiere in wenigen Minuten mehrere Mehlwürmer.
Diese Lernerfahrung scheint für einige Arten sehr prägend zu sein, vermutlich besonders für schnelle Flieger, die die Nahrung normalerweise vorher nicht geruchlich oder taktil prüfen können. Vor allem **Große Abendsegler** lernen sehr schnell. Wenn man aber diese Handfütterung nicht sehr bald in eine Gewöhnung an die Futterschüssel ändert, dann wird eine solche Fütterung, wenn z. B. im Winter mehrere Tiere zu versorgen sind, jedesmal zur zeitraubenden Prozedur. Deshalb sollen Große Abendsegler, sobald sie Mehlkäferlarven als Futter erkannt haben, in eine reichlich mit Larven besetzte Schale gesetzt werden. Mit einer Pinzette wird dann das Futter von unten her an den Fledermausmund geführt, damit das Suchverhalten in dieser Richtung gefördert wird. Meist lernen sie bald, wie der gute Bissen aufgenommen werden kann. Manchmal braucht es auch etwas Zeit und Geduld. Haben sie die neue Form der Nahrungsaufnahme dann gelernt, beißen sie in alles, was ihnen vor den Mund kommt: in Brotreste, Salatblätter oder auch in Fingerspitzen. Glücklicherweise sind nur Große Abendsegler in der Konditionierung derart kompliziert, aber da sie vor allem im Winter zu Pflegefällen werden, und das oft in größerer Zahl, sollte man dieses Problem beachten.
Am Beginn der Pflege nur kleine Portionen anbieten, da Futterumstellungen den Körper immer fordern, Gewichtsabnahmen sollten dabei in Kauf genommen werden.

WICHTIG

Adulte Fledermäuse brauchen sehr viel Nahrung, täglich mindestens 20–25 % ihres Körpergewichtes, verteilt auf 5–7 Mahlzeiten.
Auch Fledermäuse in Lethargie können Nahrung aufnehmen, sie kauen dann wie im Zeitlupentempo. Je höher ihre Körpertemperatur ansteigt, desto schneller und gieriger fressen sie, wobei sie ihren Magen damit überlasten und später den Inhalt wieder erbrechen. Besonders Tiere, die im Winter in Pflege kommen, sind davon betroffen. Daher der Fledermaus anfangs nur kleine Portionen anbieten und ihr damit Zeit geben, auf „Betriebstemperatur" zu kommen.

Ausgezehrte Pfleglinge kann man **zu jeder Tageszeit füttern**. Langzeitpfleglinge sollten ihre Nahrung in der Futterschale jeweils vor der Dämmerung erhalten. Besteht keine akute Unterernährung, kann man die Fütterungen der aktuellen Wettersituation anpassen. Bei Schlechtwetter, wenn auch wilde Fledermäuse nicht jagen, einmal einen Fasttag einlegen. Dadurch werden auch endogene Zyklen im Tier positiv beeinflusst, die „innere Uhr" wird dann nicht bzw. nur unwesentlich verstellt. Man kann Fledermäuse aber auch auf präzise Fütterungszeiten konditionieren, sodass die Tiere z. B. zu Mittag die Futterschale aufsuchen.

Sie werden sich fragen, **wie die Fledermaus die Insekten in der Futterschale findet**? Vor allem hört das Tier die Laufgeräusche der Insekten, zumindest die der Mehlkäferlarven. Aber es gibt auch hier wieder große artspezifische Unterschiede. Besonders Fledermäuse der Gattung Myotis aus der Familie der Glattnasen finden sich sehr schnell zurecht. Von einigen Arten weiß man mit Sicherheit, dass sie in freier Wildbahn Insekten auch am Boden erbeuten (z. B. Laufkäfer). Eine wichtige Zeigefunktion haben hier die Schmatz- und Fressgeräusche bereits ortskundiger, eingewöhnter Pfleglinge. Der Geruchssinn hat daher nur eine untergeordnete Rolle.
Problematischer ist das Auffinden der Trinkschale. Am besten wird eine offene Wasserschale in der Nähe der Futterschale angeboten, in die suchende Fledermäuse beim Herumlaufen regelrecht hineinstolpern und sich den Platz merken. Der Rand des Gefäßes darf nicht zu hoch

sein, damit auch kleinere Arten Zugang haben. In zu großen, glattwandigen Schalen können die Tiere ertrinken, ein Herausklettern muss möglich sein.

Das Gewichtsproblem

Wilde Fledermäuse haben es leichter, sie müssen nicht auf ihre Linie achten. Sind sie zu schwer, vermindert das ihren Jagderfolg und sie nehmen automatisch ab. Einige Arten der Dauerpfleglinge, wie z. B. Große Abendsegler und Zwergfledermäuse, sitzen hingegen in der vollen Futterschüssel und **fressen, bis sie satt sind** oder alles aufgefressen haben. Plötzlich wiegen sie das Doppelte des Normalgewichtes, von Fliegen ist keine Spur mehr. Das **Abnehmen** ist jetzt **nicht so leicht**, bei Fastenkuren flüchten sich die Tiere sofort in eine energiesparende Lethargie. Deshalb sollte man rechtzeitig und konsequent natürliche Fastenzeiten, die aktuellen Schlechtwetterperioden, in das Fütterungsprogramm integrieren.

Auch muss man darauf achten, dass, wenn mehrere Tiere einen Behälter bewohnen, nicht ein „Platzhirsch" den Zugang für die anderen Pfleglinge zur Futterschale behindert. In diesem Fall müsste das Futter auf mehrere Schalen aufgeteilt werden. Einige Arten, wie die Langohren und Mausohren, bleiben nicht lange am Futterplatz, sondern holen sich etwas und verzehren es abseits. Bei ihnen werden solche Probleme kaum auftreten.

Futtertiere

Bei der Pflege von Fledermäusen wird man um die **hauptsächliche Verfütterung von „Mehlwürmern"**, das sind die Larven des Mehlkäfers (siehe **Futtertiere**), nicht herumkommen. Einerseits ist es eine Kostenfrage, andererseits sprechen auch viele praktische Gründe dafür.

Sie werden von den Fledermäusen sehr gerne genommen und sind leicht selbst zu züchten (Anleitung siehe Literaturverzeichnis). Werden die Mehlwürmer abwechslungsreich ernährt, sind sie eine hochwertige Nahrung, mit denen Pfleglinge jahrelang erfolgreich versorgt werden können.

TIPP **Sehr gut geeignet wären auch Grillen**, die aber sehr agil sind, dadurch leicht entfliehen und dann die weitere Umgebung besiedeln. **Larven der Wachsmotte** wären ebenfalls geeignet, sind aber bei den Pfleglingen nicht so beliebt wie Mehlwürmer. Bei der Handfütterung kann man immer wieder gefangene **Wildinsekten** anbieten (zum Fang siehe Kapitel **Futtertiere**).

In Volieren gehaltenen, flugfähigen Fledermäusen kann man mit Hilfe spezieller Lampen, die auch Insektenkundler zum Anlocken verwenden, den Speiseplan mit Wildinsekten aufwerten. In abgeschlossenen Räumen kann auch versucht werden, fliegenden Fledermäusen Insekten als Beute freizulassen.

Vitamin- und Mineralstoffbeigaben brauchen eigentlich nur Langzeitpfleglinge. Einige Tropfen eines **Multivitaminpräparates** ins Wasser oder gelegentlich etwas **Vitakalk®** vor der Verfütterung über die Mehlwürmer gestreut, genügt. Hier ist weniger oft mehr, daher sparsam dosieren. Geeignete Präparate sind im Anhang angeführt. Einige Fledermausarten schätzen solche Zusätze aber absolut nicht und verweigern dann Futter und Wasser.

ABB. 83
Verletzte ***Wasserfledermaus*** *frisst einen Mehlwurm (Handfütterung).*
Die Larve wird dabei durchgekaut, ausgesogen und der verbleibende leere Chitinpanzer fallengelassen.

Als Nahrung für Fledermäuse absolut ungeeignet sind Faschiertes, Wurst, Speck und Dosenfutter für Hunde und Katzen. Manchmal fressen sie diese Dinge zwar, bekommen aber davon oft Verdauungsstörungen. **NIEMALS**

Die dauernde Unterbringung

Der richtigen Unterbringung kommt besondere Bedeutung zu. Eine geschwächte oder kranke Fledermaus wird manchmal bei unsachgemäßer Pflege einfach in eine Vorhangfalte gehängt, wo sie anfangs auch meist bleibt. Nach wenigen Tagen ist der Hangplatz plötzlich leer und die oft vergebliche Suche beginnt. Daher von Anfang an ausbruchsicher verwahren.

Fledermäuse dürfen niemals in Draht(Vogel-)käfigen untergebracht werden. Beim Herumklettern stecken sie die Flügel durch, wobei die großen Flügelknochen zerbrechen und die Flughäute einreißen. Solche Tiere sind nur mehr sehr schwer, oft mit zerbissenen Fingern, aus solchen Käfigen zu bergen. **NIEMALS**

Verletzte Tiere, die sich nicht unnötig bewegen sollen, bringt man am besten in einem **kleinen Behälter** aus **Kunststoff oder Pappe**, wie sie bereits bei der „Anfänglichen Unterbringung" beschrieben sind, unter. Zur Fütterung wird das Tier herausgenommen, der Käfig gereinigt und anschließend eventuell notwendige Dehnungsübungen an den Flügeln durchgeführt. Ist die Fledermaus satt, wird sie sich in ihre Stofffalte verkriechen, wie es auch wilde Tiere oft mehrere Tage lang tun. Am Standort darf es weder zu warm noch zu kalt werden. Bessert sich der Zustand des Tieres, wird es in ein geräumigeres Quartier umgesetzt.

Ein solches **Fledermausquartier für „Fußgänger"** besteht am besten aus einem Kunststoffbehälter mit einer Grundfläche von etwa 40 x 30 cm und einer Höhe von 60 cm (hochkant). Ein Teil des Deckels, der jetzt als Tür fungiert, der Rückwand, der Seitenwände und der Decke werden durch Gitter ersetzt. Oben werden ein Haltegriff und eine Aufhängevorrichtung angebracht. Die Rückseite wird mit grobem Klettertuch bespannt und ein Stück Korkeiche, in die ein Loch gebohrt wurde, damit sich die Fledermaus auch verstecken kann, montiert. Ausgelegt wird der Kasten mit saugfähiger Küchenrolle. Am Boden stehen zwei

ABB. 84
***Wohnbehälter** aus Polypropylen.*
Vom abnehmbaren Deckel wurde die Mittelfläche herausgesägt. An dem so entstandenen Rahmen wurde mit Dachlatten ein geschweißtes, verzinktes Gitter fixiert. Die Seitenwände und die Decke sind mit dem gleichen Gitter verkleidet. Die Maschen des Gitters sind quadratisch und haben eine Weite von 6 mm. Es darf nicht mehr sein, damit kletternde Fledermäuse nicht mit dem Flügel in ein Maschenloch rutschen. Sie könnten sich dann eventuell nicht mehr befreien. An der Rückwand sind ein grobes, nichtfaserndes Klettertuch und ein Stück Korkrinde befestigt. Damit keine Exkremente in die Futter- und Wasserschale fallen können, stehen diese unter einem kleinen Schutztisch.

Tonschalen für Futter und Wasser, die zum Schutz vor Verschmutzung durch die Exkremente unter einem kleinen Holztisch stehen. Damit verschüttetes Wasser nicht im Behälter stehen bleibt, kann man mehrere kleine Abflusslöcher bohren.

Da ein solcher Wohnbehälter von **Zeit zu Zeit gründlich gereinigt** und mit kochend heißem Wasser ausgewaschen werden muss (Parasiten), empfiehlt es sich, immer einen zweiten, in den die Fledermaus vorübergehend gesetzt werden kann, in Reserve zu haben. Vor allem bleibt das Tier dadurch in seiner gewohnten Umgebung und wird nicht zu großem Stress ausgesetzt.
Da Fledermäuse niemals stereotype Bewegungen wie kleine Nagetiere oder Raubsäuger entwickeln, genügt ein solcher Behälter für flugunfähige Tiere vollkommen.

TIPP Außerdem sollte man sich **mit den Pfleglingen beschäftigen**, auch eine Vergesellschaftung mit anderen Fledermäusen wirkt der Monotonie der Gefangenschaft entgegen.

Flugfähigen Fledermäusen, die aus irgendeinem Grund nicht freizulassen sind, muss man aber mehr Raum, in dem sie auch fliegen können, anbieten. Nur wenige Arten können kleinräumig fliegen. Hufeisennasen und Langohren beherrschen, zumindest kurzzeitig, auch den Rüttelflug. Wimperfledermäuse können Kreisbahnen von 50 cm Durchmesser fliegen. Aber das sind die Ausnahmen. Andere Arten benötigen einige Meter und die schnell fliegenden Arten wie die Großen Abendsegler müssen den Pendelflug in 3–4 Meter langen Räumen erst lernen. In der Regel muss ihr **Flugraum** noch deutlich größer sein. So ein Raum, der für eine Pflegestation unentbehrlich ist, sollte möglichst leer und leicht zu übersehen sein und darf keinerlei Ritzen oder Spalten aufweisen. Sind mehrere verschiedene Hangplätze montiert, dann kann sich die Fledermaus den für sie mikroklimatisch optimalen Platz selbst aussuchen. Für untergebrachte

„Fußgänger" müssen die Hangplätze so gestaltet werden, dass sie die Futterschalen kletternd erreichen können. Wird ein solcher Raum auch nachts mehrmals betreten, dann empfiehlt sich der Einbau einer Doppeltür, damit fliegende Fledermäuse nicht entweichen können. Ein besonderes **Problem** ist die **Auffindbarkeit der Wasserschale**, da die Fledermäuse mit ihrem Wahrnehmungssystem das Wasser nicht finden.

Auch in **Volieren** wurden Fledermäuse einige Jahre erfolgreich gehalten, Große Abendsegler pflanzten sich sogar fort. Der Vorteil ist, dass man mit speziellen Lampen Insekten anlocken kann, die den Fledermäusen dann als Nahrung dienen.

Bunker und Keller sind in der Regel zu kühl, um Fledermäuse darin im Sommer dauernd unterzubringen. Sie eignen sich aber als Winterquartier und zur vorübergehenden Pflege. Die Fluchtwege und schwer zugängliche Verstecke sind vorher abzuklären.

Hygienemassnahmen

Die **Exkremente der Fledermäuse müssen regelmäßig entfernt werden**. In kleinen Wohnbehältern haben sich saugfähige Papiertaschentücher oder Küchenrolle sehr gut bewährt und sind schnell auszutauschen. Abzulehnen ist eine Bodenstreu aus Hobel- oder Sägespänen, besonders bei kleinen, nicht mehr flugfähigen Arten.
In **Flugräumen** kann man unter häufig benutzten Hangplätzen **Zeitungspapier** auflegen. Der meist trockene Mist lässt sich aber auch gut zusammenkehren, gelegentlich feucht aufwischen. Da die Tiere mit den Exkrementen auch verschiedene Parasiten bzw. deren Zwischenstadien ausscheiden, soll man die Behausungen regelmäßig einer Reinigung mit kochend heißem Wasser und einer Bürste unterziehen, im Sommer einmal pro Monat, außer man hat viele Neuzugänge, dann müssen die Abstände kürzer sein. Am besten man kontrolliert die Tiere und ihre Hangplätze regelmäßig, auch nachts, da Milben erst zu diesem Zeitpunkt ihre Schlupfwinkel verlassen.

WICHTIG

Das **Problem bei der Reinigung** ist, dass man auch die für die Verständigung zwischen den Fledermäusen sehr wichtigen **Duftsignale zerstört.** Leider wissen wir noch viel zu wenig darüber.

Territoriales Verhalten

Normalerweise vertragen sich Fledermäuse, auch unterschiedliche Arten, im selben Wohnbehälter sehr gut, bis ein Tier, meist ein Männchen, **territoriales Verhalten** zeigt. An und für sich ist das ja ein gutes Zeichen dafür, dass es sich wohl fühlt. Aber für seine Mitbewohner kann das sehr dramatisch werden, vor allem, wenn sie nicht flüchten können. Auch in großen Flugräumen kann das vorkommen. Daher aufmerksam beobachten. Solche Männchen muss man dann entweder separieren bzw. nur zeitweise im Flugraum belassen.

Materialien im Unterschlupf

Besonders geeignet ist **Korkrinde**, aus der sich schnell Unterschlupfe für Fledermäuse herstellen lassen. Die grobe Struktur bietet einen guten Halt und sie lässt sich leicht mit heißem Wasser reinigen. Auch vor dem ersten Gebrauch sollte sie, weil sie meist mit einem Holzschutzmittel behandelt wurde, kurz in kochendes Wasser gelegt werden. Große

Abendsegler nagen auch immer wieder an der Korkrinde und an Holz, die Ursache für dieses Verhalten ist aber noch unklar.
Geeignet ist auch harzfreies, gut abgelagertes **Fichten- und Kiefernholz**.
Textilien haben als Kletterstruktur und als Hangplatz auch entscheidende Vorteile. Gut eignen sich chemiefreie Geschirrtücher. Das Material scheint manchmal einen positiven Effekt auf die Fellpflege zu haben, besonders bei der Aufzucht von Jungtieren. Das Textil frottiert das Haarkleid von Einzeltieren in ähnlicher Weise, wie dies in der Kolonie beim körpernahen, engen Zusammenleben durch das Fell der Artgenossen passiert. Da Fledermäuse oft mit Kraftanstrengung versuchen, ihre Drüsensekrete der Schnauze am Hangplatz abzureiben, wobei Textilien kein geeignetes Widerlager sind, empfiehlt es sich, solche Stoffe nur zusammen mit anderen, robusten Materialien anzubieten.

WICHTIG **Textilien dürfen absolut nicht fasern, da selbst kleinste Fäden zu Abschnürungen und in der Folge zu Schwellungen führen können, in längeren Fäden verheddern sich die Tiere.**

Metallgitter dürfen nicht rosten und keine scharfen Kanten aufweisen. Sie können als Kletterstruktur angeboten werden. Auch als horizontale Deckenstruktur, an der mehrere Fledermäuse auf engstem Raum beisammenhängen können, haben sie sich bewährt.
Stein, Beton und Mörtel können eigentlich nur in Volieren und Flugräumen optimal angeboten werden und entsprechen vor allem den lithophilen (steinliebenden) Arten. Man kann Bausteine eng aneinander stellen und so günstige Kletter- und Wohnspalten konstruieren.

Die Krallen

Der **großen Bedeutung funktionierender Krallen** wird zu wenig Aufmerksamkeit geschenkt. Sie **müssen scharf und spitz sein**. Nur dann kann eine Fledermaus klettern, sich im Quartier aufhängen und sich putzen. Fledermäuse haben an den Vorderextremitäten nur zwei Halteorgane:

1. Die Daumenkrallen: Sind sie stumpf, kann das Tier nicht mehr aufwärtsklettern. Abendsegler lernten zwar, mit den Hinterfüßen zuerst nach oben zu klettern, waren aber den Artgenossen am Hangplatz unterlegen, wenn es darum ging, sich einen günstigeren Platz zu sichern.

2. Die Krallen der Hinterfüße: Sie werden neben der wichtigen Funktion als Haltorgane zum Putzen des Fells gebraucht. Sie hängen dabei nur an einem Bein, das andere dient als Putzkamm. Wenn sie nicht mehr sicher hängen können, wird die lebensnotwendige Körperpflege unmöglich.

Bei genauerer Betrachtung wird deutlich, dass sich die **Krallen der verschiedenen Fledermausarten unterscheiden**. Wahrscheinlich haben sich die Krallen durch evolutionäre Vorgänge an die verschiedenen Bedürfnisse, wie Hangplätze und Winterquartiere, angepasst. Ein Großer Abendsegler hat sich in einem Fledermauskasten aus Holzbeton in wenigen Wochen die Daumenkrallen abgeschliffen, die volle Funktionsfähigkeit erlangte er erst wieder nach einigen Monaten. Große Mausohren, die offenbar an härtere Materialien angepasst scheinen und deren Krallen rascher wachsen, wurden jahrelang in diesem Kasten gehalten, ohne dass ungewöhliche Abnützungen festgestellt wurden. Auch hier empfiehlt sich eine regelmäßige Kontrolle.

Heizung

Für **rekonvaleszente Pfleglinge** und für **trächtige** oder **säugende Weibchen** kann es notwendig werden, das **Quartier** zu **beheizen**. Gut eignet sich eine Terrariumsheizung, die zwischen zwei Hangplätzen montiert wird. Niemals den ganzen Wohnbehälter beheizen, die Fledermaus muss die Möglichkeit haben der Wärme auszuweichen. Die Temperatur sollte an der wärmsten Stelle 35° C nicht überschreiten. Auch hier gibt es wieder artspezifische Präferenzen: Große Abendsegler, die im Sommer hauptsächlich Baumhöhlen bewohnen, meiden sommerliche Hitzetemperaturen, Große Mausohren hingegen sind bedeutend wärmetoleranter, sie besiedeln im Sommer auch heiße Dachböden oder Kirchtürme.

Mit einer elektronischen Steuerung kann man den Heizbetrieb so gestalten, dass ein den Außenbedingungen entsprechender Rhythmus simuliert wird. Für kurzfristige Wärmezufuhr eignet sich ein Taschenofen oder eine in ein Tuch eingeschlagene Wärmeflasche.

Das Überwinterungsquartier

Manchmal ist es nicht einfach, einen geeigneten Platz für die Überwinterung zu finden. Winterschläfer ertragen am Hangplatz keinen Luftzug. **Kühl und feucht sollte der Platz sein**, aber **frostfrei**. Wohnbehälter können außen an einer unbesonnten, ungestörten Hauswand bodennah aufgestellt und mit einer Plache zugedeckt werden. Trinkwasser muss für die Tiere zugänglich sein. Futter ist nicht notwendig, da die Fledermäuse ja ihren Winterspeck haben. Bei gleichbleibenden, günstigen Witterungsbedingungen sollte man die Winterschläfer **nicht unnötig stören** oder gar aufwecken.

Hilflose Jungtiere

Es gibt **verschiedene Gründe, warum junge Fledermäuse abstürzen**. Bei Schlechtwetterperioden im Sommer versiegt durch die fehlende Nahrung die Milch bei den Muttertieren, die in extremen Fällen ihre Jungen sogar verlassen. Geschwächte Jungtiere fallen von den Hangplätzen und liegen am Boden im Kot. Katzen kommen als Störenfriede in den Wochenstuben in Frage und bringen Jungtiere als Beute nach Hause. Junge Fledermäuse stürzen aber auch bei ihren ersten Kletterversuchen oder bei Unachtsamkeiten der Mutter ab. Geschieht das während der Nacht, dann werden solche Pechvögel meist schnell von der Mutter wieder geholt. Tagsüber ist es aber meist der Mensch, der das Malheur zuerst entdeckt. Gerade bei **Zwergfledermäusen**, die ihre **Wochenstuben oft in einem Spalt unter einem Dach oder sogar im Rollladenkasten über dem Fenster haben**, ist dies häufig der Fall.

Oft wird das gefundene Jungtier, das wie ein Käfer aussieht, zuerst gar nicht als Fledermaus erkannt. Noch unbehaarte Jungtiere kühlen schnell aus und liegen deshalb meist unbeweglich am Boden, ältere Junge mit Fell können bereits aktiver sein, laufen herum oder versuchen, eine Wand hochzuklettern. Solange sie noch bei Kräften sind, werden sie lauthals nach der Mutter rufen, was sich für das menschliche Ohr aber eher wie ein feines Ticken oder Zirpen anhört.

WICHTIG

Zuerst muss man die kleine Fledermaus bergen und ausbruchsicher unterbringen.

JUGENDENTWICKLUNG

Fledermäuse werden nackt und blind geboren, öffnen die Augen, abhängig von der Art, nach 3–10 Tagen und werden durchschnittlich, wieder abhängig von der Art, 4–6 Wochen lang gesäugt. Kleinere Arten sind mit 3–4 Wochen flugfähig, größere, wie z. B. Große Abendsegler, mit spätestens fünf Wochen. Selbstständig sind die jungen Fledermäuse, wieder artabhängig, etwa im Alter von 6–8 Wochen.

WICHTIG Über die weitere Vorgangsweise besteht kein Zweifel: **Verlorengegangene Jungtiere müssen ihren Müttern wieder zurückgegeben werden.** Nur sie bieten den Jungen die besten Überlebenschancen.

Deshalb wird zuerst nach dem Fledermausquartier gesucht, aus dem das Kleine gefallen sein könnte. Zwergfledermausquartiere erkennt man leicht am darunter liegenden Kot, der aber auch immer an der Außenwand unterhalb des Einflugspaltes angeklebt ist. Wenn das Quartier mit einer Leiter erreichbar ist, kann man das Junge, das vorher in der Hand erwärmt wurde, vorsichtig in den Spalt setzen, von wo es meist rasch selbstständig ins Dunkle klettert.
Ist das Quartier nicht zu erreichen, dann sollte man in der frühen **Abenddämmerung**, in **nächster Nähe zum Fundort** das Junge der Mutter so präsentieren, dass sie es holen kann. Fledermausmütter können im Flug erstaunliche Lasten, die über 50 % ihres Körpergewichtes ausmachen können, tragen. Dabei saugen sich Jungtiere an eine der Zitzen, Größere klammern sich zusätzlich mit den Hinterfüßen im Fell der Mutter fest. Die Jungen werden auch dann noch angenommen, wenn sie von Menschen angefasst wurden und dadurch fremde Duftsignale tragen.
Wie anbieten? Vor allem muss man von vornherein ausschließen, dass das unerfahrene, verängstigte Jungtier in unzugängliche Verstecke kriecht und endgültig verloren geht. Deshalb wird es in ein glattwandiges Gefäß, z. B. eine größere Plastikschüssel, gesetzt, in dem – mit einem sicheren Abstand zum Gefäßrand – irgendein Gegenstand, auf den es klettern kann, vorhanden ist. Darauf kommt ein Tuch. Daran kann sich das Junge festhalten und die hoffentlich anfliegende Mutter gut landen bzw. später wieder erfolgreich starten. Die ruhige Beobachtung aus einer Distanz von etwa 10 Metern schadet dem Vorhaben nicht. Holt die Mutter dann ihr Junges nicht innerhalb von etwa 2 Stunden, dann werden die Erfolgsaussichten zunehmend geringer, man sollte es aber unbedingt am nächsten Tag, nach vorübergehender Fütterung mit Milch, noch einmal versuchen. Danach hat es keinen Sinn mehr, da das Muttertier dann seine Milchproduktion weitgehend eingestellt hat.

HANDAUFZUCHT VON VERWAISTEN JUNGTIEREN

Grundsätzlich muss gesagt werden, dass es **sehr schwierig ist, junge Fledermäuse** von Hand **aufzuziehen.** Nahezu aussichtslos ist so ein Unterfangen mit Neugeborenen oder wenige Tage alten, noch weitgehend nackten Jungtieren. Aber auch bei bereits älteren gibt es viele, fast unlösbare Probleme. Neben der optimalen Ernährung, der erforderlichen Darmflora und den wichtigen Immunabwehrstoffen bietet die Fledermausmutter dem Jungen auch die benötigten mikroklimatischen Bedingungen, die am jeweiligen Hangplatz herrschen. Durch das Aufwachsen in einer vielköpfigen Kolonie lernen Jungtiere ständig, diese Erfahrungen sind für das spätere Leben prägend. Oft sind gefundene junge Fledermäuse bereits geschwächt oder krank und erholen sich daher, wahrscheinlich auch bedingt durch die Ernährungsumstellung, meist nicht optimal.

ABB. 85 *Jungtier,* ***Großes Mausohr*** *(Myotis myotis). Wochenstuben oft auf heißen Kirchtürmen oder Dachböden. Die Behaarung ist erst mit 22 Tagen vollständig. Die Flugfähigkeit ist mit 20–24 Tagen erreicht. Selbstständig mit etwa 40 Tagen (Mitte Juli).*

VORSICHT

Wenn sie, wie es meist geschieht, einzeln gehalten werden und keinen Kontakt zu Artgenossen haben, **entwickeln sie sich in der Regel zu verhaltensgestörten „Kaspar-Hauser-Tieren"**, die unmöglich mit Erfolg ausgewildert werden können.

MUTTERMILCHERSATZ

Wie bei der Igelaufzucht hat sich **Esbilac®** sehr gut bewährt (Näheres dazu siehe Igel).
Zubereitung: Ein leicht gehäufter Teelöffel Milchpulver wird mit zwei Teelöffeln handwarmem Fencheltee verrührt. Weil die Fledermausmilch recht fett sein soll, wird die Milchmischung noch mit einem Teelöffel ungezuckerter Kondensmilch aufgefettet. Die frisch zubereitete Milch bleibt noch mindestens 10 Minuten stehen, damit sich alle festen Bestandteile vollständig auflösen und nicht später im Magen der Fledermaus aufquellen.
Die fertige Milch darf leicht sämig sein, aber nicht so dick, dass Tropfen an der Pipette hängen bleiben. Die Milchmischung kann man jeweils für den ganzen Tag anrühren und im Kühlschrank aufbewahren. Die Portionen sind so bequem zu entnehmen und vor der Fütterung aufzuwärmen. Dazu kommen noch etwas **Schlämmkreide, Antibiophilus®** (Milchsäurebakterien) oder **Hylak-Tropfen®** und **Catosal®**, je 1–2 Tropfen. Fast erwachsene Jungtiere sollen bald den ausgedrückten Inhalt von Mehlwürmern erhalten, damit ihre Ernährung etwas ausgeglichener ist, wobei der Zeitpunkt und die Menge auf Erfahrungswerten beruhen und nur schwer zu vermitteln sind. Näheres zu den Medikamenten siehe im Anhang.

Auch **GIMPET Cat-milk** wäre geeignet, mit den gleichen Zusätzen wie bei **Esbilac**.

Erfahrene Fledermauspfleger werden eventuell auf gefundene Jungtiere vorbereitet sein und **Esbilac** zu Hause haben, sonst kann auch **ungezuckerte Kondensmilch** (oder Maresi 10%ig) ein recht guter Muttermilchersatz sein, besonders für bereits ältere Jungtiere. Dazu mischt man 1/3 Milch, 2/3 Wasser und 1 Tropfen **Trigantol**® (auf 100 ml).

NIEMALS **Frische Kuhmilch verursacht Verdauungsstörungen und darf daher nicht verfüttert werden.**

Wie, wie viel und wann?

Sehr gut eignen sich zur Verabreichung der Milch **feine Pipetten und Insulinspritzen**, die immer gut gereinigt bzw. öfters ersetzt werden müssen, da die Milchreste stark säuern und dadurch Verdauungsprobleme hervorrufen können.

TIPP **Anfangs eher nur kleine Portionen verfüttern, da es scheint, dass junge Fledermäuse lange kein Sättigungsgefühl haben und daher zu viel Milch aufnehmen, die unverdaut in den Darm gelangt und dadurch schwere Verdauungsstörungen hervorruft.**

Nach einer gewissen Eingewöhnungszeit können die Portionen dann schon größer sein. Da am unbehaarten Fledermausbauch die Magenfüllung gut zu erkennen ist, lässt sich eine zu reichliche Fütterung, kenntlich am prallen Bauch, leicht vermeiden.

Bei normaler Verdauung **Fütterung tagsüber etwa alle 2 Stunden**, nachts nur ausnahmsweise bei sehr kleinen bzw. geschwächten Jungen.

Suche nach Geborgenheit

Bei jungen Fledermäusen, die ohne Mütter aufwuchsen, wurde beobachtet, dass sie ständig **nach etwas Warmem suchten** und sich **bei anderen Waisenkindern festbissen**. Offenbar bietet die mütterliche Milchzitze nicht nur Nahrung, sondern vermittelt auch das Gefühl der Sicherheit und Geborgenheit. Problematisch wird das dann, wenn mehrere Jungtiere sich zu einem Klumpen zusammenballen und den einmal mit den Zähnen gepackten Nachbarn nicht mehr loslassen. Da hilft dann nur die einzelne Unterbringung .

Warum dieses Verhalten in den Wochenstuben, wenn die Mütter zur Jagd ausgeflogen sind, nicht auftritt, ist nicht geklärt. Interessant ist auch, dass ein solches Verhalten vor allem bei jungen Mausohren und Fransenfledermäusen zu beobachten ist, nicht aber bei Fledermäusen der Gattung Nyctalus und Pipistrellus.

Externe Wärme

WICHTIG Wie auch andere junge Säugetiere benötigen Fledermausbabys, **die in den beiden ersten Lebenswochen ihre Körpertemperatur noch nicht selbst regulieren können, eine Wärmequelle.**

Nur dann ist eine Verdauung möglich. Gut geeignet wäre zu diesem Zweck ein Brutschrank, bei dem man neben der Temperatur auch die benötigte Luftfeuchtigkeit einstellen und so das optimale Mikroklima bieten kann. Arten, die ihre Sommerquartiere in Höhlen haben, benötigen eine höhere Luftfeuchtigkeit als Arten, die ihre Jungen auf heißen Dachböden gebären. Ausschlaggebend ist hier der Fundort. Als Alternative zum Brutschrank bietet sich eine in ein Tuch eingeschlagene Wärmeflasche an. Sie kann auch von Zeit zu Zeit auskühlen und so einen natürlichen Tagesablauf simulieren.
Werden einzelne Jungtiere aufgezogen, genügt als Unterbringung eine Schachtel, in der ein nichtfaserndes Tuch liegt, das Falten schlägt. Dieses Tuch nicht zu oft auswechseln, damit das Jungtier durch den „eigenen Stallgeruch" ein minimales Geborgenheitsgefühl vermittelt bekommt.

Komfort und Hygiene

Der Fledermaussäugling muss motiviert werden, sich zu **bewegen**, die **Flügel** zu **öffnen** und zu **dehnen**.

WICHTIG

Nach jeder Fütterung Bauch- und Analmassage durchführen (lebenswichtig!), um die Verdauung und die Abgabe von Kot und Urin anzuregen. Dazu nimmt man ein Papiertaschentuch, faltet und halbiert es, taucht es 1–2 cm in warmen Kamillentee oder Wasser und kitzelt damit das Baby zwischen den Hinterbeinen und am Bauch. Der Kot der Jungen sollte fest sein, von gelbbrauner bis weißgelber Farbe und keine Luftblasen enthalten.

Schon in den ersten Lebenstagen können eigenständige Putzhandlungen beobachtet werden, die aber noch nicht ausreichen, da die Jungen unter natürlichen Bedingungen auch von der Mutter beleckt und beknabbert werden. Auch darf man den frottierenden Effekt durch das Fell erwachsener Tiere nicht unterschätzen, mit dem sie normalerweise in einer Wochenstube viel in Kontakt kommen. Dadurch können klebrige Drüsensekrete reinigend abgerieben werden. Auffallend rasch **verkleben die dünnen Flughäute** der Mausohren und Bartfledermäuse – vermutlich bei allen Vertretern der Gattung Myotis. Nicht so empfindlich sind die Zwergfledermäuse und die Abendsegler (Gattung Pipistrellus und Nyctalus). Auf alle Fälle müssen die Flughäute täglich kontrolliert werden, ob sie verkleben und ob der Flügel noch leicht zu öffnen ist. Nicht erst dann, wenn die Flughäute entzündet sind, sollten solche **empfindlichen Körperstellen gereinigt werden**, sondern täglich. Mit einem Wattestäbchen, das mit einem schwachen Kamillentee befeuchtet wird, kann einer Entzündung leicht vorgebeugt werden. Auch der Kopf, die Ohren und die Analregion sollten auf diese Art regelmäßig behandelt werden. Eine solche Reinigungsprozedur animiert das Jungtier auch sich selbst zu putzen.

Der plötzliche Tod

Tagelang scheint alles gut zu gehen, die junge Fledermaus entwickelt sich und macht große Fortschritte, dann wird der Pflegling immer ruhiger und apathisch, ruft nicht mehr und plötzlich liegt er tot in seiner Behausung. Die Todesursache ist dann meist rätselhaft. Obwohl in Spezialistenhänden Aufzuchten von eintägigen Jungtieren gelangen, sterben oft auch bereits ältere Junge. Aber man weiß ja nicht, ob die junge, sonst kräftige Fledermaus durch ein Missgeschick abgestürzt ist oder ob nicht die Mutter eine Erkrankung erkannt und das Jungtier abgeworfen hat, wie das bei Vögeln sicher vorkommt und wie lange das Tier schon am Boden gelegen hat. Bei Fledermäusen fehlen hier einfach konkrete Untersuchungen.

Die Auswilderung handaufgezogener Fledermäuse

WICHTIG **Eine erfolgreiche Auswilderung künstlich aufgezogener Fledermäuse ist schwierig und viele grundsätzliche Fragen sind noch ungeklärt.**

Die Jungen der baumhöhlen- und spaltenbewohnenden Fledermausarten wagen im Alter von etwa vier Wochen, spätestens in der fünften Woche die ersten Flugversuche. Weil sie im engen Quartier keine vorbereitenden Übungen machen können, müssen sie beim Sprung ins Freie bereits alles Notwendige beherrschen, wie das Fliegen, die Echoortung und das Wiederfinden des Quartiers. Junge Fledermäuse in großen Raumquartieren, wie beispielsweise die Mausohren und Hufeisennasen, können auf den Dachböden bereits in der dritten Lebenswoche das Fliegen und Manövrieren üben, den Flug ins Freie wagen aber auch sie erst in der vierten Woche.

Alle Beobachtungen haben gezeigt, dass die Jungen bei ihren ersten Ausflügen nicht gemeinsam mit der Mutter ausfliegen, sondern zunächst allein die nächste Umgebung erkunden. Bei der Rückkehr können sie einer zurückkommenden Fledermaus folgen, die meist nicht sofort im Quartier verschwindet, sondern oft über 20-mal die Einflugöffnung ansteuert. Aber auch der soziale Kolonielärm, das ständige Zetern, kann ein wichtiger Wegweiser für die junge Fledermaus sein.
Die ersten Ausflüge dienen mehr dem Training der Flugmuskulatur und dem Erkunden der näheren Umgebung als den ersten Jagdversuchen. Bei der Rückkehr sind die Tiere dann regelmäßig sehr hungrig und die Muttermilch muss noch etwa zwei Wochen lang den mäßigen Jagderfolg ausgleichen, wobei es bei dieser Zeitspanne wieder artspezifische Unterschiede gibt, es geht auch schneller.
Wie die junge Fledermaus das Jagen erlernt, ist noch nicht geklärt. Es gibt aber Anhaltspunkte dafür, dass das Tier der Mutter oder einem anderen Artgenossen bei der Jagd hinterherfliegt und so nach und nach die guten Jagdgebiete und Tagesquartiere kennen lernt.

Sie sehen, dass man eine **aufgezogene Fledermaus**, sobald sie flugfähig ist, **nicht einfach auslassen** kann. Das große Problem bei der Freilassung einzelner Tiere sehe ich darin, dass sie wahrscheinlich das Quartier (Wohnbehälter) nicht mehr finden, da die sozialen Wegweiser, wie sie bereits weiter oben erwähnt wurden, fehlen. Personen, die sich auf die Fledermausforschung spezialisiert haben, ziehen meist einige Jungtiere gleichzeitig auf und haben oft auch flugunfähige Tiere in Pflege, die dann die Kolonie simulieren können.
Bei der **Freilassung Großer Abendsegler**, die von flugunfähigen Müttern geboren wurden, ist man in der Schweiz so vorgegangen, dass ein Wohnbehälter durch ein Gitter zweigeteilt wurde. In einem Teil, der ausbruchssicher war, saß das Weibchen, im anderen Teil die Jungtiere, die durch eine Einflugöffnung die Möglichkeit hatten, ins Freie zu gelangen. Etwa eine Stunde vor Sonnenuntergang wurden die Jungen in den Freiflugteil gesetzt. Nach der Rückkehr wurden die hungrigen, jungen Fledermäuse wieder zu ihrer Mutter gesetzt, die pralle Milchdrüsen aufwies. Sobald der Kot der Jungtiere Insektenreste aufwies, die ihre erfolgreiche Jagd dokumentierten, blieben sie auch tagsüber im Freiflugabteil.

Die **erfolgreiche Auswilderung von Großen Mausohren gelang bisher nicht.** Entweder kamen die Tiere überhaupt nicht mehr zurück oder lernten die Jagd nicht und versorgten sich auch weiterhin an der mit Mehlwürmern gefüllten Futterschale. Wie die Tiere, die einen Großteil der Nahrung am Boden „zu Fuß" erjagen, den Nahrungserwerb lernen, ist noch ungeklärt, möglich ist auch die Nachahmung erwachsener Tiere.

Bei **Auswilderungen im städtischen Bereich waren die Ausfälle höher.** Eventuell verfliegen sich die Tiere in den Häuserschluchten und finden dann nicht mehr zurück.

Sie sehen an diesen Ausführungen, dass die Biologie und Ökologie unserer Fledermäuse hochinteressant ist und viele Fragen noch ungeklärt sind. Wer jetzt aber wirkliches Interesse hat und sich näher mit den Fledermäusen beschäftigen will, dem seien die Publikationen von **Dr. Jürgen Gebhard,** Naturhistorisches Museum Basel, Augustinergasse 2, CH-4001 Basel, mit den Titeln **„Fledermäuse"** und **„Das Fledermausbrevier"** sehr zu empfehlen. Die Arbeiten sind um einiges ausführlicher, beschäftigten sich mit allen Fragen zur Biologie und Ökologie der Fledermäuse, die den Rahmen dieser Publikation sprengen würden und sind mit hervorragenden Bildern ausgestattet. „Das Fledermausbrevier" ist als Sonderdruck beim Autor selbst zu beziehen (SFr 10,– + Porto).

WICHT!G

In eigener Sache: Fledermäuse sind stark bedroht, umso wichtiger ist es, dass man ihre aktuelle Verbreitung wie Winterquartiere und Wochenstuben kennt. Nur aufgrund aktueller Daten können dann gezielte Schutzmaßnahmen erfolgen. **Daher sollte von jeder gefundenen Fledermaus Art, Geschlecht, Alter, Fundort, Datum, Beobachter und die näheren Fundumstände an das nächste Museum** mit einer naturwissenschaftlichen Abteilung (Naturhistorisches Museum, Biologiezentrum, Haus der Natur usw.) **bekannt gegeben werden.** Tote Fledermäuse sollte man in einem dichten Plastiksackerl einfrieren, einen Zettel, auf dem man die Fundumstände und die oben genannten Daten notiert hat, beilegen und bei Gelegenheit im Museum vorbeibringen, was aber nicht eilt. Das wäre ein sehr wichtiger Beitrag zur Kartierung unserer Fledermäuse.

Eichhörnchen

Das **Eichhörnchen** *Sciurus vulgaris* gehört zoologisch betrachtet zur Ordnung **Rodentia** Nagetiere. In der Familie *Sciuridae* Hörnchenartige in die Unterfamilie *Sciurinae* Erd- und Baumhörnchen. Näher verwandt sind Eichhörnchen mit Grauhörnchen, mit dem Europäischen Ziesel und dem Murmeltier.

Zur künstlichen Aufzucht kommen vor allem jene Jungtiere in Frage, die das Weibchen beim Transport von Kobel zu Kobel verliert und nicht wieder aufnimmt.

Jedoch der Großteil der jungen Eichhörnchen kommt in menschliche Pflege, wenn im Siedlungsbereich Hecken, vor allem Nadelbaumhecken geschnitten und Bäume, auch hier wieder meist Nadelbäume, umgeschnitten werden, in bzw. auf denen sich ein Wurfnest befindet.

Beispiel

So ein Fall ist mir selbst im Frühjahr 1999 passiert. Am 1. März kamen Arbeiter des Linzer Gartenamtes mit einem Nest mit vier etwa 4 Wochen alten Eichhörnchen zu mir. Das Nest befand sich ursprünglich auf einer kleinen Tanne, dem mittleren Baum einer Dreiergruppe. Zufällig hatte ich noch einen geflochtetenen Korb, Durchmesser etwa 30 cm, den ich als Nestunterlage für Waldohreulen montieren wollte. Diesen Korb brachte ich am Nachbarbaum in einer Höhe von ungefähr 4 Metern an und legte das Nest mit den Jungen hinein. Kurze Zeit später tauchte auch das Weibchen wieder auf und fand die Jungen. Wochen später konnte ich die nun selbstständig gewordenen Eichhörnchen bei der Futtersuche beobachten.

WICHTIG Finden Sie beim Heckenschneiden ein solches Nest, hören Sie sofort mit der Arbeit auf. Liegt es bereits am Boden, dann versuchen Sie es am selben Platz bzw. am Nachbarbaum zu montieren! Es gibt viele Möglichkeiten, es muss kein Korb sein, auch eine Unterlage aus Gittergeflecht wäre denkbar. Zeigt sich auch nach stundenlanger vorsichtiger Beobachtung das Weibchen nicht, dann erst ist eine künstliche Aufzucht vertretbar und notwendig.

Jugendentwicklung

Bei der **Geburt** sind Eichhörnchen **nackt**, **blind** und **taub**. Vibrissen, das sind Tasthaare am Kopf (Schnurrhaare), an den Unterarmen und am Bauch, sind bereits vorhanden. Das Gewicht liegt bei etwa 8,5 g, die Körperlänge beträgt bis 6 cm, die Schwanzlänge bis 2,5 cm. Die Gehörgänge sind vorerst geschlossen, Hände und Finger sind unverhältnismäßig groß und lang.

Am **6. Tag** zeigen sich erste Haare am Kopf, am **8. Tag** auch auf dem Rücken.
Ab dem **10. Tag** ist der im Verhältnis lange, gleichmäßig dicke Schwanz auffällig.
Am **13. Tag** ist ein zarter Haarflaum erkennbar.
Ab dem **20. Tag** lässt sich bereits die spätere Farbverteilung erkennen.
Mit **22–23 Tagen** brechen die unteren Schneidezähne durch.
Im Alter von **30–32 Tagen** öffnen sich die Augen, das Gewicht beträgt nun etwa 70 g.
Zwischen dem **37.** und dem **41. Tag** brechen die oberen Schneidezähne durch.

ABB. 86 *Wenige Tage altes* ***Eichhörnchen****.*

ABB. 87 ***Eichhörnchen*** *im Alter von etwa 2–3 Wochen. Man beachte den relativ langen, gleichmäßig dicken Schwanz und die langen Finger.*

Sie verlassen im Alter von **40–45 Tagen** erstmals freiwillig das Nest. Vor diesem Zeitpunkt springen sie bei einer Störung ziellos heraus, laufen wackelig und kopflastig und versuchen, rasch aufwärtszuklettern. In diesem Alter wird auch erstmals Zwieback, der ins Nest gelegt wird, angeknabbert.
Die Säugezeit beträgt etwa **8 Wochen**. Bei späteren Versuchen zu saugen, springt das Weibchen bald weg. Mit dem Ende der Säugezeit sind die Jungen auf sich selbst gestellt.

AUFZUCHT

ERNÄHRUNG

- **Bei Neugeborenen bis** zu einem Alter von **1 Woche** hat sich als Aufzuchtnahrung bewährt: **Praeaptamil** (Milupa), das ist eine Ersatzmilch für menschliche Neugeborene, die in Drogeriemärkten (BIPA, DM) erhältlich ist und die etwas dicker angerührt wird als auf der Packung angegeben. Bei einigen Tagesmahlzeiten empfiehlt sich die Zugabe von etwas **Vitakalk**®.

- Bereits ältere Jungtiere, so **ab 1 Woche**,erhalten **Praeaptamil oder Aptamil gemischt mit GIMPET Cat-milk** (Zoogeschäft) im Verhältnis 1:1. Cat-milk ist eine Aufzuchtmilch für Fleischfresser (Katzen) und wird von Pflanzenfressern pur oft nicht so gut vertragen.

NIEMALS

Cat-milk enthält aber leichter verdauliche Fette als Welpi-Lac bzw. andere Hundeaufzuchtmilch, die niemals an junge Nagetiere verfüttert werden darf.

Bei leisesten Anzeichen von Verdauungsproblemen muss der Milchmischung eine Spur **Enteroferment**® beigefügt werden, das man aber auch prophylaktisch einsetzen kann. Es schadet nicht. Näheres zum Medikament siehe im Anhang.

TIPP

- **Eine Aufzucht ist auch mit Maresi möglich. Dazu mischt man 2/3 Maresi mit 1/3 Kamillen- oder Kümmeltee, etwas Mineralstoffmischung und einer Prise Enteroferment®.**

- **Ab der 4. Woche** erhalten die Pfleglinge neben der Milchmischung einen Vollkornbrei von Alete oder Milupa, der aber wirklich für Menschensäuglinge geeignet sein soll (ab 3. Monat). Gut verdaulich und geeignet wäre hier **Milupa Kinderland Siebenkornflocken**, die sich zu einem Brei auflösen. Den Brei aber nie mit Kuhmilch anrühren, sondern in Wasser oder Catmilk auflösen.

Da Milchreste sehr stark säuern, sind die Milchmischungen immer frisch zuzubereiten, ansonsten riskiert man tödliche Durchfälle.

- **Ab der 6. Woche** kann man schon einen Mischbrei aus Aletegläsern mit jungem Gemüse (z. B. Karotten) und Obst (z. B. Apfel) zufüttern. **Keine Gemüsesorten verwenden, die Blähungen hervorrufen, wie z. B. Karfiol oder Kohlrüben.** Auch Erdäpfel sind nicht wirklich reizfrei. Wenn die Jungen beginnen, an Fingern und Neststrukturen spielerisch herumzuknabbern, dann ungezuckerten Zwieback oder Vollkornkekse ohne Schokolade anbieten. Auch geschälte

ABB. 88
*Junges **Eichhörnchen**, Alter etwa sieben Wochen, frisst an einer Walnuss. Die Technik zum Öffnen von Nüssen ist nicht angeboren, wird auch nicht von der Mutter vorgezeigt, sondern muss selbstständig erlernt werden.*

Sonnenblumenkerne, kleine Karottenstücke, Apfelspalten oder geriebene Nüsse kann man dann schon probieren. Anfangs lutschen die Tiere nur an den Futterbrocken, bis sie begreifen, was man mit den Zähnchen alles anfangen kann.

Hauptnahrung erwachsener Eichhörnchen sind Koniferen-Samen, Bucheckern, Eicheln und Haselnüsse, daneben fressen sie auch Walnüsse, Hainbuchensamen, Ross- und Edelkastanien, verschiedene Beeren, Pilze, Rinde, Knospen, Triebe und Insekten. Wie man bei verschiedenen Untersuchungen festgestellt hat, lernen die Jungtiere, was fressbar ist, dadurch, dass sie dem Muttertier Futterbrocken wegnehmen und selbst verzehren. Daher ist es für das Junge ausgesprochen wichtig, dass es in dieser sensiblen Phase der Umstellung von Milch auf feste Nahrung jenes Futter erhält, das es später auch in Freiheit vorfindet.
Die **tägliche Nahrungsaufnahme** erwachsener Hörnchen beträgt im Sommer etwa 55 g.

FÜTTERUNG

Zum Verabreichen der Milch eignet sich bei noch sehr jungen Tieren am besten eine **Insulinspritze** ohne Nadel. Sie fasst 1 ml und der Gummikolben gleitet leichter als bei herkömmlichen Spritzen. Obwohl man sie nach jeder Fütterung gründlich reinigen muss, empfiehlt sich ein Wechsel jeden bzw. jeden zweiten Tag. Mangelnde Hygiene kann sich leicht letal auswirken. Bei bereits größeren Jungtieren verwende ich Injektionsspritzen (2 ml, 5 ml).
Die **Fütterungsintervalle** betragen **2 Stunden**, auch während der Nacht. Die Nachtfütterungen enden frühestens mit Ende der 3. Woche. Gute Trinker überleben bis 2,5 Stunden ohne Fütterung, schlechte Trinker sind alle 1,5 Stunden zu füttern. 6 Wochen alte Tiere erhalten 4 Fütterungen täglich.
Die aufgenommene **Milchmenge pro Fütterung** sollte bei noch nackten Tieren **1–2 ml** betragen. 6 Wochen alte Tiere erhalten jeweils **6–8(–10) ml.**

Junge Eichhörnchen füttert man wie sehr junge Igel, besser in einer **aufrechten Haltung** (halbe Rückenlage), so kann ein zu großer Milchtropfen nicht gleichzeitig Nase und Mund verschließen. Es ist auch unerlässlich, während der Fütterung Pausen einzulegen, in denen das

Jungtier Gelegenheit hat, die Milch bzw. den Nahrungsbrei abzuschlucken. Da sonst die Gefahr besteht, dass die Nahrung in die Lunge gelangt und dort eine sogenannte Schluckpneumonie (Lungenentzündung) hervorruft, die tödlich endet.

TIPP

Während der Abschluckpausen stellt man die Spritze oder Pipette am besten verkehrt in ein Glas mit etwa 40° C warmem Wasser. Dadurch bleibt die Milch warm und kühlt während der Fütterung nicht zu sehr aus, was sonst zu letalen Durchfällen führen könnte.

Zu Beginn der Aufzucht hat man noch keine Routine und es geht oft noch viel Milch daneben. Da ist es hilfreich, das **Jungtier** in ein Stück **Küchenrolle einzuwickeln**, das die überschüssige Milch aufsaugt und so hilft, das Eichhörnchen trockenzuhalten. Es kommt dann nicht so leicht zu einer Unterkühlung. Auch bei schlechten Trinkern hat sich das bewährt.

NIEMALS

Niemals das ganze Tier waschen und föhnen, was mir auch schon erzählt wurde.

Nach jeder Fütterung ist mit dem feuchten Zipfel eines Papiertaschentuches oder eines feuchten, dünnen Haarpinsels eine **Analmassage** durchzuführen. Dabei werden Harn und Kot abgesetzt, der sorgfältig entfernt wird.

UNTERBRINGUNG

Sind die Jungen noch blind, etwa in den ersten vier Lebenswochen, dann genügt eine **Schachtel** oder ein **Korb**, ausgelegt mit weichen Tüchern o. dgl. Bis ihr Haarkleid ausreichend isoliert, muss ihnen Wärme von außen zugeführt werden. Bewährt hat sich hier bei Einzelaufzuchten ein **Taschenofen**, bei mehreren Geschwistern, die sich auch gegenseitig wärmen, eine **Wärmeflasche** oder ein **Infrarotstrahler**, der nur Wäme und kein Licht produziert.

TIPP

Um Unfälle von vornherein zu vermeiden, ist es am besten, bereits auch kleine Jungtiere mitsamt der Schachtel in einen größeren Käfig zu stellen.

Dieser Käfig, mit Kletterästen und Versteckmöglichkeiten ausgestattet, genügt dann auch in der ersten Zeit nach dem Öffnen der Augen, in der die Jungtiere noch sehr tollpatschig herumklettern.
Wird diese Behausung zu klein, erfüllt nur eine entsprechend eingerichtete Voliere artgerechte Ansprüche. Zu kleine Behausungen, selbst bei Zimmerhaltung, haben unweigerlich die Ausbildung stereotyper Bewegungsabläufe zur Folge.
Die spätere Auswilderung wird sehr erleichtert, wenn man den jungen Eichhörnchen als Nestersatz einen Nistkasten anbietet, z. B. einen Starenkasten aus Holzbeton (Fa. Schwegler), der ein größeres Einschlupfloch aufweist (Abb. 89).

AUSWILDERUNG

Sind die Eichhörnchen an den **Nistkasten** als **Zufluchts- und Wohnort** gewöhnt, ist die Freilassung denkbar einfach. Man hängt den Nistkasten, wenn die Tiere ein Alter von ungefähr 8–9 Wochen erreicht haben, an einen geeigneten Baum, abseits von Straßen und füttert dort noch eine gewisse Zeit lang zu.

ABB. 89
Junge ***Eichhörnchen*** *im Alter von etwa sieben Wochen an ihrem Ersatznest (Schwegler-Holzbetonnistkasten für Stare).*

Die kleinen Eichhörnchen erkunden von ihrer sicheren Behausung aus vorerst die nähere, später auch die weitere Umgebung. Das ist sicher die schonendste und Erfolg versprechendste Methode. **Eichhörnchen leben vor allem in älteren Wäldern**, da sie auf samentragende Bäume als Futterquelle angewiesen sind. Aber Sie werden sicher Gebiete kennen, in denen Eichhörnchen vorkommen.

Ein **mögliches Problem** kann in der Weise auftreten, dass freilebende Eichhörnchen das eben freigelassene Tier attackieren und böse zurichten. Meinen Erfahrungen nach und auch nach der Literatur sind die Tiere als nicht besonders territorial zu betrachten. Wahrscheinlich werden solche Angriffe von säugenden Weibchen durchgeführt. Aber eine verstärkte Kontrolle in den ersten Tagen nach der Freilassung ist angebracht.

Siebenschläfer (Bilche)

Auch die Familie *Gliridae* Bilche zählt zur Ordnung **Rodentia** Nagetiere.
Zur Familie der **Bilche** oder **Schläfer** gehören der **Siebenschläfer** *Glis glis*, der **Gartenschläfer** *Eliomys quercinus*, der **Baumschläfer** *Dryomys nitedula* und die **Haselmaus** *Muscardinus avellanarius*, die zum Teil unterschiedliche Habitate besiedeln.

Auch Siebenschläfer **kommen oft in der Nähe menschlicher Behausungen** vor. Oft ziehen sie sich dabei den Unmut der Bewohner zu, wenn sie allzu laut, vor allem nachts auf dem Dachboden oder in Zwischendecken hausen. Auch räumen sie Obstbäume ab oder beißen vom Obst jeweils nur ein kleines Stück heraus.

NIEMALS **Siebenschläfer bzw. alle Bilche niemals am Schwanz halten, da sie sonst die Haut abstreifen,** die an einigen präformierten, ringförmigen Stellen leicht einreißt. Passiert es trotzdem, nagt das Tier das freiliegende Schwanzskelett ab, worauf sich der Schwanz wieder regeneriert.

Jugendentwicklung

Bei der **Geburt** wiegen junge Siebenschläfer, die **nackt** und **blind** geboren werden, 1–2 g und der Körper weist eine Länge von 4 cm auf, der Schwanz misst 2 cm. Die Finger und Zehen sind völlig verwachsen, auch die Ohrmuschel ist vorgeklappt und mit der Kopfhaut verwachsen, die Vibrissen sind bis 1 mm lang.

Mit **5 Tagen** ist ein Gewicht von etwa 5 g erreicht, der Körper misst 5 cm, der Schwanz 2 cm, die Ohrmuscheln liegen am Hinterkopf an.

Mit **9 Tagen** wiegen die Tiere durchschnittlich 7 g, die Körperlänge beträgt 6 cm, die Schwanzlänge 2 cm.

Im Alter von **10–11 Tagen** trennen sich zuerst die Finger, danach auch die Zehen.

Mit **12–13 Tagen** haben sie ein Gewicht von etwa 9 g erreicht, die Körperlänge beträgt nun etwa 7 cm, die Schwanzlänge 3,5 cm. Die unteren Schneidezähne brechen durch, die Gehörgänge sind offen und die Ohrmuscheln stehen ab. Sie laufen bereits ungeschickt.

Mit **16 Tagen** haben die Jungtiere einen dichten, kurzhaarigen, dunklen Pelz am ganzen Körper.

Mit **21–23 Tagen** ist ein Gewicht von etwa 19 g erreicht, die Körperlänge beträgt etwa 7 cm, die Schwanzlänge 4,5 cm. Die oberen Schneidezähne brechen durch und die Augen öffnen sich. Der Geruchs- und Tastsinn sind ausgereift und es wird erstmals feste Nahrung aufgenommen.

Mit **28 Tagen** beträgt das Gewicht etwa 24 g, die Körperlänge 8 cm, die des Schwanzes 7 cm.

Mit Erreichen des **30. Tages** wird erstmals die Höhle selbstständig verlassen, das Säugen wird zunehmend eingestellt.

Mit **33 Tagen** ist die Fähigkeit zu klettern ausgereift. Mit **35 Tagen** beträgt das Gewicht etwa 31 g, der Körper misst etwa 10 cm und der Schwanz 9 cm.

Mit **46 Tagen** beträgt das Gewicht 50–53 g, die Körperlänge erreicht zwischen 10,5–12,5 cm und der Schwanz 9–11 cm. Die Praemolaren (4) und die Molaren (1,2) sind durchgebrochen. Die Jungtiere sind weitgehend selbstständig, der Schwanz wird buschiger.

Das voll entwickelte Jugendkleid ist ebenmäßig kurz, weich und dunkelaschgrau.

Mit **46–50 Tagen** beginnt der Wechsel des Jugendhaares.

Das Übergangsfell nach dem Jugendhaarwechsel ist kürzer, weicher und von der Farbe her stärker blaugrau als das Fell erwachsener Tiere. Die Augenringe sind schwach ausgeprägt.

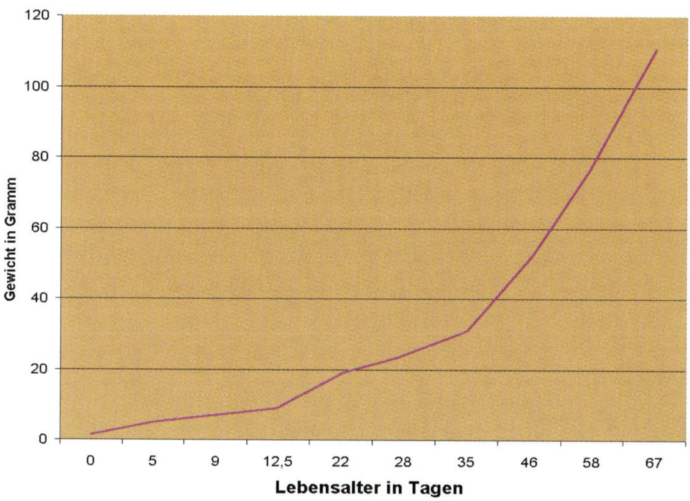

ABB. 90 *Durchschnittliche Gewichtsentwicklung beim* ***Siebenschläfer****. Die Gewichtswerte sind nicht verbindlich, aber man kann ganz gut abschätzen, ob sich der Pflegling normal entwickelt.*

Mit **57–60 Tagen** haben sie ein Gewicht von 71–85 g erreicht, die Körperlänge beträgt 11–13,5 cm und die Schwanzlänge 10–12 cm. Die Molaren (3) brechen durch, die Praemolaren (4) werden gewechselt.
Mit **67 Tagen** ist ein Gewicht von 106–116 g erreicht und sie beginnen zum Winterschlaf in die Erde zu gehen, wobei sie sich Röhren bis zu einem Meter Länge graben. Benützt werden auch verschiedenartigste Baumhöhlen, tiefe Felsspalten und Verstecke unter Wurzelstöcken. Nistkästen werden nicht benützt.

Aufzucht

Die **ERNÄHRUNG, FÜTTERUNG** und **AUSWILDERUNG** erfolgt, wie beim **Eichhörnchen** beschrieben. Analmassage nicht vergessen.
Die **Ernährung entwöhnter Tiere** bzw. die Futterumstellung muss überwiegend pflanzlich erfolgen. Rinde, Blätter, Knospen und Früchte verschiedener Laubbaumarten, wie Buche, Eiche und Holunder werden gerne genommen. Daneben Obst und Beeren anbieten, als Beikost Insekten.

UNTERBRINGUNG

Als Unterschlupf dient ein Nistkasten, der in einem größeren Käfig steht. Freilassung im Alter von etwa 55–60 Tagen durch Öffnen des Käfigs, der bereits einige Tage witterungsgeschützt im geeigneten Habitat steht. Siehe dazu auch die grundsätzlichen Betrachtungen im Kapitel **Auswilderung**.

Waldmaus, Hausmaus und Rötelmaus

Diese drei Arten gehören zur Ordnung **Rodentia** Nagetiere. Die Unterordnung **Myomorpha** Mäuseverwandte spaltet sich weiter auf in die Familie *Muridae* bzw. Unterfamilie *Murinae*, in die **Waldmaus** *Apodemus sylvaticus* und **Hausmaus** *Mus musculus* gehören.
Die **Rötelmaus** *Clethrionomys glareolus* zählt in der Familie *Cricetidae* Wühler in der Unterfamilie *Cricetinae* Eigentliche Wühler, wie auch die Bisamratte, zu den echten Wühlmäusen.

Da diese drei Kleinsäugerarten in bzw. oft in unmittelbarer Nähe von menschlichen Behausungen vorkommen, kann es immer wieder passieren, dass Nester mit Jungtieren gefunden werden und eine künstliche Aufzucht versucht wird. **Ich persönlich lasse solche Wurfnester in Ruhe**, eher lege ich sogar in der Nähe Futter aus. Beim Ausräumen unserer Garage haben wir im Sommer 99 in einem alten Kübel, der schon für den Abfallcontainer bestimmt war, ein Nest mit fünf kleinen, 8–10-tägigen, noch blinden Rötelmäusen gefunden. Obwohl wir nicht mehr genau wussten, wo der Kübel ursprünglich gestanden war in der Garage, fand das Weibchen die Jungen nach kurzer Zeit, wahrscheinlich aufgrund des guten Gehörs und trug sie in ein neues Versteck. Wichtig dabei ist aber, dass die Umgebung ruhig ist.

Jugendentwicklung

Neugeborene Wald-, Haus- und Rötelmäuse sind typische Nesthocker, werden **nackt** und **blind** geboren, das **Geburtsgewicht** liegt bei **Waldmäusen** zwischen 1,5 und 1,8 g. In den ersten 20 Tagen nehmen die Jungen täglich durchschnittlich 0,32 g zu. Junge **Hausmäuse** wiegen bei

der Geburt durchschnittlich 0,97 g bei einer Körperlänge von 23–27 mm, der Schwanz misst etwa 10,2 mm. **Rötelmäuse** wiegen bei der Geburt etwa 1,8–2 g bei einer Körperlänge von 38–40 mm und einer Schwanzlänge von etwa 6,8 mm.
Das individuelle Geburtsgewicht nimmt mit steigender Wurfgröße ab.
Bei der Geburt sind bereits Vibrissen und Sinushaare (Tasthaare) vorhanden.

Die nachstehenden Angaben sind nur als eine grobe Orientierung zur Altersbestimmung gedacht und können von Art zu Art leicht abweichen.
Am **4. Tag** richten sich die Ohren auf.
Am **5. Tag** trennen sich die Zehen und die ersten Haare durchstoßen die Haut.
Nach **8 Tagen** werden bei Weibchen die Zitzen sichtbar, erste Gehversuche finden statt.
Im Alter von **9 Tagen** brechen die Schneidezähne hervor, bei Rötelmäusen bereits mit 3 Tagen.
Die Gehörgänge öffnen sich mit **11 Tagen** (Rötelmaus).
Die Augen öffnen sich zwischen dem **12.** und **16. Tag**.
Die ersten Molaren durchstoßen die Mundschleimhaut am **15. Tag**.
Im Alter von **16–17 Tagen** beginnt die selbstständige Ernährung.
Nach **25–30 Tagen** sind die jungen Mäuse entwöhnt und selbstständig.

AUFZUCHT

Ich persönlich habe bisher keine Erfahrungen bei der Aufzucht nestjunger Mäuse und gebe daher die Erfahrungen von K.-A. NITSCHE, der drei etwa 7–8 Tage alte Brandmäuse aufgezogen hat, wieder:
Die Anfangsgewichte lagen zwischen 6,5 und 7,5 g, wobei alle drei in den ersten vier Tagen der Aufzucht je 1,5 g abnahmen, die Körperlänge lag anfangs durchschnittlich bei 45 mm.

ERNÄHRUNG UND FÜTTERUNG

Gefüttert wurde Vollmilch, Maisan, Haferschleim, Milasan (Babynahrung) und Landbutter. Die Verabreichung der flüssigen Kost erfolgte mit einer Injektionsspritze mit aufgesetztem Ventilschlauch. Dadurch, dass viel Flüssigkeit danebenging, verklebte das Fell im Bereich von Kopf und Brust stark, was durch das Einwickeln in Küchenrolle zu vermindern wäre. Besser würde sich wahrscheinlich die Lippenfütterung mit einer feinen Pipette eignen.
Die **Fütterungsintervalle** betrugen 1–2 Stunden bei größeren Pausen in der Nacht.

Ich würde zur Aufzucht wieder GIMPET Cat-milk empfehlen. TIPP

Im Alter von 14–15 Tagen erfolgte die Nahrungsaufnahme selbstständig, er bot den Tieren neben Milch auch Kleeblättchen und -blüten an. Man kann dann die gesamte Palette wie beim Eichhörnchen anbieten.

UNTERBRINGUNG

Er brachte die vorerst noch blinden Mäuse in einem Glasbecken mit den Maßen 27 x 17 cm unter. Einen Teil des Nestes (trockene Gräser) legte er unter eine kleine Pappschachtel mit Ausschlupfloch. Der Boden bestand, um ihn besser reinigen zu können, aus einer Lage Zellstoff. In einer Ecke sorgte eine 40 W-Lampe für die erforderliche Wärme.
Als Richtwert: Die Körpertemperatur junger Rötelmäuse beträgt bis zum Alter von 9 Tagen 33–34° C, ab einem Alter von 19 Tagen 37–39° C.

Auswilderung

Sie erfolgt ohne zusätzliche Trainingsmaßnahme im Alter von 4–5 Wochen einfach durch Öffnen des Käfigs bzw. des Terrariums im geeigneten Habitat bzw. am Fundort, wodurch die Tiere den Zeitpunkt des Abwanderns selbst bestimmen können. In den meisten Fällen wird man die Mäuse jedoch auch weiterhin im Terrarium halten.

Rotfuchs

Der **Rotfuchs** *Vulpes vulpes* zählt in der Ordnung **Carnivora** Raubtiere zur Familie *Canidae* Hundeartige und ist z. B. mit Hund, Wolf und Goldschakal näher verwandt.

Nimmt der Rotfuchsbestand, laut Jägerschaft, überhand, werden immer wieder Wurfbaue aufgegraben und die Welpen entweder sofort getötet oder zur künstlichen Aufzucht mit nach Hause genommen.
Für eine **artgerechte Tierhaltung fehlt** aber dann meistens **das Verständnis** für die artspezifischen Bedürfnisse und das notwendige biologische Wissen. Solche handaufgezogenen Füchse, die in Freiheit ein großes Gebiet bejagen, sind innerhalb kurzer Zeit derart verhaltensgestört, dass sie für eine Auswilderung kaum noch in Frage kommen. Ihre Haltung in mehr oder weniger großen Gehegen bedeutet für mich jedoch Tierquälerei.
Ein großes Problem ist auch eine mögliche Fehlprägung, siehe Kapitel **Prägung**.

Jugendentwicklung

Bei der **Geburt** beträgt das Gewicht des Nesthockers etwa 90–120 g, die Körperlänge 100–150 mm, die Schwanzlänge 60–80 mm. Sie sind zahnlos, Augen und Ohren sind geschlossen. Das wollige Fell ist nussbraun bis schiefergrau mit weißem Brustfleck und weißer Schwanzspitze (siehe Abb. 91).
Die Augen öffnen sich mit etwa **14–16 Tagen**, die Irisfarbe der Welpen ist blau. Mit etwa **18 Tagen** brechen die ersten Milchzähne durch, die letzten erscheinen mit etwa 26 Tagen.
Mit **3 Wochen** zeigt das Fell am Kopf einen braunen Schimmer, der übrige Körper bekommt eine fahle Farbe, sie können gehen und feste Nahrung zu sich nehmen. Das Gewicht beträgt nun ungefähr 0,4 kg.

ABB. 91
Jungfüchse *im Alter von etwa 2,5–3 Wochen (Präparat). Man beachte die weiße Schwanzspitze. Von ursprünglich sechs Jungtieren lagen drei tot vor dem Versteck (Reisighaufen). Möglicherweise ist das Muttertier umgekommen.*

Vor dem Bau erscheinen die Jungfüchse im Alter von **4–5 Wochen**, die Ohren stellen sich auf. Mit **4–7 Wochen** erfolgt die Entwöhnung. Mit **drei Monaten** begleiten sie die Mutter erstmals bei den Jagdausflügen und durchstreifen bald darauf das Revier selbstständig. Erbeutet werden dabei hauptsächlich Mäuse. Mit **17 Wochen** beginnt der Zahnwechsel.

Färbung: Das bei der Geburt schiefergraue Fell verändert sich im Verlauf von rund 90 Tagen über die Stufen **graubraun** (rund 30–55 Tage) und **rötlichgelb** (40–65 Tage) über **rotgelb** (60–85 Tage) zu **rot** (erste Individuen ab rund 70 Tagen), wobei regionale Unterschiede auftreten können.

Aufzucht

ERNÄHRUNG

Zur Ernährung noch kleiner Füchse eignet sich **Welpi-Lac** oder andere für Hundewelpen entwickelte Trockenmilch noch am besten. Sie ist im Zoohandel erhältlich.
Welpi-Lac: Dosierung: Ein Teil Trockenmilchpulver mit zwei Teilen abgekochtem und auf etwa 45° C abgekühltem Wasser verrühren. Um Verdauungsstörungen vorzubeugen kann statt Wasser auch Fencheltee verwendet werden.
Da in Deutschland Welpi-Lac nicht erhältlich ist, hat eine Bekannte von mir für die Aufzucht von Waschbären und Marderhunden zuerst **Welpenmilch A1** und ab der 3. Woche **Welpenbrei A2** von der Firma Royal Canin erfolgreich verfüttert.

Bei noch sehr kleinen Jungtieren hat sich auch **Aledin-Heilnahrung** (Nestle) oder **Humana H** (Heilnahrung) sehr bewährt. Bezugsquellen siehe im Anhang. Alle genannten Präparate sind Vollnahrung mit Vitaminen und Mineralstoffen und bedürfen keinerlei Zusätze.

Die **ersten vier Wochen** besteht die Nahrung **ausschließlich** aus **Milch**, als Zusatz wird sie noch bis zur achten Lebenswoche gereicht.

Fleischliche Kost kann anfangs aus zerschnittenen Mäusen (mit Fell), faschierten Ratten (ohne Fell), Eintagsküken u. dgl. bestehen. Auch Hühnerhälse und -rücken, anfangs noch faschiert, eignen sich zur Aufzucht. Vitamin- und Mineralstoffzusätze, Präparate sind am Ende des Buches angeführt, ergänzen die Nahrung.

Mit **zunehmendem Alter** (Beginn der fleischlichen Ernährung) sind auch unverdauliche Stoffe, wie Fellstücke, Federn u. Ä. für eine geregelte Verdauung lebensnotwendig. Beim Verfüttern von Mäusen, Ratten, Eintagsküken u. Ä. werden auch kaum Mangelerscheinungen auftreten. Daneben kann man ja immer wieder Fellstücke anbieten, das Jungtier wird nicht zu viel davon aufnehmen.
Je älter der Fuchs wird, desto vollständiger erhält er die Futtertiere. Das Zerbeißen der Nahrung ist auch für die Ausbildung der Kaumuskulatur wichtig.

VORSICHT

Eine Ernährung mit reinem Fleisch (ohne Knochen und Ballaststoffen) führt unweigerlich zu Mangelerscheinungen und schweren Verdauungsstörungen, die oft tödlich enden, siehe dazu auch Marderartige.

Bei Füchsen ist das **Spiel besonders ausgeprägt**, sie werden auch sehr zahm, aber sie sind für den Menschen mitunter auch lästig. Sie können der Versuchung, einen zu provozieren nicht widerstehen, sie haben Leder zum Fressen gern, legen Futterdepots bevorzugt im Bett des sie aufziehenden Menschen an und manche schlafen auch gerne mit der Schnauze im Ohr des Menschen, sie fiepen einem dann wochenlang ins Ohr. Also besser im Freien, auf einem umzäunten Wiesenstück mit Unterschlupf, aufziehen.

NIEMALS **Wovor man sich besonders hüten soll, ist, ihnen Futter wegzunehmen, auch wenn es noch ganz kleine Füchslein sind. Auf Futterentzug reagieren sie nämlich zuerst mit sanftem Hineinbeißen (in die Hand), gefolgt von kräftigstem Nachfassen. Die Zähnchen sind nadelspitz.**

Angaben zur **FÜTTERUNG** und **UNTERBRINGUNG** siehe bei den Marderartigen.

AUSWILDERUNG

Junge Füchse **bedürfen keiner langen Führungszeit**, es wurden schon Tiere beobachtet, die sich im Alter von 2–3 Monaten selbst durchbrachten. Weiteres zur **Auswilderung** ist im gleich lautenden Kapitel beschrieben.

Marderartige

Marderartige zählen in der Ordnung **Carnivora** Raubtiere zur Unterodnung **Fissipedia** Landraubtiere. Die Familie *Mustelidae* Marder untergliedert sich wieder in die Unterfamilie *Mustelinae* Wieselartige, Unterfamilie *Melinae* Dachse und in die Unterfamilie *Lutrinae* Otter. Zu dieser Säugetiergruppe zählen **Mauswiesel** *Mustela nivalis*, **Hermelin** *Mustela erminea*, **Iltis** *Mustela putorius*, **Baummarder** *Martes martes*, **Steinmarder** *Martes foina*, **Dachs** *Meles meles* und **Fischotter** *Lutra lutra*. Diese Aufzählung ist zwar noch unvollständig, umfasst aber alle in Österreich heimischen Arten.

Oft kommen junge Marderartige nach dem Abschuss oder Fallenfang der Muttertiere in menschliche Pflege. Aber da Steinmarder auch vermehrt die Stadtbereiche besiedeln, werden **Jungtiere** immer wieder auf **Dachböden**, in **Gartenhäusern** u. dgl. **gefunden**. Was tun? Ich empfehle den Leuten immer die **jungen Marder** in **Ruhe** zu **lassen**.

TIPP **Eine wahrscheinlich gute Vergrämungsmethode bei lärmenden Jungmadern, die ich allerdings selbst noch nicht ausprobiert habe, wäre die Installation eines Bewegungsmelders am Dachboden, gekoppelt mit einem Scheinwerfer und/oder einem Tonbandgerät.**

Ist die Störung vorüber, wird das Weibchen wieder aus ihrem Versteck auftauchen und die Jungen meist in der nächsten Nacht in einen anderen Unterschlupf transportieren. Auch der oft nicht unerhebliche nächtliche Lärm, den spielende junge Marder auf manchen Dachböden verursachen, legt sich wieder, wenn die Jungen dem Muttertier auf ihren Streifzügen folgen.

Das Schlimmste, das man machen kann, ist die noch unselbstständigen Jungen in Kastenfallen zu fangen, was nicht sonderlich schwer ist und sie irgendwo im Wald freizulassen. Manche Jäger wollen sich auch dadurch profilieren, dass sie junge Marder in viel zu kleinen Käfigen halten, die nach kurzer Zeit einen erbärmlichen Eindruck machen, stereotype Bewegungsabläufe ausbilden und sich später meist den Schwanz abbeißen.

Ich selbst habe bereits einen jungen Baummarder, junge Steinmarder und zwei Iltisse großgezogen. Alle hatten aber bereits fast ein Alter erreicht, in dem sich die Augen öffnen.

Nachstehend sind die Daten zur Jugendentwicklung verschiedener Marderartiger angeführt. Diese Daten können jedoch immer nur Anhaltspunkte für die Altersentwicklung bieten und sind abhängig z. B. von der Wurfgröße, vom Geschlecht und vom Ernährungszustand. Besonders das Gewicht kann beträchtlich variieren. Bei der künstlichen Aufzucht ist vor allem wichtig, dass das Jungtier kontinuierlich zunimmt.

Jugendentwicklung Mauswiesel

Bei der **Geburt** wiegen Mauswieselmännchen etwa 1,7 g, die Weibchen sind um durchschnittlich 0,2 g leichter. Die Körperlänge beträgt 38–43 mm, die Schwanzlänge 4–7 mm. Sie sind **blind** und **nackt**, aber bei genauerer Betrachtung fällt eine kurze, pigmentlose Behaarung auf. Die Eingeweide und Blutgefäße sind durch die rosige Haut zu erkennen.
Mit **4 Tagen** ist der gesamte Körper kurz und pigmentlos behaart.
Ab dem **5. Tag** lassen die Jungen „Nestgezwitscher" (Weinen des Verlassenseins) hören, das vom 20. Tag an wieder verschwindet. Weitere Lautäußerungen unterschiedlicher Bedeutung werden im Nestlingsalter abgegeben.
Mit **6 Tagen** verdunkelt sich die Ruckenseite.
Vom **10. Tag** an sind neben den Zwitscherlauten auch Mauzrufe zu hören, die die Funktion von Hilfe-, Unterwerfungs- und Bettelrufen haben.
Mit **8–11 Tagen** ist die Behaarung silbrig blaugrau mit deutlicher Flankenbegrenzung. Mit 8 Tagen sind auch die Wangendrüsen hinter den Mundwinkeln deutlich sichtbar.
Um den **11./12. Tag** brechen die unteren Caninen (Eckzähne) durch.
Mit **13–16 Tagen** erscheinen die ersten braunen Haare.
Ab dem **14.–18. Tag** wird erste fleischliche Kost genommen.
Mit **15 Tagen** treten die Kinnflecken auf, mit **19 Tagen** variable Bauchflecken.
Frühestens mit **21 Tagen** ist die Oberseite vollständig braun, das Haarkleid ist locker-wollig. Die Hinterbeine sind aktiv an der Fortbewegung beteiligt, auch setzt die Hörfähigkeit ein.
Im Alter von **21–26 Tagen** öffnen sich die Augen, erstmaliges Auftreten von Drohrufen in Verbindung mit Absetzen des Analdrüsensekretes. Mit **28 Tagen** ist das Wachstum der Bauchbehaarung abgeschlossen, der Schwanz ist buschig behaart.
Mit **30 Tagen** hat das Tier seine Dauer-Eckzähne, das Gleichgewicht kann gehalten werden.
Frühestens ab der **6. Woche** sind erste Beutefanghandlungen zu beobachten, kurz darauf kommt es zum ersten erfolgreichen Tötungsbiss.
Die Stillzeit dauert **8 Wochen bis 90 Tage**.
Mit **10 Wochen** selbstständig, bei nordischen Wieseln wurde eine volle Selbstständigkeit bereits mit 8–9 Wochen festgestellt.

Der **tägliche Nahrungsbedarf** eines **Mauswiesels** beträgt etwa **1/3 seines Körpergewichtes**, wobei heranwachsende Jungtiere noch mehr benötigen. Die Gewichtszunahme erfolgt rasch. Weibchen können ihr Endgewicht von etwa 80 g bereits nach 60 Tagen erreichen, die schwereren Männchen erst nach 80–90 Tagen.

Jugendentwicklung Hermelin (Grosses Wiesel)

Junge Hermeline werden **blind und nackt geboren** und wiegen zwischen 2,5 und 4,5 g.
Nach **1–2 Tagen** zeigt sich auf der Oberseite bereits ein Anflug feiner, weißer Haare.
Mit **7 Tagen** haben die Tiere eine samtige, kurze, helle Behaarung und ein dunkel gefärbtes, stärkeres Haarbüschel auf der wulstigen Nackenhaut, an dem die Fähe das Junge beim Transport ergreift.
Mit **14 Tagen** sind sie oberseits hellgrau, aber noch nicht ganz deckend behaart. Erstmals ist ein schwacher Abwehrgeruch zu bemerken.
Mit **21 Tagen** sind bei den weiblichen Jungtieren die Zitzenanlagen erkennbar, Durchbruch der ersten Milchzähne.
Ab **26–27 Tagen** wird erstmals fleischliche Kost angenommen.
Im Alter von **30 Tagen** öffnen sich die Augen und die Gehörgänge.
Mit **5–6 Wochen** ist die Oberseite sattbraun gefärbt, die Unterseite dagegen deutlich weiß abgesetzt.
Die ersten **40–50 Tage** sind die Tiere nicht in der Lage, ihre Körpertemperatur konstant zu halten.
Mit **6–7 Wochen** weist der Schwanz schwarzes Endhaar auf.
Erste Beutefanghandlungen sind ab der **8. Woche** zu beobachten.
Mit **2,5–3 Monaten** ist der Zahnwechsel abgeschlossen, das Markierungsverhalten setzt ein. Das Ende des postnatalen Wachstums ist erreicht.
Ab einem Alter von **3 Monaten** ist das Beuteverhalten voll ausgereift und die Tiere selbstständig. Entkommene Jungtiere haben überlebt.

Über die **Gewichtsentwicklung** lassen sich nur schwer Angaben machen, da sie von verschiedenen Faktoren, wie z. B. der Wurfgröße, abhängig ist. Als Orientierungshilfe kann das folgende Diagramm dienen. Weibchen erreichen ihr Endgewicht noch im Geburtsjahr, Männchen hingegen erst im darauffolgenden Jahr mit dem Eintritt der Geschlechtsreife.

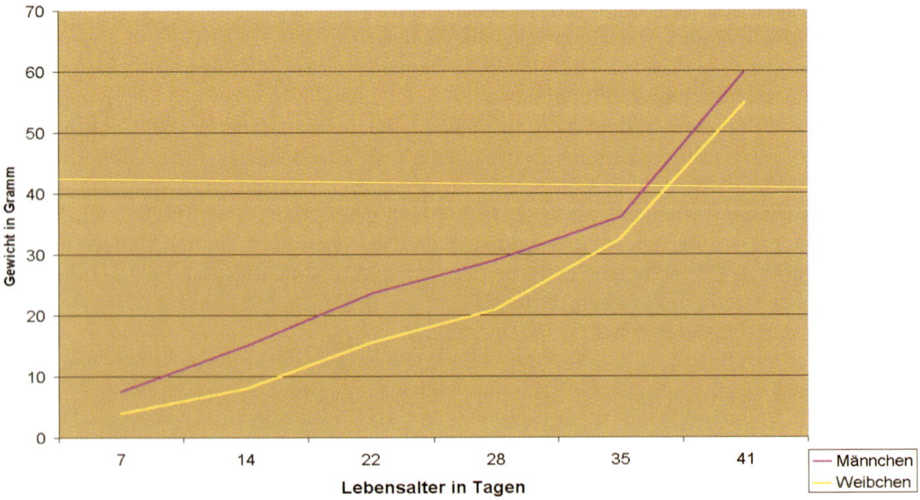

ABB. 92 *Durchschnittliche Gewichtsentwicklung beim* ***Hermelin*** *(Männchen und Weibchen).*

Der **tägliche Nahrungsbedarf** adulter Hermeline liegt bei durchschnittlich 25 % ihres Körpergewichtes, wobei heranwachsende Tiere mehr benötigen.

Bei Absinken der Umgebungstemperatur **unter 10–12° C** fallen Jungtiere in eine **Kältestarre**, in der sie längere Zeit überdauern können.

Markieren: Beide Geschlechter markieren **ab einem Alter von etwa 2,5 Monaten** durch das sogenannte „Analrutschen“: Bei fest aufgedrückter Anogenitalregion werden Sekrettropfen kurzzeitig verstrichen. Die Entleerung des Analbeutel-Inhalts kann auch reflektorisch, wenn man auf das Tier tritt oder es sich erschrickt, erfolgen.

Jugendentwicklung Iltis

Im östlichen Niederösterreich und im Burgenland kommt auch noch der Steppeniltis, der heller gefärbt ist, vor. In Tschechien und Polen dringt er noch weiter nach Westen vor. Neben einem isolierten westlichen Vorkommen liegt seine Hauptverbreitung in Asien.
Die **Jugendentwicklung des Steppeniltisses** verläuft ähnlich der des Iltisses.

Waldiltisse weisen bereits bei der **Geburt** dichtes, helles Wollhaar auf. Sie lassen „Nestgezwitscher“ hören, das ist ein hohes Quieken, ein im Atemrhythmus ausgestoßener wispernder Ton. Sie werden **blind** geboren, die Gehörgänge sind noch verschlossen.
Nach **einem Tag** ist ein Gewicht von etwa 9 g erreicht, bei einer Länge von durchschnittlich 77 mm. Das Fell ist silbrig weiß.
Ab einem Alter von **4–8 Tagen** ist der Rücken rosalila bis grau gefärbt, der Bauch rosaviolett bis graudunkelviolett. Die Haarlänge beträgt 2–3 mm. Die längsten Haare befinden sich am Nacken.
Nach **10–16 Tagen** sind die Tiere am Rücken hellgrauviolett bis dunkelgrau, der Bauch ist überwiegend rosalilafarben. Die Ohren sind rosaviolett. Am Schnauzenende beginnt sich die Maske zu gestalten. Die Haarlänge an der „Nackenmähne“ beträgt bis 11 mm.
Mit **15–17 Tagen** beginnen die Milchzähne durchzubrechen, sämtliche Zähne sind mit etwa 43 Tagen sichtbar. Im Alter von **18–20 Tagen** beginnen sie an fester Nahrung zu kauen.
Nach **19–26 Tagen** sind Kopf und Hals allgemein dunkelgrau, die Ohrenden weiß, der Rücken dunkelviolett, Brust, Extremitäten und Schwanz dunkel oder schwarz, der Bauch dunkel, an den Flanken sind rosa Abstufungen zu beobachten. Die Haarlänge beträgt bis 20 mm (Rücken), die „Mähne“ verschwindet.
Mit **24–25 Tagen** öffnen sich die Gehörgänge.
Nach **29–36 Tagen** wir die Färbung an Rücken, Brust, Extremitäten und Schwanz deutlicher, die Maske wird intensiver, die Mähne verschwindet.
Mit **30–35 Tagen** öffnen sich die Augen.
Mit **37–40 Tagen** beginnen die Jungtiere das Nest zu verlassen.
Frühestens mit **38–40 Tagen**, spätestens mit **65 Tagen** beginnen sie bewegte Objekte zu verfolgen.
Ab dem **40. Tag** beginnt der Zahnwechsel, erstmalige Sekretion aus den Analdrüsen.
Zwischen dem **51. und 60. Tag** ist erstmals Beutefang zu beobachten, vor allem Mäuse.
Ab **8 Wochen** sind in der Färbung keine wesentlichen Unterschiede zu adulten Tieren erkennbar, ab einem Alter von 4–5 Monaten ist auch die Haarlänge gleich.
Ab der **9. Woche** wird die Mutter-Kind-Beziehung zunehmend gleichgültig bis aggressiv, die Selbstständigkeit ist erreicht.

Nachstehend noch eine normale **durchschnittliche Gewichtsentwicklung** beim Iltis grafisch dargestellt. Das Beispiel, das für alle Säugetierarten gleichermaßen zutrifft, zeigt auch, wie wichtig es ist, vor allem sehr junge Tiere regelmäßig abzuwiegen. Die Gewichtskurve beruht auf Durchschnittswerten. Sollte das Gewicht über mehrere Tage gleichbleiben oder sogar abnehmen, ist das bei größeren Schwankungen ein Alarmsignal und muss abgeklärt werden.

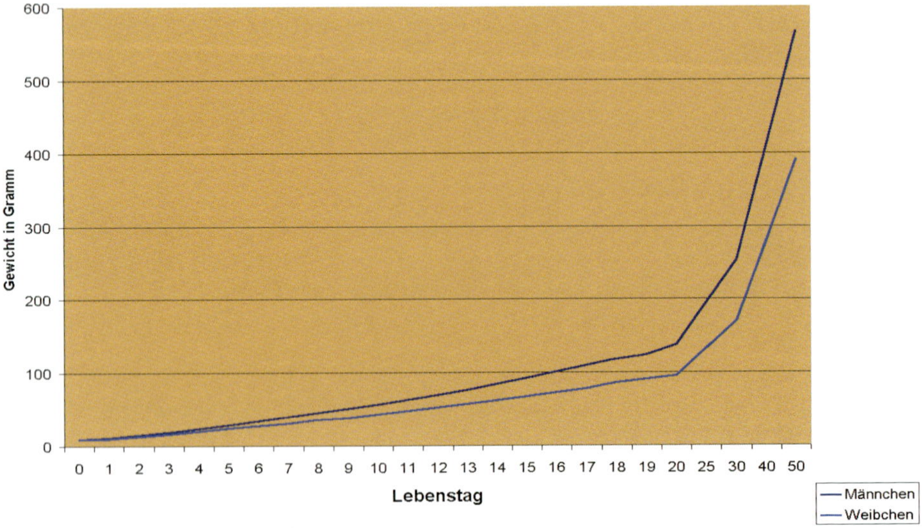

ABB. 93 *Durchschnittliche Gewichtsentwicklung beim* ***Iltis*** *(Männchen und Weibchen).*

JUGENDENTWICKLUNG STEINMARDER

Bei der **Geburt** wiegen Steinmarder zwischen 28 und 34 g, bei einer Körperlänge von 12–15 cm. Sie werden **blind** geboren, der Körper ist aber schon von einem feinen, grauweißen Haarflaum bedeckt. Die Gehörgänge sind noch verschlossen.

In der **2. Woche** verfärbt sich dieser Haarflaum bläulich.

Im Alter von **3 Wochen** durchbrechen die oberen Caninen und Praemolaren die Mundschleimhaut, nach einer weiteren Woche auch die unteren.

Mit **32–36 Tagen** öffnen sich die Augenlider.

Mit **5 Wochen** beginnen die Gewichtsunterschiede zwischen Männchen und Weibchen größer zu werden.

Mit **6–7 Wochen** beginnt die Zufütterung mit Fleisch.

Die Säugezeit dauert etwa **8–10 Wochen**.

Im Milchgebiss, das etwa nach **7 Wochen** vollständig ist, beginnt mit 8 Wochen der Wechsel der Incisivi (Schneidezähne) und mit 10–12 Wochen der Wechsel der Caninen und Praemolaren, mit 16 Wochen ist das Dauergebiss ausgebildet.

Mit **11 Wochen** haben Männchen durchschnittlich 800 g, Weibchen etwa 600 g erreicht, was in etwa der Hälfte des späteren Endgewichtes entspricht.

Ab der **16. Woche** wird selbstständig auf Beutefang gegangen. Das permanente Gebiss ist ausgebildet.

Der Familienverband löst sich ab der **23. Woche** auf.

Ab der **26. Woche** wird das Quartier normalerweise nicht mehr gemeinsam genutzt. Freilandbeobachtungen haben aber gezeigt, dass 1/2-jährige und auch noch ältere Jungtiere, meist Rüden, bei der Mutter schlafen könnnen.

Jugendentwicklung Dachs

Bei der **Geburt** wiegen Dachse zwischen 75 und 130 g, bei einer Länge von etwa 18 cm. Sie sind noch **blind**, haben ein dünnes, weißes Haarkleid und einen rosaroten Nasenspiegel.
Mit **1 Woche** wird die schwarzweiße Gesichtszeichnung erkennbar, die sukzessive lebhafter und schärfer abgegrenzt wird, der Nasenspiegel färbt sich schwarz.
Mit **4 Wochen** brechen die oberen und unteren Caninen (Eckzähne) durch.
Die Augen öffnen sich nach **28–35 Tagen**.
Mit **4,5 Wochen** beginnen die ersten Praemolaren durchzubrechen, mit **6 Wochen** sind alle vorhanden.
Ab der **7. Woche** wird erstmals feste Nahrung aufgenommen.
Erstes Verlassen des Baues ab einem Alter von etwa **8 Wochen**, seit einer Woche erscheinen sie an der Oberfläche.
Mit **9 Wochen** beginnen sie zu markieren.
Ab **10 Wochen** wird neben der Milch auch andere Nahrung aufgenommen, nach einer **Säugezeit** von **mindestens 12 Wochen** beginnt die Entwöhnung.
Mit **15–17 Wochen**, das ist so um Ende Juni, ist das Gebiss vollständig gewechselt.
Erste Kampfspiele wurden am **118. Tag** beobachtet.
Ab **5 Monaten** beginnt die selbstständige Nahrungsbeschaffung.
Mit **9–10 Monaten** ist das Gewicht adulter Tiere erreicht.

Aufzucht

ERNÄHRUNG

Folgende Milchmischungen sind als Aufzuchtnahrung geeignet:

• **Am besten** eignet sich **GIMPET Cat-milk**, die einfachst anzurühren ist und der keine Mineralstoffmischungen u. dgl. zugesetzt werden müssen.

• **Kuhmilch**, da vor allem sehr fettreiche Milch mit einem Fettanteil bis zu 4,5 % verwenden (Kindermilch, Extramilch) und diese noch mit Schlagobers im Verhältnis 2:1 (Milch zu Schlagobers) anreichern und etwas Schlämmkreide zusetzen.
Auftretende **Blähbäuche** sind oft **Zeichen von Mangelernährungen**, die Milch daher unbedingt mit Schlagobers auffetten oder Ziegenmilch verwenden. Auch die Beigabe von Hafermark ist zu empfehlen, der Kot wird dadurch massig und wurstförmig, sieht aber bisweilen recht unverdaut aus.

• Weiters ist auch **Ziegenmilch** wegen ihres relativ hohen Fettanteiles, der zwischen 3,6 und 4,4 % liegt, sehr gut als Aufzuchtmich geeignet.

• Auch **Maresi** eignet sich für die Aufzucht sehr gut. Dazu werden 2/3 Maresi mit 1/3 Fenchel- oder Kümmeltee gemischt, dazu kommt noch Kleintiermineralstoffmischung der Fa. Bayer, bei

der eine Überdosierung unbedeutend ist und etwa 1/2 Teelöffel Enteroferment® verteilt auf den Tag. Näheres zu den Medikamenten siehe im Anhang.
Wichtig: Bei der Aufzucht mit Maresi immer auch Mineralstoffmischung beifügen.

Die verschiedenen Maresisorten haben folgende Zusammensetzungen:

Marke	Fett %	Eiweiß %	Milchzucker %	Mineralstoffe %
Maresi	7,5	6,4	9,6	1,5
Maresi leicht	4,0	6,4	9,6	1,5
Maresi Gold	12,0	5,8	8,2	1,3
Alpensahne	10,0	3,2	4,7	0,7

- Auch säugende Frettchen, die sich als Haustiere immer größerer Beliebtheit erfreuen, kämen als Ammen, besonders für Iltisse, in Frage.

Für ausgetrocknete, schlecht gefütterte und sterbende Babys wurde folgende Rezeptur entwickelt: Auf 1 Liter Wasser kommen 1 Teelöffel schwarzer Tee, 1 Teelöffel Salz und 1 Teelöffel Traubenzucker. Etwas Tierkohle kommt bereits ins Fläschchen. Allein diese Mischung wird in etwa 3 Fütterungen, über einen 1/2–3/4 Tag verteilt, verabreicht. Nichts anderes zufüttern, danach wird auf GIMPET Cat-milk umgestellt.

WICHTIG **Futterumstellungen vermeiden! Übernimmt man ein Marderbaby, das z. B. mit verdünnter Kuhmilch gefüttert wurde, dann muss man umstellen, auch wenn man in diesem Fall starken Durchfall etc. riskiert. Nach der Umstellung, am besten auf Cat-milk, muss man aber bei ein und derselben Milchnahrung bleiben.**

Ab dem **10.–14. Lebenstag** sollte man eine Milchmahlzeit täglich durch **Lebersaft** ersetzen. Dazu wird Leber im Mixer gemust, anschließend durch ein feines Sieb gestrichen und mit 2 Teilen abgekochtem Wasser verdünnt. Der Kot wird dadurch dunkler, bleibt aber fest.

Die erste fleischliche Kost wird meist bereits vor dem Augenöffnen angenommen. Dazu bietet man jungen, noch blinden Mardern z. B. Babymäuse oder Faschiertes zum Lutschen an.

Mit 4–6 Wochen langsam auf Fleischnahrung umstellen. Milch aber noch bis zum Ende der achten Woche zufüttern. Auch Milupa Babybreie sind als Zusatzfutter geeignet.
Der Kot wird durch die Umstellung dunkler und etwas breiiger, darf aber nicht flüssig werden!

Feiner Fleischbrei, faschierte Ratten, Mäuse, Kücken, Hühnerhälse u. dgl. eignen sich zur Ernährung besonders als **erste Fleischkost bis zur siebten Lebenswoche**, danach ist ein Jungtier in der Lage Beutetiere selbst zu zerteilen. Auch in Milch eingelegtes Faschiertes eignet sich als Zusatzfutter zur Milchkost bzw. in der Umstellungsphase.

TIPP **Um Ratten und Mäuse faschieren zu können, müssen Fell, Pfoten und Schwanz entfernt werden, sie würden sonst den Fleischwolf verstopfen. Dieser Brei, der alle wichtigen Nähr- und Aufbaustoffe beinhaltet, kann auch auf Vorrat hergestellt und eingefroren werden.**

ABB. 94 *Flaschenfütterung eines jungen* **Dachses** *mit einem Babybrei.*

Eine **Verdauungsstörung und Mangelernährung**, wie sie beim Verfüttern von reinem Fleisch (knochenlos) nach kurzer Zeit auftritt, habe ich selbst bei zwei jungen Iltissen, Alter etwa 5–6 Wochen, erlebt. Dabei lagen die Tiere nur mehr apathisch in einer Ecke, waren sehr schwach und der Bauch war druckempfindlich. Rechtzeitiges Verfüttern von faschierten Ratten behob die Ursache dann innerhalb weniger Tage. Oft endet die Erkrankung aber auch tödlich.

Auf faschierten Fleischbrei kann man aber verzichten, wenn ausreichend Babymäuse zur Verfügung stehen. Sie werden mit einer Schere klein zerschnitten. Kleinen Marderarten wie Wieseln, bietet man noch nackte, größeren Arten bzw. bereits etwas älteren Mardern leicht behaarte Babymäuse an. Die anfängliche Ablehnung wechselt von Lutschen zu Benagen. Später muss man dann schon **auf die eigenen Fingerspitzen aufpassen!**

Was für das spätere Überleben in freier Wildbahn auch sehr wichtig ist, ist die **Abwechslung** in der frühen Fleischfütterung. Von Frettchen sind Futterprägungen bekannt. So verweigerte auch z. B. ein Baummarder später das „Normalfutter" und bevorzugte stur „Süßspeisen" aller Art. Hier bieten sich z. B. Eintagskücken, Hühnerhälse und -rücken an.

TIPP

Ich mache es immer so, dass ich im Frühjahr die unzähligen **Verkehrsopfer, wie Amseln und Singdrosseln, einsammle und tieffriere.** So habe ich immer einen genügenden Vorrat bester Nahrung.

Als **Zwischenmahlzeit oder Belohnung** sind **Milupa Baby Milchbreie**, in einer ganz flachen Schale oder einem Teller angeboten, bestens geeignet.

ABB. 95
*Junger **Baummarder** holt sich einen Buntspecht (Verkehrsopfer). Der Vogel wurde aber nicht gefressen, sondern vorerst in einem Versteck deponiert und erst als der Specht bereits starken Verwesungsgeruch verbreitete, als Spielobjekt wieder hervorgeholt.*

FÜTTERUNG

Zum Verabreichen der Milch wären z. B. eine **Pipette**, eine **Injektions-**, eine **Insulinspritze** jeweils ohne Nadel oder eine **Aufzuchtflasche für Katzen** geeignet. Vor allem die kleinen Marderarten Mauswiesel und Hermelin lernen schnell Tropfen auch von der Handfläche abzulecken.

Das Problem ist nämlich, dass zur **Vermeidung einer Schluckpneumonie** (Lungenentzündung) die Saugöffnung nur sehr klein sein sollte, die fettreichen Milchmischungen aber die Öffnungen sehr leicht verlegen.

Die **bevorzugte Trinkstellung** junger Marderartiger ist eingerollt und am Rücken liegend. In dieser Lage ist der Milchtritt mit den Vorderpfoten und das Abstoßen mit den Hinterbeinen sehr gut möglich. Das Baby dabei am Schoß oder in der Hand halten. Auch empfiehlt sich die Verwendung von Küchenrolle, wie beim Eichhörnchen bereits behandelt.

Da Marderbabys meist nur einige, kurze Saugintervalle einlegen und dazwischen immer wieder einschlafen, brauchen sie lange, bis sie pro Fütterung auf die notwendige Milchmenge kommen. Ein Saugvorgang beim Fischotter dauert etwa 10–15 Minuten. Hier sind Zeit und Geduld gefragt. Damit die Milch nicht zu sehr auskühlt, sollte man sie in den Pausen verkehrt, mit der Öffnung nach oben, in ein Glas mit heißem Wasser stellen.

Wie oft füttern?

In den **beiden ersten Lebenswochen** sollte **9–10-mal täglich** gefüttert werden, bei einer 4–6-stündigen Nachtruhe.
In den beiden folgenden Wochen 7–8 Fütterungen bei einer 6–8-stündigen Nachtruhe.
Danach bis zur endgültigen Umstellung auf fleischliche Kost tagsüber 5–6 Mahlzeiten.

Wie viel füttern?

Bei noch **sehr kleinen Jungtieren** sollte die **tägliche Nahrungsaufnahme** etwa **25–30 %** des **Körpergewichtes** ausmachen, später wird die Relation verringert.
Ein 4 Wochen alter Steinmarder braucht etwa 60 ml Milch pro Tag.

WICHTIG

Vor und nach den Mahlzeiten sind jeweils der Bauch und die Analregion leicht zu massieren. Je nach Größe kann man dazu ein Papiertaschentuch oder einen weichen Pinsel verwenden. Durch Benetzen mit Öl kann man Wundreiben vermeiden. Vorsicht auch beim gegenseitigen Benuckeln von Nestgeschwistern, die können sich ebenfalls gegenseitig wundlecken.

Hunde würden sich **als Ersatzmütter** sehr gut eignen, auch nichtführende Hündinnen nehmen Marderbabys an und führen die Bauch- und Analmassage durch. Auch sammeln sie bei Spaziergängen die unwilligen Jungmarder wieder ein. Aber die **große Gefahr** besteht in einer **Fehlprägung**, wodurch der Marder später vor Hunden keine Angst zeigt, was ihn leicht das Leben kosten kann.

Das **Markieren** ist bei der Jugendentwicklung des Hermelins beschrieben. Die meisten Arten markieren durch „Analrutschen", Fischotter hingegen reiben ihre Unterkiefer am Boden. Dachse markieren durch Reiben ihrer Analdrüsen an Bäumen und Sträuchern.

UNTERBRINGUNG

Beachten Sie auch die grundsätzlichen Betrachtungen im Kapitel **Unterbringung**.
Noch kleine, blinde Marderartige kann man in einer **Schachtel** oder in einem **Korb**, ausgelegt mit weichen Tüchern, unterbringen. Da sie sehr kälteempfindlich sind, wird unbedingt eine externe Wärmequelle benötigt. Hermeline z. B. können ihre Körpertemperatur erst ab dem 40.–50. Lebenstag selbst aufrechterhalten. Sie verfallen unter +10–12° C in eine Kältestarre, in der sie längere Zeit überdauern können. Anfangs sollte die **Temperatur 28–32° C** betragen. Geeignet ist hier, je nach Größe der Tiere und Anzahl, z. B. ein Taschenofen, Wärmeplatte, Wärmeflasche oder ein Wärmekissen. Auch wirkt sich die Wärme von unten positiv auf die Verdauung aus.

Auch wenn die Tiere dann mobiler und nicht mehr auf eine Wärmequelle angewiesen sind, sollen sie immer die Möglichkeit haben, sich in einen **dunklen Unterschlupf** zurückziehen zu können, der ihrer Körpergröße angepasst ist.

AUSWILDERUNG

Die langsame **Auswilderung** ist im gleich lautenden Kapitel beschrieben.

SÄUGETIERE – PLATZHOCKER

Feldhase

Der **Feldhase** *Lepus europaeus* gehört wie das **Wildkaninchen** *Oryctolagus cuniculus* und der **Schneehase** *Lepus timidus* zur Ordnung **Lagomorpha** Hasenverwandte. In der Familie *Leporidae* Hasen zu den Echten Hasen (Gattung *Lepus*).

Auch junge Feldhasen werden relativ oft gefunden und als „verwaist" zur künstlichen Aufzucht mitgenommen.

Hasenjunge sind durch die **dichte Behaarung sehr widerstandsfähig** gegen Witterungseinflüsse (Kälte), nur gegenüber Nässe sind sie empfindlich. Nestjunge Hasen drängen sich die ersten Tage oft aneinander.
Die Fortbewegung ist vorerst nur ein „Kriechen mit Hilfe kurzer Schritte", bei einer vermeintlichen Gefahr hüpft das Jungtier „wie eine Kröte" auf die Gefahrenquelle zu. Junghasen haben eine Abneigung gegen Streicheln. In freier Natur ist das ja gleichbedeutend mit dem Zupacken eines Fressfeindes.

Jugendentwicklung

Junge Feldhasen sind **typische Platzhocker** und kommen voll behaart zur Welt, wirken aber noch „wolliger" und weniger glatt. Die **Augenlider** sind während der ersten Stunden nach der **Geburt noch verklebt**. Die Milchzähne sind vorhanden, die Ohren sind in Längsrichtung zusammengefaltet und erheblich kürzer als der Kopf, der sehr rundlich ist. Das Junge nützt bereits jede Möglichkeit zur Deckung.

Mit **7–9 Tagen** wird erstmals feste Nahrung aufgenommen. Mit **16 Tagen** ist ein Gewicht von über 300 g erreicht. Mit **2–3 Wochen** überragen die Ohren die Nasenspitze.
Nach **20–28 Tagen** ist die Säugezeit beendet, sie liegt nach verschiedenen Erfahrungsberichten zwischen 15 und 35 Tagen. Mit **4 Wochen** ist ein durchschnittliches Gewicht von 1 kg erreicht, der Zahnwechsel beginnt. Das Tier kommt bereits ohne Milchnahrung aus.
Mit **8 Wochen** ist ein Gewicht von 2 kg erreicht, der Jugendhaarwechsel beginnt.

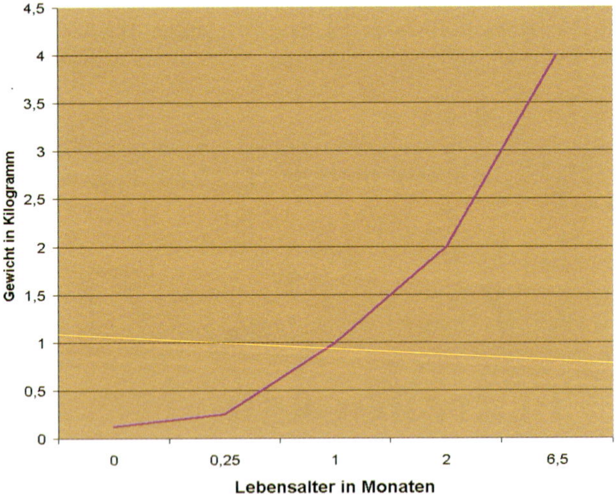

ABB. 96 *Das Diagramm zeigt eine durchschnittliche Gewichtsentwicklung beim* ***Feldhasen****. Sie beginnt bei etwa 130 g (90–150 g, je nach Größe des Wurfes), mit einer Woche hat der junge Feldhase etwa 250 g (180–300 g), mit einem Monat wiegt er durchschnittlich bereits ein Kilogramm und im Alter von zwei Monaten hat er etwa zwei Kilogramm Gewicht erreicht. Mit 6–7 Monaten ist der Hase fast erwachsen und wiegt knapp vier Kilogramm.*

Aufzucht

Ernährung

Junge Feldhasen werden in freier Natur anfangs mit sehr nahrhafter Milch, **Fettgehalt 23–24 %**, gesäugt. Im Vergleich dazu hat Kuhmilch einen Fettgehalt von 3–5 %.
Ob in freier Natur nach anfänglichem Säugen eine Fütterungspause von mehreren Tagen eintritt, ist nicht geklärt. Bei künstlicher Aufzucht ist auf jeden Fall täglich zu füttern.

ABB. 97
*Junger **Feldhase**, wenige Tage alt. Man beachte die noch kurzen Ohren.*

• Als Milchersatz eignet sich auch hier wieder die spezielle Katzenaufzuchtmilch **GIMPET Catmilk**, die man noch mit etwas Schlagobers auffetten kann. Die Aufzuchtmilch ist in Zoohandlungen erhältlich, nicht zu verwechseln mit den Milchpackerln bei DM, BIPA, Schlecker u. a.

TIPP

• Auch sehr gut geeignet ist die Ersatzmilch Milk Substitute Instant von Whiskas in Pulverform, die bei Tierärzten erhältlich ist und die ohne Zusätze verfüttert werden kann. Die Tiere entwickeln sich damit prächtig.

• Ist Katzenaufzuchtmilch kurzfristig nicht zu beschaffen, dann kann auch folgende Mischung versucht werden: **Ziegen- bzw. Schafmilch** oder **Maresi**, eventuell mit einer Zugabe von rohem Eigelb.
Verwendet man Maresi, dann mischt man 2/3 Maresi mit 1/3 Fenchel- oder Kümmeltee, gibt etwas Mineralstoffmischung hinzu und über den Tag verteilt etwa 1/2 Teelöffel Enteroferment. Näheres zum Medikament siehe im Anhang. **Bei Verwendung von Maresi immer Mineralstoffmischung beifügen.**

FÜTTERUNG

Jungen Feldhasen wird die Milch anfangs mit einer **geeigneten Pipette**, **Plastikspritze** (ohne Nadel), einem **Puppenfläschen** o. dgl. verabreicht. Anfangs die Schnauze und Lippen des Tieres mit wenig Milch benetzen, die der junge Hase dann abschleckt, so auf den Geschmack kommt und die eigentliche Futterquelle (Sauger) sucht.

Eine Bekannte von mir hat bereits viele Feldhasen erfolgreich aufgezogen und dabei die Erfahrung gemacht, dass die Tiere am **ersten Tag keine Milch annehmen.** Wahrscheinlich ist der Stress durch die Gefangennahme, den Transport und die neue Umgebung einfach zu groß. Sie lässt den jungen Hasen dann in Ruhe, bis er sich etwas eingewöhnt hat und auch der Hunger größer geworden ist. Am nächsten Tag braucht er dann bei der Fütterung nicht fest gehalten werden, siehe dazu die Abb. 4 im Kapitel **Fütterungstechnik-Säugetiere**.

VORSICHT Die große Gefahr bei der Zwangsfütterung besteht nämlich darin, dass bei dem Tier in dieser Stresssituation durch die beschleunigte Atmung Milch in die Lunge gelangt, was zu einer Lungenentzündung und in der Folge zum Tod führt. Hier ist wieder Einfühlungsvermögen angezeigt.

Ausnahme ausgetrocknete Junghasen: Zur Kontrolle zieht man mit zwei Fingern an der Haut am Rücken des jungen Hasen und hebt sie leicht hoch. Bleibt sie in dieser Position, ist das Tier ausgetrocknet. Dann sollte man versuchen, den jungen Hasen dazu zu bewegen, gleich etwas Milch aufzunehmen.

Verschiedene Autoren haben auch die Erfahrung gemacht, dass bei einer Fütterung jeweils nur **ein Fläschchen ausgetrunken wurde**, ein zweites wurde immer verweigert. Daher bei größerer Milchmenge auch ein größeres Flascherl verwenden. Bald sind die Tiere auch in der Lage, die Milch aus einer flachen Schale zu trinken. Zur Gewöhnung wird die Schnauze vorsichtig eingetaucht, daraufhin wird der Junghase durch das Abschlecken auf den Geschmack kommen und früher oder später selbst zu trinken beginnen.

Wie oft und wie viel?
Bei noch sehr **kleinen Hasen** (Fäustlinge) haben sich **3 Fütterungen** täglich mit je 3–5 ml Milch bewährt, nach einigen Tagen nur noch zwei Fütterungen mit je 5–10 ml und ab einem Alter von 2 Wochen genügt eine Fütterung täglich mit bis zu 40 ml.

In **freier Natur** werden Junghasen **täglich 1–3-mal gesäugt**, die Säugezeit beträgt insgesamt fast fünf Wochen. Auch über den Zeitpunkt, ab wann der Junghase erstmals Grünäsung, wie feine Grasspitzen und Himbeerblätter, aufnimmt, herrschen unterschiedliche Meinungen. Hier divergieren die Angaben vom 8.–17. Lebenstag. Da der junge Feldhase ja selbst am besten weiß, was ihm gut tut, kann man ihm trotzdem immer frisches Grün, wie Gras, Petersilie u. dgl., anbieten. Auch **feuchte Erde** nehmen sie gerne auf und sollte daher immer zur Verfügung stehen. Mit etwa 35 Tagen sollte die Ernährung auf rein pflanzliche Kost umgestellt sein.

UNTERBRINGUNG
Neugeborene Feldhasen kann man in einem **Meerschweinchenkäfig, ausgelegt mit Grasziegel,** unterbringen. Der Käfig sollte vor Wind und Wetter geschützt, an der frischen Luft stehen. Optimal wäre, wenn der Junghase zwischen Halbschatten und sonnigen Bereichen selbst wählen kann. Wenn die Tiere mobiler werden, brauchen sie schon mehr Auslauf, am besten in einem umzäunten Wiesenstück, wo verschiedene Vegetationszonen zur Verfügung stehen.

AUSWILDERUNG

Bei den **Hasen** gibt es **keine Führungszeit**, die Jungen sind ab dem Zeitpunkt, ab dem sie auf pflanzliche Kost umgestellt sind, praktisch auf sich selbst gestellt.
„Wohnungshasen" knabbern ab etwa dem 42. Tag auch Möbel und Türen an. Am besten helfen dann Ablenkfütterungen mit Ästen von Apfel, Weide, Ahorn u. dgl.; Pappel wurde nicht gefressen.
Die **Freilassung** erfolgt in einem Alter von etwa fünf Wochen durch Öffnen des Auslaufes oder Freilassen im geeigneten Habitat (Wiesen-Feldlandschaft).

Wildschwein

Das **Wildschwein** *Sus scrofa* zählt in der Ordnung **Artiodactyla** Paarhufer zur Unterordnung **Nonruminantia** Nichtwiederkäuer. Die Familie *Suidae* bezeichnet Altweltliche Schweine. Die Gattung *Sus* umfasst Wildschweine, von denen es mehrere Arten, die ihre Verbreitung vor allem in Asien haben, gibt.

Bevor man selbst versucht einen sogenannten Frischling aufzuziehen, sollte man sich über die Konsequenzen im Klaren sein.

Eine spätere erfolgreiche Auswilderung ist nämlich unmöglich. WICHTIG

Wildschweine leben in streng nach Regeln aufgebauten Familienverbänden, in denen alle Tiere miteinander verwandt sind. Eine solche straffe Rangordnung sorgt für die Gruppenstabilität. Auch verfügt jede Gruppe über ihr eigenes Lautinventar, das vergleichbar ist mit einem Dialekt. Dadurch können sich fremde Tiere untereinander nicht verständigen und werden daher auch nicht integriert. Die Stellung innerhalb der Gruppe ist abhängig vom Alter. Die Leitbache ist auf jedem Fall das älteste und erfahrenste Tier, wobei die Körpermasse eine geringere Rolle spielt als die Erfahrung.
Aufgezogene Bachen sind sehr kontaktfreudig und haben ein zutrauliches Verhältnis zum Pfleger, die Keiler hingegen werden mit zunehmendem Alter immer aggressiver und angriffslustiger, siehe Kapitel **Prägung**.
Daher wäre es besser, sollte man sich nicht von Anfang an zeitlebens um eine aufgezogene Bache kümmern wollen, das Tier in einen Tierpark oder in ein Wildschweingatter zu geben.

Die **Symptome der Schweinepest**, die in den letzten Jahren vermehrt in Norddeutschland aufgetreten ist, äußern sich in fehlender Scheu, Bewegungsstörungen und starker Wasseraufnahme. Für den Menschen ist die Krankheit jedoch ungefährlich.

Jugendentwicklung

Bei der **Geburt** wiegen Wildschweine etwa 750 g, haben ein schütteres gelblich schwarzbraun gestreiftes Fell, wobei die Streifung sehr variabel ist, aber nicht der Erkennung durch die Mutter dient. Sie sind fast vollständig behaart und bewegen sich koordiniert. Die äußeren Incisivi (Schneidezähne) und die Caninen (Eckzähne) sind bereits als Milchgebiss vorhanden.

Mit **1 Tag** kratzen sie sich bereits stehend mit den Hinterbeinen an der seitlichen Kopfpartie und den Schultern.
Mit **3 Tagen** verlassen sie bereits kurzfristig den Kessel.
Mit **4–5 Tagen** scheuern und reiben sie sich an Malbäumen.
Im Alter von **8 Tagen** verlassen sie das Geburtsnest und folgen dem Muttertier.
Mit **10–14 Tagen** wird erstmals fester Kot abgesetzt.
Ab der **2. Woche** wird zur Milch auch regelmäßig schon feste Nahrung aufgenommen.
Bis zu einem Alter von **2–3 Wochen** machen führende Wildschweine keinen Unterschied zwischen eigenen und fremden Jungen, sie säugen jedes Junge, die wieder bei jeder Bache saugen. Nach diesem Zeitpunkt erkennen die Jungen ihre Mutter an der Stimme und am Geruch

ABB. 98
Junge ***Wildschweine****, sogenannte „Frischlinge", im Alter von wenigen Wochen.*

ABB. 99
Junges ***Wildschwein****. Die Streifenzeichnung ist nur mehr schwach erkennbar. Alter etwa 3–4 Monate.*

und saugen nur mehr bei ihr, jedes Jungtier hat seine eigene Zitze. Da in den hinteren Zitzen mehr Milch produziert wird, ist bereits eine Rangordnung festgelegt.
Bis **3 Wochen** nach der Geburt kehrt die Familie immer zum Kessel zurück, die Jungen werden als **„sekundäre Nesthocker"** bezeichnet.
Nach **4 Wochen** festigt sich die Thermostabilität, d. h. sie können die Körpertemperatur von selbst aufrechterhalten. Die Fähigkeit der roten Blutkörperchen zur Sauerstoffbindung verbessert sich und auch die Anzahl nimmt zu. Die mittleren Schneidezähne und einige Praemolaren kommen zum Milchgebiss dazu. Unter den Wurfgeschwistern finden erstmals Rangeleien statt.
Mit **8–12 Wochen** verwischt allmählich die Streifenzeichnung, mit **12 Wochen** ist das Milchgebiss komplett. Die Säugezeit dauert **14–16 Wochen.**
Bis zum Alter von **4,5 Monaten** dürfen die Jungen in der Nähe aller Weibchen fressen, später werden sie nur mehr von der Mutter toleriert.
Mit **5–6 Monaten** ist die Streifenzeichnung vom rotbraunen Übergangskleid ersetzt. Einzelne Zähne vom Dauergebiss (P1 mit 12 Wochen, M1) sind bereits vorhanden.
Mit **7–8 Monaten** lockert sich der Familienzusammenhalt etwas, die Mutter wird zu den Jungen unleidlich und futterneidisch.

Mit **10–11 Monaten** sind auch die Caninen (Eckzähne) des Dauergebisses entwickelt.
Mit **10–13 Monaten** steht die Rangordnung fest.
Mit **12 Monaten** ist das Übergangskleid dem Alterskleid gewichen.
Mit **16–18 Monaten** müssen die jungen Männchen aus der Rotte und dem Revier auswandern, die jungen Weibchen bleiben bis zum Alter von 18 Monaten mit dem Muttertier in engerer Bindung.

Aufzucht

Sollten Sie eine Aufzucht trotz bekannter Konsequenzen versuchen, dann hat sich folgende Nahrung für die Aufzucht bewährt.

ERNÄHRUNG

In den Lagerhäusern gibt es als Milchersatz **spezielle Ferkelaufzuchtpräparate**. Ab dem Ende der ersten Woche kann man der Milch Bananenbrei, Karotten- oder Fruchtsäfte beimengen. Später, **ab der 2.–3. Woche** sollte man den Jungen auch schon Bananen, weiches Obst, Faschiertes u. dgl. anbieten. Auch feuchte Erde sollte zur Verfügung stehen.
Ab der **4. Woche** ist Zufüttern von gekochtem Reis, Haferflocken, gekochten Erdäpfeln, Karottenbrei u. dgl. notwendig. Wichtig ist auch ein hoher Anteil an tierischem Eiweiß, wie es in Regenwürmern, Schnecken, Insekten und Insektenlarven enthalten ist. Sollte man einmal nichts finden, dann kann als Ersatz auch Faschiertes verfüttert werden.

Durchfall, der vor allem bei Futterumstellungen auftritt, kann mit einer Diät aus Knäckebrot, Reisschleim und Haferschleim behandelt werden. Dazu etwas **Stimulex**® oder **Stullmisan**® Pulver vom Tierarzt. Näheres über die Medikamente siehe im Anhang.

FÜTTERUNG

Der **Milchersatz** (Ferkelaufzuchtpräparat) wird mit heißem Wasser angerührt und in einer passenden Flasche (Babyflasche) verabreicht. Die Frischlinge stehen bei der Fütterung. Dabei stoßen die Jungtiere mit dem Kopf und den Vorderbeinen gegen das vermeintliche Gesäuge (Milchtritt), das beim Muttertier den Milchfluss anregen soll.

Anfangs sind **6–8 Mahlzeiten täglich** mit **je 30–60 g Milch** notwendig. Mit zunehmender Fütterungsmenge wird dann die Anzahl der Mahlzeiten reduziert.

UNTERBRINGUNG

Junge Wildschweine sind, obwohl sie schon ein schütteres Haarkleid tragen, in den ersten **3–4 Wochen auf die Wärme der Mutter angewiesen**. In der Natur kehrt die Familie immer wieder zum sogenannten „Kessel", das ist ein fast meterhoher Haufen aus trockenem Material, zurück. Bei der künstlichen Aufzucht sind alle bisher beschriebenen Taschenöfen, Wärmeflasche usw. zu klein. In diesem Fall ist es besser einen **Infrarot-Dunkelstrahler** zu verwenden.

> **Eventuell hat ein befreundeter Landwirt einen Infrarot-Dunkelstrahler, den er im Moment nicht braucht und verleiht.** TIPP

Ab einem Alter von etwa 4 Wochen können die jungen Wildschweine ihre Körpertemperatur dann selbst regulieren.

Reh, Rothirsch und Damhirsch

Rothirsch *Cervus elaphus* und **Damhirsch** *Cervus dama* sind nahe miteinander verwandt (Gattung *Cervus*) und werden in der zoologischen Systematik wie das **Reh** *Capreolus capreolus* in die Ordnung **Artiodactyla** Paarhufer gestellt.
In der Unterordnung **Ruminantia** Wiederkäuer in die Familie *Cervidae* Hirsche, die sich wieder in die Unterfamilie *Cervinae* Echthirsche gliedern lässt.

Die Pflege der **verschiedenen Hirscharten** erfolgt grundsätzlich wie beim Reh. Nur die Trinkmengen sind in etwa zu verdoppeln und die Dimensionen des Auslaufes sind dementsprechend zu vergrößern. In den folgenden Beschreibungen beschränke ich mich daher auf das Reh.

Rehkitze wurden früher relativ oft in häuslicher Pflege großgezogen. In den meisten Fällen handelte es sich dabei um Tiere, die bei der Mahd durch den Mähbalken verletzt wurden, aber heute kommt durch den Einsatz von Kreiselmähwerken kein Tier mehr mit dem Leben davon.

Heute kommen vor allem jene Kitze für die Aufzucht in Frage, deren Muttertiere im Straßenverkehr getötet wurden. Auch bewegte Gegenstände bestimmter Größe können bei einem Kitz Nachfolgereaktionen hervorrufen, z. B. ein langsam fahrendes Auto auf einem Feldweg.

Ein großes Problem, das sich bei Einzelaufzuchten praktisch nicht vermeiden lässt, ist die Fehlprägung auf den Menschen, siehe Kapitel **Prägung**.

WICHTIG **Bevor man sich nun entschließt ein Rehkitz selbst aufzuziehen, sollte man sich wie beim Wildschwein über die Konsequenzen im Klaren sein.**

Das Tier muss später die Möglichkeit haben, direkt vom Aufzuchtort, an den es immer wieder zurückkommen wird, auch in Feld, Wald und Wiese gelangen zu können. Eine Bekannte von mir hat einmal ein Rehkitz großgezogen, was ja grundsätzlich nicht schwierig ist, aber sie wohnte inmitten von Autobahnauf- und -abfahrten. Als das Reh begann Ausflüge zu machen, war die Aufregung perfekt.

Wohin jetzt mit dem Tier? Es fand sich dann zwar ein Rehgehege, aber da die Familien über den Jahreswechsel zusammenbleiben, war der Trennungsschmerz des Rehes enorm und beim Menschen nicht geringer.

VORSICHT **Männliche Jungtiere, die den Menschen später als Artgenossen betrachten und daher auch keine Scheu mehr zeigen, werden mit zunehmendem Alter immer aggressiver (Revierverteidigung). Bei ihnen empfiehlt es sich mehrere Rehkitze gleichzeitig aufzuziehen, denen man sich dann auch nicht so intensiv widmen muss. Weiteres dazu siehe im Kapitel Prägung.**

Da es etwa 3–4 Wochen dauert, bis sich beim Reh Mutter und Kind an der Stimme erkennen, kann man in Gefangenschaft auch versuchen, bis zu einem Alter von zwei Wochen eine Adoption bei einer führenden Gais (Rehgatter, nur ein Junges) durchzuführen. Die Kitze sollten aber im gleichen Alter sein. Im Freiland werden gegen fremde Kitze zum Teil heftige Aggressionen frei.

ABB. 100
Rehkitz *im Alter von 2 3 Wochen. Die Tarnzeichnung (weiße Flecken) ist noch voll ausgebildet.*

JUGENDENTWICKLUNG

Bei der **Geburt** wiegen Rehe etwa 1 kg. Vom Nacken bis zur Kruppe verlaufen am Rücken 2 Reihen Flecken. Flanken, Schultern und Oberschenkel sind unregelmäßig weiß auf braunem Grund getupft. Die Rückenmitte und die Halsseiten sind fleckenfrei. Die Schnauze ist kurz, die Stirn gewölbt.

Mit **2 Tagen** wird Kot der Mutter und auch schon Erde gefressen. Das Wiederkäuen erscheint in Zusammenhang mit Erdefressen. Im Alter von **3–4 Tagen** ist richtiges Traben möglich.

Mit **7 Tagen** ist erstmals Pflanzenfressen und Wiederkäuen zu beobachten, das Gewicht hat sich in etwa auf 2 kg verdoppelt.

Ab **14 Tagen** erhöht sich die Aufnahme von pflanzlicher Kost. Der Reflex, sich bei Gefahr zu ducken, weicht immer mehr einem Fluchtverhalten. Die Jungen stehen beim Harnlassen auf, Weibchen gehen dabei in eine tiefe Hocke, Männchen grätschen die Hinterbeine leicht.

Mit etwa **3 Wochen** ist der Duckreflex verloren, der Spiegel (weißes Hinterteil) kann gespreizt werden.

Mit **4 Wochen** können sie mit den Vorderbeinen Erde wegscharren, was jagdlich als „Plätzen" bezeichnet wird. Sie sichern im Stehen, erste Spielläufe werden alleine durchgeführt.

Mit **4–6 Wochen** finden Spielläufe auch mit Partner statt.

Das Tarnkleid (weiße Punkte) wird im Alter von **einem Monat** allmählich undeutlicher und verschwindet nach einem weiteren Monat durch Überwachsen des roten Sommerhaares schließlich ganz.

Mit **2 Monaten** ist ein durchschnittliches Gewicht von 6 kg erreicht.

Nach **2–3 Monaten** wir die Milchaufnahme stark eingeschränkt.

Im Alter von **3 Monaten** beträgt das Gewicht durchschnittlich 8,5 kg. Sie können Spuren olfaktorisch (mit dem Geruchssinn) erkennen und beginnen spielerisch gegen Objekte zu stoßen und spielerisch von vorne aufzureiten.
Mit **3,5 Monaten** wird auch ohne Jagdspiele von hinten und seitlich aufzureiten versucht.
Im Alter von **3–4 Monaten** beginnt bei jungen Böcken das Geweih zu wachsen.
Mit **4 Monaten** beträgt das durchschnittliche Gewicht 9 kg.
Mit **5 Monaten** ist ein durchschnittliches Gewicht von 10 kg erreicht, einen Monat später, im Dezember, fällt es wieder auf 9 kg und einen weiteren Monat später steigt es wieder auf 10 kg an.
Mit **6,5 Monaten** hört das Trinkverhalten endgültig auf.
Mit **11 Monaten** beträgt das Gewicht durchschnittlich 11 kg, mit **12 Monaten** etwa 12,5 kg, mit **13–14 Monaten** zwischen 13 und 14 kg, mit **16 Monaten** etwa 14 kg und mit **17 Monaten** 15 kg.

Im **ersten Jahr** ist das Gesicht einheitlich braun, das Geweih besteht aus zwei 1–6 cm langen Stangen. Im **zweiten Jahr** werden dann schon Gabler- und Sechsergeweihe geschoben. Im **2./3. Jahr** wirkt das Gesicht durch einen weißen Ring über der schwarzen Nase bunt. Bei Tieren, die über **drei Jahre** alt sind, ist der Kopf wieder einfärbig, aber grauer als bei 1-jährigen Tieren.

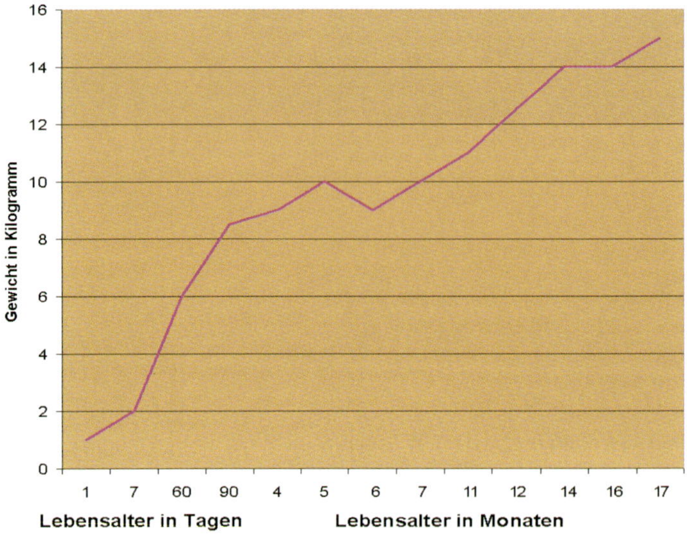

ABB. 101
Durchschnittliche Gewichtsentwicklung beim ***Reh****.*

Aufzucht

ERNÄHRUNG

Nachstehend die Milchzusammensetzungen verschiedener Säugetierarten (Paarhufer).

Rehmilch: 6,7 % Fett, 8,8 % Eiweiß, 3,8 % Kohlenhydrate.
Ziegenmilch: 3,6–4,4 % Fett, 3,7–4,2 % Eiweiß, 4,4–4,6 % Kohlenhydrate.
Hausschafmilch: 5,8–6,2 % Fett, 5,1–6 % Eiweiß, 4,1–4,5 % Kohlenhydrate.

Milchaustauscher für Kälber weisen einen Fettgehalt von 17 % und einen Eiweißanteil von 23 % auf.
Milchaustauscher für Schafe weisen einen Fettgehalt von 26 % und einen Eiweißanteil von 22 % auf.

Für die Aufzucht von Rehkitzen haben sich bisher folgende Milchsorten bzw. -mischungen bewährt:

- **Ziegen- oder Schafmilch**, die aber manchmal auch abgelehnt wird.

- **Milchaustauscher für Kälber** (Taumil) in einer Dosierung von 180–200 g pro Liter Wasser. Kleinere Mengen kann man sicher bei einem Bauern erhalten, größere Säcke gibt es im Lagerhaus.

TIPP

Man soll darauf achten, dass das Präparat nicht zu lange gelagert wurde, da sich die Fett- und Eiweißkomponenten aufzulösen beginnen, was zu Durchfällen führt.

- 2/3 10%ige **Lämmermilch** (Taumil 25 Lamm) mit 1/3 10%ige **Maresi** (Alpensahne)

- 1/3 **Haferschleim** und 2/3 **Kuhmilch**

- 2/3 **Maresi** oder **Kondensmilch** (ungezuckert) und 1/3 **Kamillentee**

- 3 Teile **Kuhmilch** (2,5 % Fett), vermischt mit 1 Teil 7,5%iger **Maresi** und 1 Teil **Leinsamenschleim**

Die Temperatur der **Milch** muss **körperwarm** sein: **38–40° C**. Zu kalte Milch kann Durchfall hervorrufen. Bei der Verwendung von Wasser oder Tee zum Anrühren der Milch sollte man darauf achten, dass das Wasser eine Mindesttemperatur von 50° C aufweist. Beim Auftreten von Durchfällen die Konzentration und die Trinkmenge reduzieren und entsprechende Mengen schwarzen Tee verabreichen.
Die **überwiegende Milchfütterung** sollte **10–20 Tage** dauern.

WICHTIG

Immer auf **peinlichste Sauberkeit** achten, da Milchreste stark säuern. Nicht aufgenommene Milch wegschütten und nicht im Kühlschrank für die nächste Fütterung aufheben.

ABB. 102
Rehkitzfütterung.
Nicht die gesamte Milchmenge auf einmal füttern, sondern Pausen einlegen.

Mit **6–8 Tagen** wird auch bereits **erstes Grünfutter**, wie Grasspitzen, Himbeerblätter, Kraftfutter (Kaninchenpellets, Mischfutter für Reh- und Rotwildaufzucht mit 23 % Eiweißgehalt), genommen. Tritt dabei Durchfall auf, dann eher Heu statt Gras verfüttern. Je mehr Grünfutter aufgenommen wird, desto fester wird der Kot.

TIPP **Sehr gerne wird von Rehkitzen auch feuchte Erde, wie sie in Form von Maulwurfhaufen zur Verfügung steht, aufgenommen. Bereits ab dem zweiten Lebenstag ist das zu beobachten. Pro Tag kann man den Kitzen bis zu einer Tasse voll anbieten. Keine Erde von Äckern oder aus der unmittelbaren Umgebung von Straßen verwenden!**

Unter natürlichen Bedingungen flacht das Säugen nach zwei Monaten deutlich ab, besteht aber insgesamt etwa ein halbes Jahr lang.
Bei der künstlichen Aufzucht empfiehlt sich die **Entwöhnung mit etwa 9 Wochen**. Neben kräuterreichem Gras erhält das Tier nun 70–100 g Kraftfutter. Weiters muss Wasser jederzeit zugänglich sein.
Auch eine Mischung aus 1/4 gebrochenem Mais, 1/4 Hafer und 2/4 Mischfutter hat sich bei der Futterumstellung bewährt, später im Verhältnis 1/3:1/3:1/3 verfüttern.

Schwierigkeiten in der Ernährungsumstellung können mit **Stimulex**® Pulver, das die Verdauung bei Durchfall, Fressunlust, Futtervergiftungen etc. reguliert, erleichtert werden.
Stullmisan®-Pulver wirkt reizmildernd, entzündungshemmend, fördert die Fresslust und stärkt allgemein die Konstitution. Näheres zu den Medikamenten siehe im Anhang.

AUFNEHMEN VON KOT

Besonders während der ersten Lebenswochen sind manche Kitze **stark koprophag**, d. h. sie fressen ihren eigenen Kot bzw. den von (Stief)geschwistern. Frische Kotpillen, die von führenden Geißen stammen, können heftigen Durchfall bei Kitzen unverzüglich heilen, wahrscheinlich enthalten sie die Darmflora, die für die Verdauung fester Nahrung nötig ist.

FÜTTERUNG

Wie oft und wie viel füttern?

In freier Natur trinkt das Kitz in 24 Stunden 9–19-mal, bis zu einem drei viertel Liter Milch produziert das Gesäuge der Rehgeiß.
Bei der Handaufzucht genügen **4–5**, in der ersten Lebenswoche auch bis zu **7 Mahlzeiten täglich**, beginnend um 6 h morgens und endend um 22 h. Pro Fütterung anfangs etwa **50–100 g Milch bei sehr jungen Tieren**, etwa **150 g bei Kitzen mit 15 Tagen**, ab **drei Wochen je 200–250 g Milch** bei vier Fütterungen. Das Kitz sollte aber nicht die gesamte Milchmenge einer Fütterung in einem Zug aufnehmen, sondern unterbrochen von kleinen Pausen. Sehr junge Kitze wissen auch nicht, wann sie genug haben und können sich zu Tode trinken, **daher nicht überfüttern**, d.h. vorerst nicht bis zur vollen Sättigung tränken. Schon eine leichte Überfütterung führt dazu, dass unverdaute Milch in den Darm gelangt, was letalen Durchfall und Darmentzündungen hervorrufen kann.
Bis **zum 70. Lebenstag** sollte ein Rehkitz **täglich 80–100 g zunehmen**, in der **ersten Lebenswoche 100–150 g täglich**.
Ab einem **Alter von sechs Wochen** genügen **drei Mahlzeiten** täglich mit **je 200–250 g**.

WICHTIG

Junge Rehe sind schreckhafte Tiere, zur Beruhigung nach einer Panik ist ein sogenanntes **Trostsäugen nötig**, das ist ein kurzer Saugakt mit intensivem Massieren z. B. mit einem feuchten Waschlappen oder einem Schwamm.

REHMUTTER-ATTRAPPE

Hat man ein Rehkitz frisch bekommen, dann können die **ersten 2–4 Tage** bei der Fütterung **Schwierigkeiten** auftreten. Das Tier ist, bedingt durch den Milieuwechsel, einer großen Stressbelastung ausgesetzt. Meist wird anfangs die Flaschenfütterung verweigert, aber je jünger das Tier ist, desto leichter wird sich das Kitz eingewöhnen.
Das Kitz sucht das Euter mit der Schnauzenspitze, beginnt, wenn es auf Widerstand trifft, zu stoßen und daher gibt es oft Probleme bei der Handfütterung. Versucht man jetzt, es zu halten, um ihm die Flasche ins Maul zu schieben, dann beginnt das Kitz zu schreien und sich zu wehren. Besonders Personen, die in der Aufzucht noch keine Erfahrung besitzen, verzweifeln dann leicht.

Um diese Probleme in den Griff zu bekommen, wurde eine Attrappe entwickelt:
Dabei handelt es sich um ein leicht nach hinten geneigtes Brett, das von vier Beinen getragen wird. Am vorderen Ende wird der Kopf primitiv nachgebildet. Die Unterseite ist mit weichem Schaumgummi gepolstert. Am hinteren Brettende sind nun zwei Löcher gebohrt, in die zwei Milchflaschen so gesteckt werden können, dass aus dem Schaumgummi nur die Gummilutscher herausschauen. Bei sehr stürmischen Kitzen kann eine Fixierung mit einem Gummiband nötig sein. Weitere Details siehe Abb. 103. Die Maße sind wirklichkeitsgetreu. Wie genau man den Kopf nachbildet, ist nicht so wichtig, auch die Farbe spielt keine Rolle. Wer es aber ganz genau machen will, kann ja die Attrappe „rehrotbraun" anmalen.

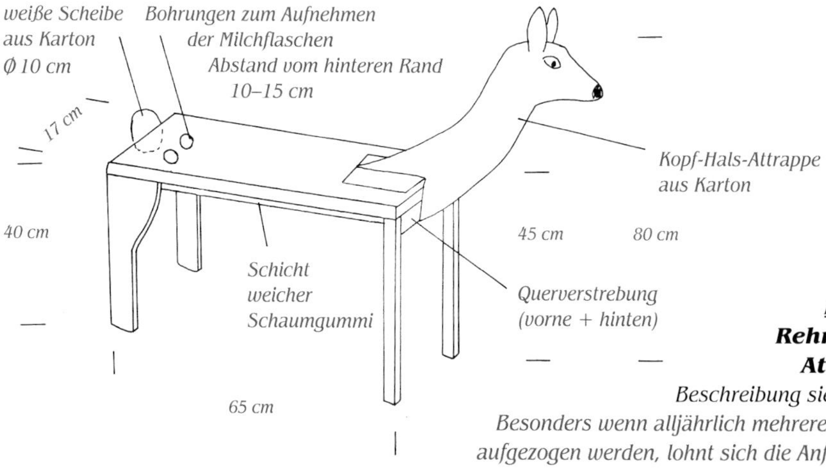

ABB. 103
Rehmutter-Attrappe.
Beschreibung siehe oben.
Besonders wenn alljährlich mehrere Rehkitze aufgezogen werden, lohnt sich die Anfertigung.

TIPP

Die Fütterung mit dieser Methode hat aber noch einen weiteren, **sehr entscheidenden Vorteil:** Die Jungtiere können so von jeder Person gefüttert werden, bei der Handfütterung ist es ja meist so, dass das Kitz so lange fiept, bis die „Ersatzmutter", je nach Gewöhnung auch zwei Personen, säugen kommt.

ABB. 104 *Bei diesem, etwa einen Monat alten Kitz führt der Hund die* ***Analmassage*** *durch.*

ABB. 105 ***Rehkitze*** *auf ihrem Heulager. Gut zu erkennen ist die zeichnungsfreie Rückenmitte.*

ANALMASSAGE

Wie bereits bei anderen Tierarten beschrieben, ist es auch bei Rehkitzen wichtig eine Analmassage durchzuführen. Man verwendet dazu einen feuchten Schwamm oder ein Tuch. Ein **Hund** nimmt ihnen meistens die Arbeit ab, siehe Abb. 104. Ein **großes Problem** dabei ist aber die Fehlprägung, insofern, dass das Reh auch später vor Hunden nur eine geringe Scheu zeigt, was leider auch tödlich enden kann.
Wird während der Fütterung massiert, wie es ja auch die Geiß macht, dann steigert das Kitz die Intensität der Milchaufnahme.

UNTERBRINGUNG

Junge Platzhocker, wie Junghasen und Rehkitze, brauchen unbedingt von Anfang an eine **möglichst natürliche Umgebung**. Optimal wäre in diesem Zusammenhang ein umzäuntes Wiesenstück, das aus verschiedenen Vegetationszonen (Dickicht, Altgras, frischem Grün) besteht. Von dort aus soll auch die Möglichkeit bestehen, vorerst die nähere Umgebung zu erforschen und später auch weitere Ausflüge zu unternehmen.
Sie benötigen keine besondere Wärmequelle, außer die Umgebungstemperatur sinkt unter 12–15° C ab, dann hilft, da Rehkitze empflindlich auf Unterkühlung reagieren, eine Wärmelampe. Als **Schutz vor der Witterung** genügt in der Regel eine **zugluftfreie, regengeschützte Holzunterkunft** mit Holzboden und einer Einstreu aus Heu, Stroh oder Hobelspänen.

WICHTIG	**Peinlichste Sauberkeit verhindert Durchfall. Nicht aufgenommene oder verschmutzte Nahrung wegwerfen.**

AUSWILDERUNG

Die **Auswilderung** sollte, wie bei den meisten Tierarten, wieder fließend vor sich gehen. Die abgebildeten Rehkitze haben bereits stundenweise die Möglichkeit die angrenzende Wiese zu besuchen. Wichtig ist aber, dass sie sich an den Aufzuchtort und die Pflegeperson gewöhnt haben und nicht vor ihm flüchten.

Reptilien

Zur Rettung aufgefundener Reptiliengelege

Alle hier behandelten Arten gehören zoologisch betrachtet zur Klasse **Reptilia** Kriechtiere. In der Ordnung **Sauria** Echsen gehören in die Familie *Lacertidae* Echte Eidechsen die **Zauneidechse** *Lacerta agilis*, die **Smaragdeidechse** *Lacerta viridis* und, die als Kleinlacerten bezeichneten Arten, **Wald-** oder **Bergeidechse** *Lacerta vivipara* und die **Mauereidechse** *Podarcis muralis*. Die **Blindschleiche** *Anguis fragilis* gehört zur 70–80 Arten umfassenden Familie *Anguidae* Schleichen.
Zur Ordnung **Serpentes** Schlangen gehören in der Familie *Colubridae* Nattern die **Äskulapnatter** *Elaphe longissima*, die **Ringelnatter** *Natrix natrix*, die **Würfelnatter** *Natrix tesselatta* und die **Schling-** oder **Glattnatter** *Coronella austriaca*.
Die häufigsten Vetreter der Familie *Viperidae* Vipern oder Ottern sind in Österreich die **Kreuzotter** *Vipera berus* und die **Sandotter** *Vipera ammodytes*.

Äskulapnattern und **Ringelnattern** brauchen für ihre Gelege Haufen organischen Materials, in denen durch Verrottung die nötige Brutwärme entsteht und eine hohe Luftfeuchtigkeit herrscht, wie z. B. in Kompost-, Schilf-, Binsen-, Laub-, Mist-, Sägemehlhaufen u. dgl. Im östlichen Österreich, am Rand der Hundsheimer Berge legen Äskulapnattern alljährlich ihre Gelege in den Mist eines Schafstalles. Wird nun ausgemistet, der Komposthaufen abgetragen oder umgeschichtet, kommen ein oder auch mehrere Gelege zum Vorschein.
Die Eier der Würfelnatter sind denen der Ringelnatter sehr ähnlich, es werden auch dieselben Eiablageplätze aufgesucht, aber aufgrund der Seltenheit wird es sich bei Funden fast ausschließlich um Eier der beiden erstgenannten Arten handeln.
Zauneidechse, Mauereidechse und **Smaragdeidechse** legen Eier, näher behandle ich aber nur die Zauneidechse, da sie relativ häufig ist und auch in Gärten vorkommt.
Junge **Schlingnattern, Kreuzottern, Sandvipern, Waldeidechsen** und **Blindschleichen** entwickeln sich bereits im Mutterleib und werden voll ausgebildet, von einer dünnen Embryonalhülle umgeben, geboren.

Äskulapnatter

Eier der Äskulapnatter sind etwa 30–40 mm lang und 18–26 mm breit. Die 4–18 (vorwiegend 5–12) Eier entwickeln sich unter natürlichen Bedingungen in 33–85 Tagen, wobei sie durch Aufnahme von Wasser deutlich an Größe und Masse zunehmen. Für den Taunus wurden Schlupftermine zwischen Mitte August und Mitte Oktober festgestellt.
Die jungen Schlangen schlüpfen in der Regel innerhalb von 1–3 Tagen und verstecken sich bis zur ersten Häutung, die in den meisten Fällen nach 6–14 Tagen erfolgt, ohne Nahrung aufzunehmen. Die durchschnittliche Länge beim Schlupf beträgt etwa 30 cm.

ABB. 106 *Wenige Tage alte* ***Äskulapnattern****. Man beachte die gelben Nackenflecken.*

Die **Zeichnung der Jungtiere** weicht deutlich von der erwachsener Schlangen ab. Auf heller, gelblicher, gräulicher oder bräunlicher Grundfärbung erstrecken sich vom Hals bis zum Schwanz 4 oder 6 Längsreihen mittelgroßer, viereckiger oder rundlicher **Flecken von dunkelbrauner Farbe**. Sie sind im vorderen Körperdrittel meist etwas größer und ausgeprägter als weiter hinten. Charakteristisch ist ein dunkelbrauner Fleck, der hinter dem Auge beginnt, zum Maulwinkel zieht und sich nicht selten bis auf die Kehle erstreckt, sowie ein senkrecht vom Auge nach unten gerichteter dunkler Strich oder Streifen, der sich häufig auf dem Unterkiefer fortsetzt. Die **gelben Nackenflecken** sind deutlicher ausgeprägt als bei den erwachsenen Tieren. Die Unterseite ist einfärbig gelblich, manchmal finden sich aber auch hier dunkle Flecken.

Ringelnatter

Eier der Ringelnatter sind durchschnittlich 28 mm lang, die Breite beträgt 14–20 mm. Die Gelegegröße schwankt zwischen 10 und 30 Eiern, wobei jüngere Weibchen und solche in pessimalen Habitaten in der Regel weniger Eier legen. Die Eiablage erfolgt in Mitteleuropa in der Regel im Juni/Juli. Fand die Frühjahrspaarung witterungsbedingt besonders zeitig oder verspätet statt, dann verschiebt sich der Zeitpunkt der Eiablage. Die Jungen schlüpfen normalerweise von August bis September, nach einer Entwicklungsdauer von 4, maximal 10 Wochen, je nach Temperaturbedingungen.

Die **Eier beider Arten** sind vorerst schneeweiß, können bei fortschreitender Entwicklung (Bebrütung) aber eine leicht grauweiße Färbung annehmen. Die Eihaut besteht nicht wie bei den Vögeln aus Kalk, sondern aus mehreren Lagen sehr feiner, gewellter, unelastischer Fasern, die untereinander durch ein eiweißhaltiges Sekret zusammengehalten werden; sie sind dadurch weich.
Vor allem zwei Eiformen kommen vor: länglich, ovale und kurze, mehr rundliche Eier. Die **Form errinnert an überdimensionierte TIC-TAC.**

Die **jungen Ringelnattern** schlüpfen in der Regel innerhalb von 1–3 Tagen und häuten sich oft noch am „Brutplatz", längstens aber nach 14 Tagen. Die Länge beim Schlupf liegt bei etwa 18–21 cm.

Die **Färbung der Jungtiere** gleicht bereits der erwachsener Schlangen, die aber beträchtlich variieren kann. Besonders charakteristisch sind daher die beiden großen hellgelben bis kräftig gelben Flecken beidseits der Nackenregion, die hinten und manchmal auch vorn von je einem mehr oder weniger halbmondförmigen schwarzen Fleck eingerahmt wird. Die Unterseite weist dunkle Bereiche auf.

Was tun, wenn ein Gelege gefunden wird?

NIEMALS

Was man **absolut nicht machen sollte, ist das Gelege wieder zuzuschaufeln.** Die Schlangen legen ihre Eier nämlich in Hohlräumen ab. Deckt man die Eier nun mit dem verrottenden Material zu, dann ersticken sie unweigerlich, was ich selbst schon bei zwei Äskulapnatterngelegen beobachten konnte.

ES GIBT DAHER ZWEI MÖGLICHKEITEN:

1. Wenn der Kompost für die nächsten Wochen nicht so wichtig ist, kann man versuchen, einen Hohlraum, z. B. mit einem Drahtgeflecht, zu bilden, die Eier hineinzulegen und wieder vorsichtig zuzuschaufeln. Aber nicht versuchen die Eier, die zusammenkleben zu trennen. Auch muss oben bleiben, da die Eier auf Lageveränderungen empfindlich reagieren. Abgestorbene Eier, die bräunlich sind und eingefallen erscheinen, bleiben ebenfalls am Gelege.

2. Man kann versuchen, das Gelege künstlich zu erbrüten.
Es gibt eigene Brutapparate für Reptilien, sogenannte Flächenbrüter, die sich von denen für Vögel dadurch unterscheiden, dass die Bruttemperatur auf nur 28° C eingestellt ist. Ein solches Gerät werden aber die wenigsten zu Hause haben.

Man kann aber die **Brutbedingungen** ganz **leicht auch selbst schaffen**: Dazu füllt man ein durchschnittliches Aquarium zu einem Drittel mit Wasser, legt zwei Ziegelsteine in die Mitte, gibt das Schlangengelege in eine mit Torf gefüllte Plastikschale oder bei nur wenigen Eiern in einen Blumentopf und stellt sie auf die Steine, die ja nur die Funktion eines Abstandhalters haben.

ABB. 107
Äskulapnatterneier
im Aquarienbrutschrank.
Im Vordergrund das Ei einer Griechischen Landschildkröte.

Mit einem handelsüblichen Aquarienheizstab erwärmt man nun das Wasser auf 28° C. Als Abdeckung benützt man ein Frotteehandtuch, das Schimmelbildung durch herabtropfendes Kondenswasser verhindert, aber die nötige Temperatur und Luftfeuchtigkeit von etwa 80 % im Aquarium hält. Unter solchen Bedingungen schlüpfen junge Ringelnattern aus frischen Gelegen nach 30–33 Tagen.

ABB. 108
Schematische Darstellung eines ***Aquarienbrutschranks****.*

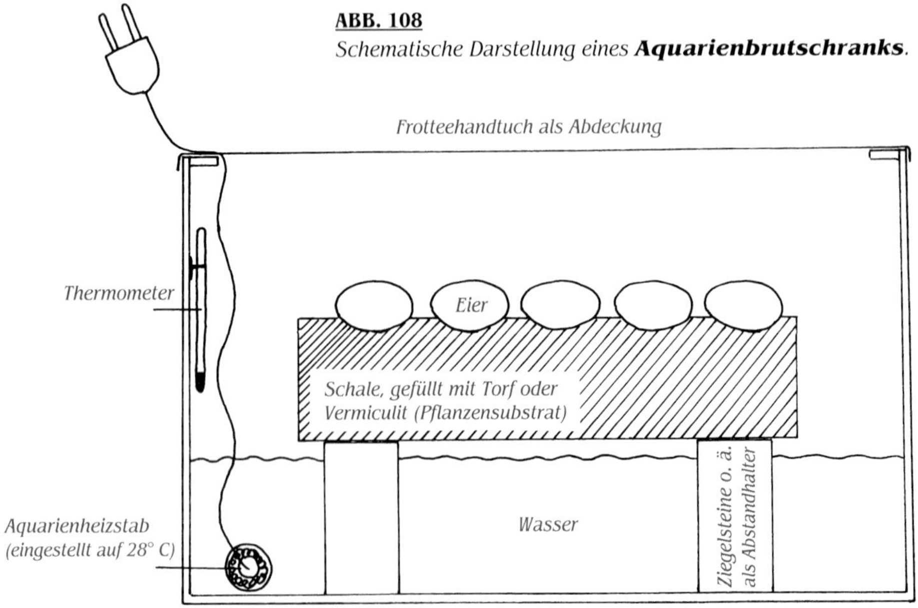

Anlage künstlicher Eiablageplätze

Traditionelle Brutplätze werden oft auch dann noch benutzt, wenn sich die Inkubationsbedingungen durch die bereits abgeschlossene Kompostierung verschlechtert haben und der Haufen eigentlich nicht mehr geeignet ist. In diesem Fall oder wenn man den Nattern einfach nur Möglichkeiten schaffen will, ihre Eier abzulegen, bietet sich die Anlage künstlicher Eiablageplätze an.

Wesentliche Voraussetzungen für eine erfolgreiche Inkubation (Entwicklung der Eier) sind ausreichende Feuchtigkeit und gute Durchlüftung. Beides fördert die Entwicklung von Mikroorganismen, durch deren Aktivitäten die Temperatur im Inneren ansteigt. Beide Parameter hängen von der Größe des Haufens und des Substrates ab.

Da große Haufen geeigneter sind als kleine, sollten sie im frischen Zustand eine **Mindestgröße** von 1,6 m Länge, 1,2 m Breite und 1 m Höhe aufweisen.
Empfohlen wird **Material aus der direkten Umgebung**, wie Misthaufen in der Nähe von Bauernhäusern, Laubhaufen in Parks usw. **Laub ist besonders gut geeignet**, da es die Feuchtigkeit gut hält und sehr einfach und schnell kompostiert, wobei die nötige Wärme entsteht.

Um das Auffinden und die Akzeptanz durch Schlangen zu gewährleisten, sollte der Anlageplatz so gewählt werden, dass er in der Nähe bereits früher genutzter Plätze liegt. **Neue Anlagestellen** müssen jedenfalls im Lebensraum der Schlangen liegen, jedoch nie zu nahe an Straßen oder Wohngebäuden, wo z. B. Katzen oder Hühner die jungen Schlangen gefährden könnten.

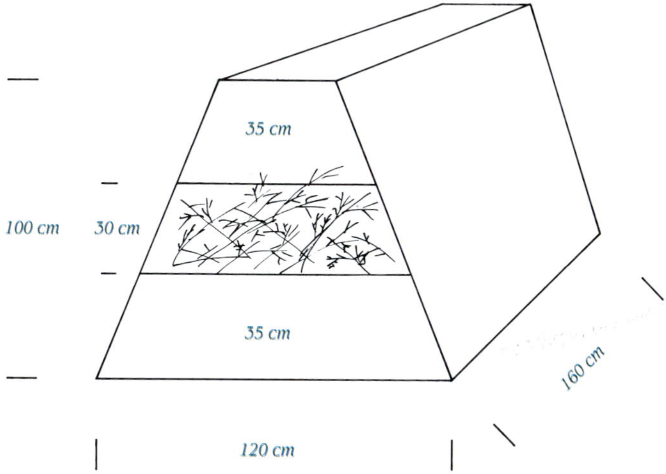

ABB. 109
*Schematische Darstellung eines frischaufgeschichteten künstlichen **Eiablageplatzes**. Die Maße geben die Mindestgröße an. Vor allem im Mittelteil soll das Material gut mit Zweigen und Ästen durchmischt sein, damit brauchbare Hohlräume entstehen und der Haufen locker und gut durchlüftet bleibt.*

WICHTIG

Ein solcher Haufen sollte alle **1–2 Jahre entfernt** und an derselben Stelle neu aufgeschichtet werden, um eine ständige optimale Eignung zu sichern. Die notwendigen Arbeiten dürfen nur zwischen Mitte April und Ende Mai bzw. im Oktober durchgeführt werden, um weder die Fortpflanzung der Nattern noch überwinternde Tiere zu stören.

Ein derartig angelegter Substrathaufen erfüllt neben der Eiablage noch weitere **ökologisch-biologische Funktionen für eine Vielzahl anderer Tierarten**, z. B. als Winterquartier für Reptilien und Amphibien, Kleinsäuger und Insekten.

Zauneidechse

Zauneidechsen legen ihre Eier in selbst gegrabene Röhren, flache, anschließend mit Sand und Pflanzenmaterial verschlossene Gruben. Solche Eiablageplätze liegen an offenen, sonnigen, nicht zu trockenen Stellen mit grabbarem Boden, wobei Sand besonders geeignet ist. Wasser sickert schnell durch, bleibt aber durch die Kapillarwirkung verfügbar. Weiters werden Eier unter Steinen, Brettern, Blechplatten oder ähnlichem abgelegt. Die Eiablagegewohnheiten von **Smaragdeidechsen** wurden im Freiland bisher nicht systematisch untersucht, sind aber denen der Zauneidechse ähnlich.

Die **Gelegegröße** schwankt, abhängig vom Alter und von der Konstitution der Eidechse, zwischen 4 und 14 Eiern, deren Länge durchschnittlich 12,5 mm und deren Breite durchschnittlich 8,8 mm beträgt. Wie bei den Schlangen nehmen die weißen, weichen Eier während der

Entwicklung durch Aufnahme von Wasser an Größe zu und werden rundlicher. Kurz vor dem Schlupf bekommen sie dunkle Flecken und geben wieder Wasser ab, worauf sie auch wieder etwas kleiner werden.

Die **Inkubationsdauer** beträgt bei einer Temperatur von 25° C etwa 55–56 Tage, benötigt wird eine **Temperatur zwischen 20 und 28° C**. Bei Temperaturen unter 20° C verlängert sich die Entwicklungszeit deutlich und die Embryonen entwickeln sich zwar, können aber nicht ausschlüpfen. Die jungen Eidechsen haben beim Schlupf eine Gesamtlänge von 45–65 mm.

WICHTIG Wird nun ein **solches Gelege gefunden**, wäre es am besten, den Originalzustand wieder herzustellen. Dabei ist zu beachten, dass die Eier zur Hälfte bis drei viertel im Sand vergraben werden, da sie Kontaktwasser benötigen. Aber es kommt auch eine künstliche Erbrütung, wie bereits bei den Schlangen beschrieben, in Frage. Auch hier müssen die Eier zur Hälfte bis drei viertel in ständig feuchten Sand eingegraben werden. Vorsicht aber, dass die kleinen Eidechsen nach dem Schlupf nicht ertrinken.

Wo Zauneidechsen vorkommen, kann man ihnen helfen, indem **Eiablageplätze künstlich** angelegt werden. Wie bereits erwähnt, eignet sich Sand am besten, die Hangneigung sollte 20 % betragen. Die Umgebungsstruktur muss so gewählt werden, dass eine Beschattung von 40 % nicht überschritten wird. Die Größe soll, damit mehrere Weibchen den Platz zur Eiablage nutzen können, zwischen 1,5 und 3 m^2 betragen. Diese Mindestgröße ist deshalb nötig, da Weibchen, die ihre Eier abgelegt haben, den Platz gegenüber anderen Weibchen verteidigen.

WICHTIG Aber für den Schutz der Eidechsen wäre es sehr viel wichtiger, dort, wo sie vorkommen, Verbuschung, Aufforstungen, Bebauung und Nutzungsintensivierung zu verhindern, Kleinstrukturen zu schützen und auf Biozide zu verzichten. „Dynamische Störstellen", wie sie z. B. Sandabbau darstellt, sind aber Teil des Lebensraumes und sollten auch weiterhin extensiv bewirtschaftet werden.

Zusammenfassung

Die Gelege von Äskulap- und Ringelnattern werden oft gefunden, deren Rettung nicht schwierig und die leicht unter künstlichen Bedingungen erbrütet werden können.

Die Anlage von künstlichen Eiablageplätzen kann einen Mangel an natürlichen Brutmöglichkeiten für Nattern und Eidechsen ausgleichen.

Sehr wichtig wäre für das Überleben von Reptilien allgemein, den Lebensraum besser zu schützen.

Anhang

Adressen/Österreich

Neben den angeführten Institutionen und Vereinen existieren vielerorts Idealisten, die Tipps geben können, bzw. Jungtiere auch zur Aufzucht übernehmen. Das nächstgelegene Tierheim, Ihr Tierarzt, die örtliche Jägerschaft und auch Tier- und Naturschutzorganisationen können hier meist weiterhelfen und haben oft selbst geeignete Personen in ihren Reihen. Besonders Singvogel- und Igelpfleger(innen) sind meist bekannt.
Ist die Suche auch manchmal langwierig und nervenaufreibend, lassen Sie sich nicht entmutigen.

Wichtig! In diesem Zusammenhang möchte ich alle Personen, die bereits Erfahrung auf dem Gebiet der Jungtieraufzucht besitzen und weiterhelfen können, bitten, Ihre Adresse und Telefonnummer im nächstgelegenen Tierheim, bei den Natur- und Tierschutzorganisationen, bei Ihrem Tierarzt oder ähnlichen Stellen, zu deponieren.

Würde dadurch ein flächendeckendes Netz an erfahrenen Personen entstehen, die, und das wäre besonders wichtig, schnell erreichbar sind, dann könnte das doch die unnötigen Verluste durch falsche Pflege reduzieren.

Burgenland: Biologische Station Illmitz, 7142 Illmitz; Burgenländischer Tierschutzverein, Waldgasse 41, 7061 Trausdorf.

Kärnten: Österreichischer Naturschutzbund, Walddorf 62, 9020 Klagenfurt; Kärntner Tierschutzverein, Pestalozzistraße 10, 9500 Villach.

Niederösterreich: EGS-Eulen- und Greifvogelstation Haringsee, Untere Hauptstraße 34, 2286 Haringsee; Institut für Öko-Ethologie, Altenburg 47, 3573 Rosenburg (Waldviertel); Tierheim Klosterneuburg, Herzogenburger Straße 13, 3420 Kritzendorf; Institut für Öko-Ethologie, Staning; Tierheim des Tierschutzvereines, Pachfurther Straße 8, 2460 Bruck an der Leitha; Tierheim des Tierschutzvereins, Rechte Kremszeile 66, 3500 Krems/Donau; Tierheim St. Pölten, Gutenbergstraße 26, 3100 St. Pölten.

Oberösterreich: Biologiezentrum des OÖ. Landesmuseums, J.-W.-Klein-Straße 73, 4040 Linz; Vogelpark Schmiding, Schmiding 30, 4631 Krenglbach; Tierpark Wels, Volksgarten, 4600 Wels; Naturkundliche Station der Stadt Linz, Neues Rathaus, 4040 Linz; Tierheim des OÖ. Landestierschutzvereines, Mostnystraße 16, 4040 Linz; Tierheim Steyr, Neustifter Hauptstraße 11, 4407 Steyr; Welser Tierheim, Tierheimstraße 40, 4600 Wels.

Salzburg: Haus der Natur, Arenbergstraße 10, 5020 Salzburg; Tiergarten Hellbrunn, 5020 Salzburg; Zoologisches Institut der Universität Salzburg, Akademiestraße 26, 5020 Salzburg; Tierheim und Tierschutzverein für Stadt und Bezirk Hallein, Oberalm 830c, 5411 Hallein; Tierheim Salzburg, Karolingerstraße 13a, 5020 Salzburg.

Steiermark: Biologische Arbeitsgemeinschaft Steiermark, Stadtwaldstraße 43, 8600 Bruck an der Mur; Universität Graz, Institut für Zoologie, Universitätsplatz 2, 8010 Graz; Tierheim des Landestierschutzvereines für Steiermark, Grabenstraße 113, 8010 Graz; Tierheim Trieben, Gärtnersiedlung 10, 8784 Trieben; Tierpark Herberstein, Buchberg 2, 8222 Stubenberg.

Tirol: Alpenzoo Innsbruck, Weiherburggasse 37, 6020 Innsbruck; Osttiroler Tierschutzverein, Mühlangergasse 2, 9900 Lienz; Tierheim des Tierschutzvereins für Tirol, 6020 Mentlberg.

Vorarlberg: Tier- und Naturschutzverein Lustenau, Postfach 183, 6890 Lustenau.

Wien: Vet. med. Universität, Institut für Parasitologie und Zoologie, Veterinärplatz 1, 1210 Wien; WWF, Ottakringer Straße 114–116, 1162 Wien; Schönbrunner Tiergarten, Maxingstraße 13b, 1130 Wien; Wiener Tierschutzverein, Triester Straße 368, 2331 Vösendorf; Tierheim am Mühlwasser, Am Mühlwasser 231, 1220 Wien.

Die jeweils gültige Telefonnummer entnehmen Sie bitte dem Telefonbuch.

Sollten Sie **Fragen betreffend Fledermäuse** haben, wenden Sie sich in **Österreich** an die Fledermauskundliche Arbeitsgemeinschaft, Fr. Anna Baar, Hanssonstraße 2, 1100 Wien (01-6892586 oder 0664-5032127) bzw. in der **Schweiz** entweder an das Naturhistorische Museum Basel (0041-61-2665535) oder an das Nottelefon für Fledermäuse SSF/KOF (0041-1-3411963).

Adressen/Deutschland

Allgemeine Adressen: Deutscher Tierschutzbund e.V., Baumschulallee 15, 53115 Bonn, Tel. 0228-604960, Fax 0228-604940, http://www.tierschutzbund.de; BUND - Bundesgeschäftsstelle, Am Köllnischen Park 1, 10179 Berlin, Tel. 030-275864-0, Fax 030-275864-40, E-Mail: bund@bund.net; NABU-Bundesgeschäftsstelle, Hausanschrift: Herbert-Rabius-Straße 26, 53225 Bonn, Postanschrift: NABU, 53223 Bonn, Tel. 0228-4036-0, Fax 0228-4036-200, E-Mail: NABU@NABU.de; Deutsches Tierhilfswerk e. V., Fachberatung Wild- und kleine Haustiere, Augustastraße 14, 63589 Linsengericht, Tel. 0051-73615, Fax 06051-75111.

Igel: Pro Igel - Verein für integrierten Naturschutz Deutschland e.V., Geschäftsstelle, Lilienweg 22, 24536 Neumünster, Tel. 04321-31856, Fax 04321-939479, E-Mail: Pro_Igel@t-online.de, http://www.pro-igel.de, Igel-Hotline-Ansagedienst 08382-3021 und 6023, Faxabruf 08382-3022; IGSI, Igel-Schutz-Initiative e. V., Igelhaus Ohestraße 12, 30880 Laatzen/Grasdorf, Tel. 0511-233161, Fax 0511-221774; Igelnothilfe e.V., Neusser Straße 5, 41516 Grevenbroich, Tel. 02182-812277, Fax 02182-2639; Igelschutz-Interessengemeinschaft e.V., Alter Trailfinger Weg 3, 72525 Münsingen, Tel. 07381-18612.

Vögel: *Vogelschutzwarten der Bundesländer:* Baden-Württemberg: Staatliche Vogelschutzwarten Baden-Württemberg in der Bezirksstelle für Naturschutz und Landschaftspflege Karlsruhe, Postfach 1504, 76004 Karlsruhe, Tel. 0721-926-4382; Bayern: Bayerisches Landesamt für Umweltschutz Referat Artenschutz Vögel, Gsteigstraße 43, 82467 Garmisch-Partenkirchen, Tel. 08821-2330, Fax 08821-2392, E-Mail: lfu-vogelschutz@t-online.de; Berlin: Senatsverwaltung für Stadtentwicklung, Umweltschutz und Technologie Sachgebiet III A 23, Am Köllnischen Park 3, 10173 Berlin, Tel. 030-2471-2460; Brandenburg: Landesumweltamt Brandenburg Rietzer See, Luchstraße 9, 14778 Schenkenberg; Bremen: Senator für Umweltschutz Referat Arten- und Biotopschutz, Hanseatenhof 5, 28195 Bremen; Hamburg: Naturschutzamt in der Umweltbehörde, Billstraße 84, 20539 Hamburg, Tel. 040-7880-2226; Hessen: Staatliche Vogelschutzwarte für Hessen, Rheinland-Pfalz und Saarland, Steinauer Straße 44, 60386 Frankfurt/M, Tel. 069-420105-0, Fax 069-420105-29, E-Mail: c.heldmann@vsw-ffm.hlf-net.de; Mecklenburg-Vorpommern: Landesamt für Umwelt und Natur Abteilung Naturschutz, Wampener Straße, 17498 Neuenkirchen, Tel. 03834-791-0; Niedersachsen: Niedersächsisches Landesamt für Ökologie Fachbehörde für Naturschutz, Göttinger Straße 14, 30449 Hannover, Tel. 0511-4446-216; Nordrhein-Westfalen: Landesanstalt für Ökologie Dezernat 35, Leibnizstraße 10, 45659 Recklinghausen, Tel. 02361-305290; Rheinland-Pfalz: siehe Hessen; Saarland: siehe Hessen; Sachsen: Sächsische Vogelschutzwarte Neschwitz, Am Park 4, 02699 Neschwitz; Sachsen-Anhalt: Zerbster Straße 7, 39264 Steckby, Tel. 039244-297; Schleswig-Holstein: Landesamt für Natur und Umwelt, Olshausenstraße 40, 24118 Kiel, Tel. 0431-8804502-01; Thüringen: Thüringer Landesanstalt für Umwelt, Lindenhof 3, 99991 Seebach, Tel. 03601-440-565. *Sonstige Vogel-Adressen:* NABU-Weißstorchzentrum, Drebkauer Straße 2a, 03226 Vetschau/Spreewald, Tel./Fax 035433-4100; Wildvogelpflegestation Kirchwald e.V., Tel. 02651-3971; Vogelpark Herborn - Uckersdorf e.V., Tel. 02772-40347, 42522, 2497; Auswilderungsstation für Greifvögel und Eulen, Herr Limpinsel, Tel. 02992-8684; Vogelschutzwarte Seebach (Vögel aller Art), Tel. 03601-440565; Wildvogelauswilderungsstation Marlow, Herr Haase, Tel. 038221-80353, Fax: 038221-265; Auffangstation, alle Vögel außer Störche und Kraniche, Herr Kaufmann, Tel. 04208-1451, 0421-641560; Greifvogel - Pflegestation (Eulen + Greifvögel), Herr Rayzik, Tel. 04235-643; Wildpark Eekholt e.V., Tel. 04327-99230, Fax 04327-1232, info@wildpark-eekholt.de; Interessengemeinschaft zur Rettung verölter Seevögel / Tierheim Sylt, Tel. 04651-33533; Zoo Hannover GmbH alle Vögel außer Störche und Kraniche, Tel. 0511-28074-151 oder -152, Fax 0511-28074-159; Vogelpflegestation / NaBu Artenschutzzentrum Leiferde, Tel. 05373-6677, Fax 05373-1260; Vogelpflegestation Wendland (keine jungen Singvögel), Volker Lieske, Tel. 05841-5371, E-Mail: volker_lieske@web.de; Greifvogelpflegestation, Tel. dienstl. 06195-23547, Tel. privat 06198-8160; Wildvogel-Pflegestation Marburg und Umgebung e.V. (einheimische Wildtiere, keine Stadttauben), E-mail: info@wildvogel-pflege.de; Deutsche Gesellschaft für Mauersegler e.V. (Mauersegler), Tel. 069-398529, 0173-3604167; Carsten Weber (Wildvögel und Wildtiere), Tel. dienstl. 0721-9812420, Tel. privat 0721/827484; E-Mail: weber@meeres-welt.de; Verein für Vogelschutz und Vogelpflege, Herr Leuthel, Tel. 09171-62226.

Forstbehörden der einzelnen Bundesländer (geben Adressen der zuständigen Forstämter weiter): Ministerium für Ernährung und Ländlichen Raum Baden-Württemberg, Landesforstverwaltung, Kernerplatz 10, 70014 Stuttgart, Tel. 0711-126-2107, E-Mail: Info@wald-online-bw.de; Bayerische Staatsforstverwaltung, Postfach 22 00 12, 80535 München, Tel. 089-2182-0, Fax 089-2182-2677, E-Mail: infoforst@stmelf.bayern.de; Landesforstverwaltung Rheinland-Pfalz, Kaiser-Friedrich-Straße 1, 55116 Mainz, Tel. 06131-16-0, Fax 06131-16-59, E-Mail: Poststelle@muf.rp.dbp.de; Landesforstamt der Senatsverwaltung für Forstentwicklung Berlin, Wannseebadweg 10, 14129 Berlin, Tel. 030-816992-0, Fax 030-816992-99, E-Mail: waldschulen@activemail.de; Ministerium f. Ernährung, Landwirtschaft u. Forsten Brandenburg, Postfach 601150, 14411 Potsdam; Hessische Landesforstverwaltung, Hölderlinstraße 1-3, 65187 Wiesbaden, Tel. 0611-817-0, 0611-817-2183; Landesforstverwaltung Mecklenburg-Vorpommern, Ministerium für Ernährung, Landwirtschaft, Forsten und Fischerei Mecklenburg-Vorpommern, Paulshöher Weg 1, 19061 Schwerin, Tel. 0385-588-6201, Fax 0385-588-6024, Email: p.rabe@lm.mvnet.de; Niedersächsisches Forstplanungsamt, Leiter: LFD Hartmut Kleinschmit, Forstweg 1a, 38302 Wolfenbüttel, Tel. 05331-3003-0, Fax 05331-3003-55, E-Mail: poststelle@nfp.niedersachsen.de; Landesforstverwaltung Nordrhein-Westfalen, Schwannstraße 3, 40476 Düsseldorf, Tel. 0211-4566-0, Fax 0211-4566-388; Behörde für Wirtschaft und Arbeit Hamburg, Abteilung Wald, Jagd und Fischerei, Billstraße 84, 20539 Hamburg, Tel. 040-428452990, Fax 040-428452626; Sächsisches Staatsministerium für Umwelt und Landwirtschaft, Archivstraße 1, 01097 Dresden, Tel. 0351-564-0, Fax 0351-564-2209, E-Mail: Poststelle@smul.sachsen.de; Ministerium für Landwirtschaft und Umwelt des Landes Sachsen-Anhalt, Olvenstedter Straße 4, 39108 Magdeburg; Thüringer Ministerium für Landwirtschaft, Naturschutz und Umwelt, Abteilung Forsten, Beethovenplatz 3, 99096 Erfurt, Tel. 0361-3799801, E-Mail: g.schlenstedt@tmlnu.thueringen.de.

Sonstige Adressen: Wildtier- und Artenschutz Station Sachsenhagen, Hohe Warte, 31553 Sachsenhagen, Stationsleiter Christian Erdmann, E-Mail: christian.erdmann@wildtierstation.de, Tel. 05725-7087-30, Fax 05725-7087-40, Notfall-Telefon 0171-6831000; Pension Lärcheneck (privat), www.pension-freileben.de, Tel. 035364-4080, Fax 035364-4220, E-Mail: fliesstal@aol.com, Annahme nach Vereinbarung (Schwarzwild, Rehwild, Vögel u.a.); Tierarzt Dr. med. vet. Andreas Valentin, Tel. 03337-41441, Handy 0171-4837710, Annahme nach Voranmeldung (Rehwild und zahlreiche Wildarten); Wunstorf Lüneburger Heide, öffentl. Wildtierstation, www.vogelpflegestation.de, Tel. 05073-925068, Annahme nach Vereinbarung und Voranmeldung (Rehwild, Vögel u.a.); Wildtierinitiative Rhein-Hunsrück, Tel. 0171-2877423, Annahme nach Vereinbarung; Verein Tierart e.V. Frau Finke, Kontakt: 06344-6832, nach Vereinbarung und Voranmeldung (Rehwild u.a.); Verein Biotop e.V., Darmstadt-Rödermark, Tel. 06074-93255 oder 07531-455829, nach Vereinbarung, medizinisch hoch qualifizierte Station (Wildvögel, Rehwild u.a.); Wildtierstation Röll, Tel. 06181-493545, Handy 0177-3132445, nach Voranmeldung und Vereinbarung; Wildstation Heinz Röber (privat), Zienkenerstraße 6, 79379 Müllheim-Hügelheim, Tel. 07631-2415, nach Vereinbarung, wichtige Wildstation, über 400 Wildarten (speziell Vögel, Niederwild, Füchse).

Weitere Adressen über www.wildtier.de, Notfall-Telefon: 0171-28 77 423, Initiator: Wildtierinitiative Rhein-Hunsrück, Postfach 1272, 56282 Kastellaun, Tel. 0171-2877423, E-Mail: webmaster@wildtier.de.

Rechtliche Situation/Österreich

Jagdbar oder naturgeschützt?

Durch den Beitritt zur Europäischen Union hat sich auch Österreich verpflichtet, die von der EU-Kommission gestalteten rechtlichen Rahmenbedingungen zu übernehmen.

Wesentliche rechtliche Grundlagen des Artenschutzes innerhalb der EU sind die **„Richtlinie über die Erhaltung der wildlebenden Vogelarten" (Vogelschutzrichtlinie)** aus 1979 sowie die **„Richtlinie zur Erhaltung der natürlichen Lebensräume sowie der wildlebenden Tier- und Pflanzenarten"** aus dem Jahr 1992 **(Fauna-Flora-Habitatrichtlinie)**.

Die Auflistung sämtlicher Tierarten würde die Seitenzahl nur unnötig erhöhen, deshalb an dieser Stelle nur der Hinweis, dass es notwendig ist, sich bei der zuständigen Naturschutzbehörde zu erkundigen, ob die kurzfristige Haltung zur Aufzucht in Ordnung ist.
Kann das gefundene naturgeschützte Jungtier nur mit menschlicher Hilfe überleben und wird es nicht länger als notwendig gehalten, dann werden kaum rechtliche Konsequenzen auftreten.
In Österreich, wo es, im Gegensatz zu Deutschland, kaum öffentliche Aufzuchtstationen gibt, bleibt als Alternative nur die Betreuung durch Privatpersonen.

Jagdbare Tierarten, wie Reh, Wildschwein, Feldhase oder Fasan haben auch einen wirtschaftlichen Wert. Eine widerrechtliche Aneignung erfüllt den Tatbestand der Wilderei. Es ist daher notwendig, die Zustimmung des zuständigen Jägers einzuholen. In meiner langjährigen Praxis habe ich aber noch nie ein Problem damit gehabt. Jäger sind meist froh, dass sich jemand des Jungtieres annimmt.

Rechtliche Situation/Deutschland

Bei der Aufnahme von Wildtieren denkt zuerst niemand daran, dass dies rechtliche Konsequenzen haben könnte. Obwohl oft sehr schnell gehandelt werden muss, damit das Tier überlebt, sollte deshalb der helfende Bürger die gesetzlichen Regelungen kennen.

Wildtiere sind herrenlose Tiere

Gemäß § 960 Absatz 1 Satz 1 Bürgerliches Gesetzbuch (BGB) sind wilde Tiere herrenlos, solange sie sich in der Freiheit befinden. Herrenlos heißt, dass diese Tiere ihrer Art nach nicht menschlicher Herrschaft unterliegen und somit auch noch nie Eigentum an ihnen bestanden hat. Davon sind gefundene Heimtiere zu unterscheiden, die zum Zeitpunkt des Fundes zwar besitzerlos, nicht aber herrenlos waren. Auf sie finden die gesetzlichen Vorschriften zum Fund von Sachen gemäß §§ 965 ff BGB Anwendung.
Grundsätzlich erwirbt derjenige, der eine herrenlose Sache in Besitz nimmt, das Eigentum an der Sache, § 958 Absatz 1 BGB (Aneignung). Demnach würde also jedes gefundene und mitgenommene Wildtier in das Eigentum seines Finders übergehen. Dass dies nicht sein kann, liegt auf der Hand. Es existieren gesetzliche Aneignungsverbote, so dass gefundene Wildtiere herrenlos bleiben, auch wenn sie sich vorübergehend in der Obhut von Menschen befinden. Die meisten der gefundenen Wildtiere werden aber mit dem Ziel aufgenommen, sie nach erfolgreicher Genesung wieder in die Freiheit zu entlassen. Welche Konsequenzen kann also die Inbesitznahme eines Wildtieres haben?

Jagdgesetze

Dem Jagdrecht unterliegen die Tiere, die zu den so genannten jagdbaren, wild lebenden Arten zählen, die übrigen unterliegen dem Naturschutzrecht. Das **Bundesjagdgesetz (BJagdG)** enthält kaum Bestimmungen zum Schutz wilder Tiere. Eine ausdrückliche Norm für in Not geratene Findeltiere fehlt hier. Allerdings bestimmt § 1, dass ausschließlich dem Jagdberechtigten das Recht zur Aneignung von Wild zusteht. Ausdrücklich eingeschlossen wird hiervon auch die Aneignung kranken oder verendeten Wildes. Das bedeutet, dass dem Jagdrecht unterfallende Wildtiere der Natur grundsätzlich nicht entnommen werden dürfen. Diese Tiere stehen ausschließlich im Eigentum des Jagdberechtigten.

Das BJagdG unterstellt folgende Tierarten dem Jagdrecht:
Haarwild: Wisent, Elchwild, Rotwild, Damwild, Sikawild, Rehwild, Gamswild, Steinwild, Muffelwild, Schwarzwild, Feldhase, Schneehase, Wildkaninchen, Murmeltier, Wildkatze, Luchs, Fuchs, Steinmarder, Baummarder, Iltis, Hermelin, Mauswiesel, Dachs, Fischotter, Seehund.
Federwild: Rebhuhn, Fasan, Wachtel, Auerwild, Birkwild, Rackelwild, Haselwild, Alpenschneehuhn, Wildtruthahn, Wildtauben, Höckerschwan, Wildgänse, Wildenten, Säger, Waldschnepfe, Blässhuhn, Möwen, Haubentaucher, Großtrappe, Graureiher, Greife, Falken, Kolkrabe.

Darüber hinaus gibt es in der aufgrund des BJagdG erlassenen **Bundeswildschutzverordnung (BWildSchV)** bestimmte Schutzvorschriften zugunsten des Wildes, wie das Verbot der Inbesitznahme bestimmter Wildtiere. Hier wird also ausdrücklich die Mitnahme von Findeltieren bestimmter Arten verboten. Wer dennoch Wildtiere der in der Verordnung aufgelisteten Arten an sich nimmt, begeht nach der BWildSchV eine Ordnungswidrigkeit, die mit einer empfindlichen Geldbuße geahndet werden kann. Gleiches gilt für den Erwerb solcher Tiere.

Im Einzelnen handelt dabei es sich um folgende Tierarten:
Haarwild: Steinwild, Schneehase, Murmeltier, Seehund
Federwild: Rebhuhn, Fasan, Wachtel, Auerwild, Birkwild, Rackelwild, Haselwild, Alpenschneehuhn, Wildtruthuhn, Hohltaube, Ringeltaube, Turteltaube, Türkentaube, Höckerschwan, Graugans, Blässgans, Saatgans, Kurzschnabelgans, Ringelgans, Weißwangengans, Kanadagans, Stockente, Löffelente, Schnatterente, Pfeifente, Krickente, Spießente, Kolbenente, Bergente, Reiherente, Tafelente, Schellente, Brandente, Eisente, Samtente, Trauerente, Eiderente, Mittelsäger, Gänsesäger, Zwergsäger, Waldschnepfe, Blässhuhn, Mantelmöwe, Heringsmöwe, Silbermöwe, Sturmmöwe, Lachmöwe, Schwarzkopfmöwe, Zwergmöwe, Dreizehenmöwe, Haubentaucher, Graureiher, Kolkrabe.

Das BJagdG hat zudem die Bundesländer ermächtigt, eigene Vorschriften über das Aufnehmen, die Pflege und die Aufzucht verletzten oder kranken Wildes sowie dessen Verbleib zu erlassen. Soweit die Länder von dieser Ermächtigung Gebrauch gemacht haben, gelten die landesrechtlichen Vorschriften. Auskunft darüber gibt die zuständige Landesforst- oder -Jagdbehörde. Die BWildschV findet dann keine Anwendung. Einige **Landesgesetze** haben über die vom BJagdG benannten Tierarten hinaus weitere bestimmt, die dem Jagdrecht unterliegen.

Im Einzelnen handelt es sich um folgende Tiere:
Brandenburg: Mink, Marderhund, Waschbär; Mecklenburg-Vorpommern: Mink, Marderhund, Waschbär; Nordrhein-Westfalen: Waschbär, Marderhund; Sachsen-Anhalt: Mink, Marderhund, Waschbär.

Naturschutzgesetze
Das **Bundesnaturschutzgesetz (BNatschG)** wurde zum 04. April 2002 novelliert. Bei diesem Gesetz handelt es sich um ein so genanntes Rahmengesetz, das heißt, die Mehrzahl der Regelungen gelten nicht unmittelbar gegenüber dem Bürger, sondern richten sich an die einzelnen Länder, die die neuen Rahmenvorschriften bis zum Jahre 2005 in Landesnaturschutzrecht umsetzen müssen. Nur im Ausnahmefall gelten die Normen auch unmittelbar gegenüber dem Bürger.
Ein wesentlicher Unterschied im alten BNatschG war eine deutliche Trennung von Jagd und Naturschutz. Die Normen der Naturschutzgesetze galten nur für die unter das Naturschutzrecht fallenden Tierarten, während die Jagdgesetze nur auf die jagdbaren Arten Anwendung fanden.
Im neuen Gesetz wurde diese Trennung aufgehoben, vgl. § 39 Absatz 2 Satz 2 BNatschG. Soweit in den jagdrechtlichen Vorschriften des Bundes und der Länder keine besonderen Bestimmungen zum Schutz und zur Pflege der betreffenden Arten bestehen, gelten nun die Regelungen des BNatschG unmittelbar auch für das Jagdrecht.
Was die BWildSchV anbelangt, so wurde seitens der zuständigen Ministerien in Berlin und Bonn verkündet, dass sie aufgehoben und dafür weiter gehende Schutzvorschriften u.a. in der Bundesartenschutz-Verordnung normiert werden sollen. Der Wegfall der BWildSchV würde bedeuten, dass es gar keine besonderen Schutzvorschriften zugunsten der jagdbaren Tierarten mehr gibt. Es findet dann nur noch das BNatschG Anwendung.
Letztlich bleibt die weitere Entwicklung abzuwarten. Es zeichnet sich aber bereits jetzt ab, dass die naturschutzrechtlichen Bestimmungen zu Lasten der jagdrechtlichen Vorschriften zunehmend in den Vordergrund geraten.

§ 42 Absatz 2 Nr. 1 BNatschG verbietet die Inbesitznahme von Tieren der besonders geschützten Arten. Im Weiteren normiert aber § 43 Absatz 6 eine Ausnahme von diesem Besitzverbot für den Fall, dass ein verletztes, hilfloses oder krankes Tier aufgefunden wird. Dann ist es zulässig, diese Tiere bei sich aufzunehmen und gesund zu pflegen. Allerdings sind die Tiere unverzüglich in die Freiheit zu entlassen, sobald sie sich dort selbständig erhalten können. Handelt es sich um Tiere der streng geschützten Arten, so muss die Aufnahme des Tieres der nach Landesrecht zuständigen Behörde gemeldet werden.
Welche Tiere den besonders geschützten Arten angehören, ergibt sich aus der **Bundesartenschutzverordnung (BArtSchV)**, die im Anhang eine Liste enthält – unterteilt nach besonders und streng geschützten Tierarten.

Zusammenfassung
Wilde Tiere, die nach den Naturschutzgesetzen unter die besonders geschützten Arten fallen, dürfen nur dann aufgenommen werden, wenn es sich um ein verletztes, krankes oder hilfloses Tier handelt. Bei Tieren der streng geschützten Arten besteht darüber hinaus eine Meldepflicht.
Wilde Tiere, die nach dem Jagdrecht zu den jagdbaren Arten zählen, durften bislang grundsätzlich nie mitgenommen werden, es sei denn, in den Landesjagdgesetzen war eine abweichende Regelung normiert. Mit dem Inkrafttreten des neuen BNatschG hat sich die Rechtslage insoweit aber verändert.
Tierarten, die der BWildschV zuzurechnen sind, dürfen nach wie vor nicht in die Obhut eines Menschen genommen werden (Ausnahme: abweichende Länderregelungen).
Auf jagdbare, wild lebende Tierarten, die der BWildschV nicht unterfallen und damit entsprechend den Bestimmungen des BJagdG zu behandeln sind, findet nach der neuen Gesetzeslage nunmehr das BNatschG unmittelbar Anwendung, d.h. hilflose, verletzte oder kranke Tiere dürfen aufgenommen und gesund gepflegt, müssen aber im Anschluss wieder ausgewildert werden. Soweit Schutzvorschriften der Länder bestehen, richtet sich Aufnahme, Pflege und Verbleib der Tiere nach diesen Bestimmungen und nicht nach dem BNatschG.
Im Ergebnis muss also nur noch bei Anwendung der BWildschV mit rechtlichen Konsequenzen gerechnet werden. Wie lange diese Vorschriften noch Bestand haben wird, bleibt abzuwarten.

Geräte, Präparate, Medikamente/Österreich

Handelsnamen und in Klammer die Erzeuger- bzw. Vertriebsfirma. Bezugsquelle, soweit nicht anders vermerkt, ist der Zoohandel.

Trinkflaschen: IPEVET-Milchflasche. Saugflasche (Beaphar GmbH).
Injektions- und Insulinspritzen: Erhältlich in Apotheken oder in Geschäften für Ärztebedarf.
Taschenofen: Fachhandel für Jagd-, Fischerei- und Sportbedarf.
Wärmeflasche, Moorwärmeflasche: Apotheke, Fachhandel für Sanitätsbedarf.
Aufzuchtmilch für Hundewelpen: Welpi Lac (Asid Veterinärvertriebs GmbH). Eiweiß, Fett, Mineralstoffe, Spurenelemente, Vitamine. In Deutschland: Welpenmilch A1, Welpenbrei A2 (Fa. Royal Canin).
Aufzuchtmilch für Katzen: GIMPET-Cat-milk (Aktiva Chemie, Wien).
Vorsicht! Die Aufzuchtmilch für Katzen von Vitakraft ist im Fettgehalt zu gering und daher ungeeignet.

Zur Aufzucht geeignete Säuglingsnahrung: Humana H (Heilnahrung), Aledin-Heilnahrung (Nestle), erhältlich in Apotheken. Praeaptamil (Milupa), erhältlich in Drogeriemärkten.
Milchaustauscher für Kälber (Taumil), **Lämmer** (Taumil 25 Lamm) **und Ferkel:** WV Lagerhaus oder Geschäfte für landwirtschaftlichen Bedarf.
Aufzuchtfutter für Kleinvögel: Beoperlen (Vitakraft).
Aufzuchtfutter Körnerfresser: Kanarien-gold (Vitakraft), Sittich-gold (Vitaktaft).
Reines Insektenfutter: Tierhandlung Hiesel, Klopstockgasse 3, 1160 Wien, schickt das Futter auch zu. Zoohandlung Hahn, Hernalser Hauptstraße 196, 1170 Wien.
Fütterungsspritze und spezielles Futter für die Aufzucht von Jungtauben: Fa. Friedrich HEINDL, Triester Straße 227, 1232 Wien.
Kückenstarter: TAGGER AG, 4614 Marchtrenk und in jedem Lagerhaus.
Hausgrillen (Heimchen): Größere Mengen sind erhältlich in Ostösterreich bei: Tropencenter Hahn, Hernalser Hauptstraße 196, 1170 Wien; Tierhandlung Hiesel, Klopstockgasse 3, 1160 Wien.
Aquarium Design, Harald Kientzl, Füchselstraße 2, 4020 Linz oder direkt beim Züchter: Zoobedarf Hansche, Rabenstein 8, 9473 Lavamünd.
Laborbehälter für die Ratten- und Mäusezucht: Fa. Friedrich HEINDL, Triester Straße 227, 1232 Wien.
Futterpellets für die Ernährung von Ratten und Mäusen: TAGGER AG, 4614 Marchtrenk und in jedem Lagerhaus.

MINERALSTOFFPRÄPARATE

Nachstehend eine Auswahl geeigneter Präparate. Sollte eine Handelsmarke nicht aufzutreiben sein, dann vertrauen Sie Ihrem Tierarzt, der andere, gleichwertige Medikamente zur Verfügung hat.

Kleintier-Mineralstoffmischung® (Fa. Bayer, Leverkusen). **Nager-Elexier**® (Vitakraft); für Kaninchen, Hasen, Eichhörnchen; Mineralstoffe, Vitamin A und E. **Vitakalk**® (Vitakraft); Mineralstoffe und Spurenelemente. **Vitamin-Mineralstoffkonzentrat**® (Rentschler); Mineralstoffe, Vitamine und Spurenelemente. **VMP**® (Fa. Pfizer); Mineralstoffmischung mit Taurin und Biotin; erhältlich als Paste und Tabletten.

VITAMINPRÄPARATE

Nachstehend nur eine kleine Auswahl geeigneter Präparate. Sollte eine Handelsmarke nicht aufzutreiben sein, dann vertrauen Sie Ihrem Tierarzt, der andere, gleichwertige Medikamente zur Verfügung hat.

Multi-Vit® (Fa. Bogena, Holland); Vitaminpräparat (Tropfen) für Nagetiere; enthält 12 verschiedene Vitamine. **Pervivet**® Vögel (Fa. Chassot); Vitaminpräparat (Tropfen) für Vögel; enthält 10 verschiedene Vitamine. **Pervivet**® Nager (Fa. Chassot); Vitaminpräparat (Tropfen) für Nagetiere; enthält 10 verschiedene Vitamine. **Dorsch-Lebertran**® (Vitakraft); Vitamin A und D, Jod. **Multi-Mulsin**® (Mucos EmulsionsgesmbH); hauptsächlich Vitamine des B-Komplexes. **Polyvital**® (Bayropharm); hauptsächlich Vitamine des B-Komplexes. **Trigantol**® (Bayer Austria,Wien); Vitamin A, D3 und E. **Vitamin-Pecutrin**® für Vögel (Bayer Austria, Wien); Vitamine, Mineralstoffe, Spurenelemente.

PRÄPARATE ZUR BEHANDLUNG VON EKTOPARASITEN

Nachstehend nur eine kleine Auswahl geeigneter Präparate. Sollte eine Handelsmarke nicht aufzutreiben sein, dann vertrauen Sie Ihrem Tierarzt, der andere, gleichwertige Medikamente zur Verfügung hat.

Antisectol® (Richter Pharma, Wels); natürlich-pflanzliches Ektoparasitikum in Pulverform. **Ektovet**® (Richter Pharma, Wels); Ektoparasitikum. **Dectomax**® (Fa. Pfizer). **Ivomec**® (Pasteur Merieux).

PRÄPARATE, DIE DIE ALLGEMEINE WIDERSTANDSKRAFT HEBEN KÖNNEN

Nachstehend nur eine kleine Auswahl geeigneter Präparate. Sollte eine Handelsmarke nicht aufzutreiben sein, dann vertrauen Sie Ihrem Tierarzt, der andere, gleichwertige Medikamente zur Verfügung hat.

Baypamun HK® (Bayer AG, Leverkusen); erzeugt durch Anregung des körpereigenen Abwehrsystems einen unspezifischen Schutz gegenüber Infektionen mit den verschiedensten Erregern; Anwendung: Prophylaxe und Therapie von Infektionskrankheiten sowie Verhinderung stressinduzierter Krankheiten. **Catosal**® (Bayer AG, Leverkusen); regt durch Phosphorverbindungen und Vitamin B12 den Stoffwechsel und das allgemeine Wachstum an; Anwendung: neben anderen Indikationen, bei Entwicklungsstörungen von Jungtieren durch fehlerhafte Haltung und Fütterung und zur Erhöhung der Widerstandskraft.

PRÄPARATE, DIE VOR ALLEM BEI STÖRUNGEN DES VERDAUUNGSTRAKTES (FUTTERUMSTELLUNGEN) HILFREICH SEIN KÖNNEN

Nachstehend nur eine kleine Auswahl geeigneter Präparate. Sollte eine Handelsmarke nicht aufzutreiben sein, dann vertrauen Sie Ihrem Tierarzt, der andere, gleichwertige Medikamente zur Verfügung hat.

Antibiophilus® (Beutel oder Kapsel) (Germania Pharmazeutika, Wien); enthält lebensfähige Keime von Lactobacillus casei; baut eine normale Darmflora auf und beeinflusst dadurch Durchfälle und Verstopfungen positiv;

anzuwenden bei Durchfällen aller Art, besonders nach Antibiotikabehandlungen. **Colosan**® (VANA GmbH, Wien); enthält neben Schwefel Öl von Anis, Fenchel, Kümmel, Kassia, Kamillen und Lein; löst Verkrampfungen im Magenbereich, wirkt stark wachstumshemmend auf Gärungsbakterien und -pilze, wirkt entzündungshemmend auf Magen- und Darmschleimhäute und fördert durch ätherische Öle die Tätigkeit von Leber und Galle; zur Behandlung von Störungen des Magen-Darm-Kanals, besonders bei Futterblähungen aller Art; reguliert die Darmtätigkeit und beeinflusst dadurch entzündliche Durchfälle positiv. **Enteroferment**® (Richter Pharma, Wels); reguliert biologisch die mikrobielle Darmflora mit stabilisierten, lebenden Milchsäurebakterien; zur Behandlung von infektiösen oder fütterungsbedingten akuten bzw. chronischen Durchfällen, Störungen der Magen- und Darmflora, Magen- und Darmentzündungen, zum Aufbau einer gesunden Darmflora nach Antibiotikabehandlungen und zur Vorbeugung von Durchfällen bei der Futterumstellung. **Hylak-Tropfen**® (Ratiopharm, Wien); enthält keimfreies Konzentrat der Stoffwechselprodukte von Milchsäurebildnern, biosynthetische Milchsäure, Milchpuffersalze, Laktose und Aminosäuren; verbessert unter anderem die enzymatische Aufspaltung der Nahrung und hemmt die Bildung pathogener Keime; anzuwenden bei allgemeinen Verdauungsbeschwerden, wie Blähungen, Verstopfung und Durchfällen. **Stimulex**® (Richter Pharma, Wels); enthält in einem Substrat von Nährstoffen stabilisiertes und sterilisiertes Pansensaft-Trockenextrakt; zur Regulierung der Verdauung bei Durchfällen, Obstipationen (Verstopfung), Verdauungsstörungen, Futtervergiftung, Fressunlust bei Infektionskrankheiten und prophylaktisch bei Futterumstellung in der Jungtieraufzucht, dadurch wird auch die Widerstandskraft während der Aufzucht gesteigert. **Stullmisan**® (Richter Pharma, Wels); pflanzliches Magen-Darm-Tonikum; hilft bei Durchfällen aller Art, bei Verdauungstörungen infolge Schleimhauterkrankungen, Blähungen, allgemeiner Verdauungsschwäche, bei Aufzuchtschwierigkeiten und Fressunlust; besteht aus Trockenextrakten von Fichtenspitzen, Tausendguldenkraut, Arnikablüten, Melissenblättern, Kamillenblüten und Wermutkraut; weiters p-Hydroxybenzoesäuremethylester und -propylester.

Ein sehr gut geeignetes **PRÄPARAT ZUR WUNDREINIGUNG** und zur **BEHANDLUNG BEREITS INFIZIERTER WUNDEN** ist **Betaisodona**® Lösung bzw. Salbe (Mundipharma, Wien). Basiert auf der keimtötenden Wirkung von Jod und ist gegen Bakterien, Pilze, Sporen und Protozoen wirksam.

Geräte, Präparate, Medikamente/Deutschland

In diesem Verzeichnis sind Geräte, Medikamente und Präparate, die zur Aufzucht von Tierfindlingen Verwendung finden, mit ihren Bezugsquellen in alphabetischer Reihenfolge aufgeführt.

Abwehr stärkende Medikamente: Baypamun HK, Injektionspräparat: Anwendung durch Tierarzt; Echinacea-Tropfen: Apotheke. **Aufzuchtfutter für Tauben:** Milupa HN 25: Drogerie. **Aufzuchtfutter für Körnerfresser:** Kanariengold, Sittichgold: Zoohandel. **Aufzuchtfutter für Carnivoren:** Convalescence Support für Hund oder Katze, Waltham: Tierarzt; Welpenbrei A2, Royal Canin: Tierarzt, Zoohandel. **Aufzuchtmilch für Eichhörnchen:** Säuglingsnahrung, Milupa, Präaptamil, Humana Heilnahrung: Apotheke, Drogerie. **Aufzuchtmilch für Ferkel:** Landwirtschaftsbedarf. **Aufzuchtmilch für Igel:** Kitten bzw. Puppy Nursing Support, Waltham: Tierarzt; Humana-Heilnahrung: Apotheke, Drogerie; Gimpet-Welpenmilch, A1 Royal Canin: Zoohandel. **Aufzuchtmilch für Marderartige:** Kitten Nursing Support, Waltham: Tierarzt; Gimpet Cat Milk: Zoohandel. **Aufzuchtmilch für Rehe:** Milchaustauscher für Kälber (Taumil): Landwirschaftsbedarf. **Beoperlen:** Zoohandel. **Darmstörungen, Medikamente:** Acidophilus-Zyma-Granulat, Bird Bene Bac, Pericol, Stullmisan: Tierarzt; Hylak-Tropfen, Perenterol-Kapseln, Carminativum-Hetterich-Tropfen: Apotheke. **Elektrolytlösung:** Multi-Elektrolyt-Gemisch, Rehydration Support, Waltham: Tierarzt; Elotrans: Apotheke. **Futtertiere:** Zoohandel. **Grit, Steinchen für die Verdauung, z. B. für Tauben:** Zoohandel. **Igel-Aufzuchtfutter:** Zoohandel. **Instant-Ernährung für Hunde:** Convalescence Support für Hunde, Waltham: Tierarzt. **Instant-Ernährung für Katzen:** Convalescence Support für Katzen: Tierarzt. **Insektenfutter:** Zoohandel. **Kälber-Milchaustauscher:** Landwirtschaftsbedarf. **Kalk- und Mineralstoffpräparat:** Calci-Delice, Welpi-Sal: Tierarzt; Vitakalk: Zoohandel. **Kükenstarterfutter:** Landwirtschaftsbedarf. **Mäuse- und Rattenfutter:** Zoohandel. **Parasitenbekämpfung, äußerlich:** Defencare-Puder, Frontline-Spray: Tierarzt. **Parasitenbekämpfung, innerlich:** Citarin, Droncit, Flubenol, Panacur und andere Injektions- oder oral zu verabreichende Präparate: Tierarzt. **Spritzen:** zum Einflößen von Futter und Medikamenten: Tierarzt, Apotheke. **Tubifex-Würmer:** Zoohandel. **Vitamin- und Mineralstoffpräpatate:** Amynin, Catosal, Complexamin, Korvimin HK, Murnil, Pervivet, VMP-Paste, Vitacombex: Tierarzt; Vitamin C-Sirup: Apotheke. **Waldvogelfutter:** Zoohandel. **Wundreinigung:** Rivanol: Tierarzt; Betaisodona-Lösung: Apotheke. **Wundsalbe:** Vulnoplant: Tierarzt; Betaisodona, Bepanthen: Apotheke.

Stichwortverzeichnis

Weiterführende Literatur

BEHNKE, H. (1980): Hege, Aufzucht und Aussetzen von Fasanen und Rebhühnern.
Verlag Paul Parey, Hamburg und Berlin.
BREHM-BÜCHEREI: Artmonographien.
Verzeichnis im Buchhandel.
FJELDSA, J. (1977): Guide to the Young of European Precocial Birds.
Skarv Nature Publications, Tisvildeleje, Denmark.
FRIEDERICH, U. u. VOLLAND, W. (1981): Futtertierzucht. Verlag Eugen Ulmer, Stuttgart.
GEBHARD, J. (1997): Fledermäuse.
Birkhäuser Verlag, Basel, Boston, Berlin.
GEBHARD, J. (1998): Das Fledermausbrevier; Teil I und II. Sonderdruck aus Schweizer Tierschutz STS – Du + die Natur Nr. 2/96 und Nr. 3/97.
GLUTZ v. BLOTZHEIM, U., BAUER, K. & BEZZEL, E.: Handbuch der Vögel Mitteleuropas. 14 Bände, Akademische Verlagsgesellschaft, Wiesbaden.
GÜNTHER, R. (Hrsg.) (1996): Die Amphibien und Reptilien Deutschlands. Gustav Fischer Verlag, Jena.
HARRISON, C. (1975): Jungvögel, Eier und Nester aller Vögel Europas, Nordafrikas und des mittleren Ostens.
Verlag Paul Parey, Hamburg und Berlin.
KOENIG, O. (1978): Haltung, Zucht und Ansiedlung von Auerwild (Tetrao urogallus).
Forschungsgemeinschaft Wilheminenberg.
KURT, F. (1968): Das Sozialverhalten des Rehes. Eine Feldstudie.
Verlag Paul Parey, Hamburg und Berlin.
LABHARDT, F. (1990): Der Rotfuchs.
Verlag Paul Parey, Hamburg und Berlin.
NIETHAMMER, J. u. KRAPP, F.: Handbuch der Säugetiere Europas; bereits einige Bände erschienen, u. a. Insektenfresser, Nagetiere und Raubtiere.
Akad. Verlagshandlung, Wiesbaden.
PODUSCHKA, W. u. SAUPE, E. (1984): Das Igel Brevier.
Eibikon, Luzern.
SCHICHT-TINBERGEN, M. (1995): Der Igelpatient.
Fischer Verlag, Jena, Stuttgart.
SCHMIDT, P. (1974): Das Reh.
Verlag Hallwag AG Bern.
SCHNEIDER, E. (1978): Der Feldhase.
BLV Verlagsgesellschaft, München.
SCHOBER, W. u. GRIMMBERGER, E. (1987): Die Fledermäuse Europas.
Kosmos Naturführer.